"十三五"国家重点出版物出版规划项目

材料科学研究与工程技术系列

特种陶瓷工艺原理

Technological Principle of Special Ceramics

● 钟博　黄小萧　主　编

● 夏龙　张晓东　副主编

U0223283

哈尔滨工业大学出版社

内容简介

陶瓷具有高强度、高硬度、耐摩擦磨损、耐高温、压电性、光敏功能等一系列优异性能,在化工、冶金、机械和能源等领域有广泛的应用。本书是作者在多年从事陶瓷材料本科教学和相关科学研究工作的基础上编写的,力求系统深入地阐述陶瓷制备工艺中的基本理论和工艺原理。本书共有 6 章,分别为:陶瓷的概念、结构及陶瓷工艺概述;陶瓷粉体的制备及性质;陶瓷粉体的成型;固相烧结和黏性烧结;液相烧结;陶瓷材料的力学性能。

本书可作为高等院校材料科学与工程及其相关专业的教材,也可供有关专业的科技人员参考。

图书在版编目(CIP)数据

特种陶瓷工艺原理/钟博,黄小萧主编. —哈尔滨:
哈尔滨工业大学出版社,2019.12
ISBN 978 - 7 - 5603 - 8432 - 0

Ⅰ.①特⋯ Ⅱ.①钟⋯ ②黄⋯ Ⅲ.①特种陶瓷-
工艺学 Ⅳ.①TQ174.75

中国版本图书馆 CIP 数据核字(2019)第 151551 号

材料科学与工程
图书工作室

策划编辑 许雅莹 杨 桦
责任编辑 庞 雪 李青晏
封面设计 高永利
出版发行 哈尔滨工业大学出版社
社   址 哈尔滨市南岗区复华四道街 10 号 邮编 150006
传   真 0451 - 86414749
网   址 http://hitpress.hit.edu.cn
印   刷 黑龙江艺德印刷有限责任公司
开   本 787mm×1092mm 1/16 印张 16.5 字数 392 千字
版   次 2019 年 12 月第 1 版 2019 年 12 月第 1 次印刷
书   号 ISBN 978 - 7 - 5603 - 8432 - 0
定   价 38.00 元

前　言

　　陶瓷是由离子键、共价键结合的一系列无机非金属材料的总称,具有高强度、高硬度、耐摩擦磨损、耐高温、压电性、光敏功能等一系列优异性能,在化工、冶金、机械和能源等领域有广泛的应用。在国家创新驱动发展的大背景下,特种陶瓷材料的发展突飞猛进。近十年关于氧化物、碳化物和三元层状陶瓷等的研究取得重大进展,陶瓷材料逐渐成为航空航天、轨道交通、能源环境等领域的关键材料。为了使教学跟上时代发展的步伐,培养高素质创新型专业人才,非常有必要编写一本以特种陶瓷工艺原理为侧重点的教材,使学生对特种陶瓷的制备工艺有更深入的理解,为未来的技术创新奠定坚实的工艺理论基础。

　　本书以特种陶瓷制备工艺过程及工艺原理为主线进行编写,吸收了国内外优秀教材及有关文献的内容,综合了国内外特种陶瓷领域的新技术和新成果,融合了作者在材料学科的专业教学实践。同时,按教育部合理提升本科学业挑战度、增加课程难度、拓展课程深度,切实提高课程教学质量的要求,本书适当增加了教学内容的深度与难度。本书的编写重点主要有两个方面,一是注重无机非金属材料制备工艺的基本理论,在介绍材料制备工艺的技术上,给出相关的理论基础;二是注重无机非金属材料制备工艺的系统性和完整性,内容覆盖了制备过程和工艺的各个环节。

　　本书共6章,主要介绍了陶瓷制备工艺过程及相关理论,第1章是绪论,主要介绍陶瓷的基本概念、结构特性及工艺;第2章主要论述制备陶瓷所需粉体的理想特性和合成陶瓷粉体的主要方法;第3章介绍常用的陶瓷粉体固结/成型方法;第4章和第5章主要论述固相烧结、黏性烧结和液相烧结的致密化过程;第6章介绍陶瓷材料的力学性能和增韧方式。

　　本书可作为高等院校材料科学与工程及其相关专业的教材,满足特种陶瓷相关专业人才培养的需求,践行"厚基础、强实践、严过程、求创新"的人才培养理念;也可供特种陶瓷材料有关专业的科技人员参考。

　　本书由哈尔滨工业大学钟博、黄小萧任主编,哈尔滨工业大学夏龙、张晓东任副主编。具体分工如下:第1、3章由钟博编写,第2章、第5章的5.1～5.4节由夏龙编写,第5章的5.5～5.10节由黄小萧编写,第4、6章由张晓东编写。全书由黄小萧统稿。

　　本书在编写的过程中,得到了张金泽、高海洋、姜竿、赵泽宇同学的大力协助,使本书的文献查找、插图整理和文字整理等工作顺利进行。在此对以上人员表示衷心感谢。

　　由于编者水平所限,书中疏漏之处在所难免,还望读者批评指正。

编　者

2019 年 8 月

目　　录

第1章　绪论……………………………………………………………………… 1

1.1　陶瓷的概念 ………………………………………………………………… 1

1.2　陶瓷的结构 ………………………………………………………………… 3

1.3　陶瓷工艺概述 ……………………………………………………………… 18

第2章　陶瓷粉体的制备及性质………………………………………………… 21

2.1　粉体的制备方法 …………………………………………………………… 22

2.2　机械法制备粉体 …………………………………………………………… 23

2.3　化学法制备粉体 …………………………………………………………… 29

2.4　粉体的性质 ………………………………………………………………… 64

第3章　陶瓷粉体的成型………………………………………………………… 83

3.1　颗粒的堆积排列 …………………………………………………………… 84

3.2　添加剂及陶瓷成型 ………………………………………………………… 94

3.3　陶瓷的成型 ………………………………………………………………… 104

3.4　颗粒陶瓷的干燥 …………………………………………………………… 132

3.5　黏结剂的去除 ……………………………………………………………… 135

3.6　坯体组织及其表征 ………………………………………………………… 140

第4章　固相烧结和黏性烧结…………………………………………………… 141

4.1　烧结机理 …………………………………………………………………… 141

4.2　晶界的影响 ………………………………………………………………… 143

4.3　烧结过程的理论分析 ……………………………………………………… 144

4.4　比例定律 …………………………………………………………………… 145

4.5　分析模型 …………………………………………………………………… 148

4.6　烧结过程的数值模拟 ……………………………………………………… 163

4.7　现象烧结方程 ……………………………………………………………… 166

4.8　烧结图 ……………………………………………………………………… 168

4.9　外加压力的烧结 …………………………………………………………… 170

4.10　应力增强因子和烧结应力 ……………………………………………… 176

4.11　烧结方程推导的替代方法 ……………………………………………… 183

第5章　液相烧结·································186

5.1　液相烧结的基本特征 ·······················187

5.2　液相烧结阶段 ·····························189

5.3　热力学和动力学因素 ·······················190

5.4　晶界膜 ·······························198

5.5　液相烧结的基本机理 ·······················202

5.6　液相烧结的数值模拟 ·······················217

5.7　液相热压 ·····························218

5.8　液相烧结中相图的使用 ······················218

5.9　活化烧结 ·····························222

5.10　玻璃化 ······························223

第6章　陶瓷材料的力学性能····················227

6.1　断裂韧性 ·····························228

6.2　陶瓷的强度 ···························237

6.3　陶瓷的增韧 ···························241

6.4　设计陶瓷 ·····························245

参考文献·····························251

第1章　绪　　论

1.1　陶瓷的概念

宇宙中的物质是由元素组成的，这些元素又由中子、质子和电子组成。人类已发现100多种元素，每种元素都有其独特的电子结构。元素周期表中元素以原子序数递增的形式排列，这样一个族中的所有元素都显示出类似的化学性质。大多数元素在室温下是固体，一部分有光泽、延展性好、导电性能和导热性能好，被称为金属；另一部分元素在室温下是共价固体，如绝缘体（B、S、C）或半导体（Si、Ge），被称为非金属元素。除了固体元素之外，还有一部分非金属元素（尤其是 N、O、H、卤化物和惰性元素）在室温下是气体。以单质形式应用的元素非常少，大多数情况下，元素之间将通过合金化制成工程材料。工程材料可分为金属、聚合物、半导体及陶瓷，每一类都有其独特的成键形式及性质。在金属中，成键的形式主要是金属键，离域电子充当"胶水"，把正离子粘在一起。成键电子的离域化决定了与金属相关的主要性能，如延展性、导热性、导电性、反射率和其他独特的性能。聚合物一般由很长的碳链构成，其他有机原子（如 C、H、N、Cl、F）和碳链相连。链内为作用力很强的共价键，而链间成键较弱。这一结构决定了聚合物具有比大多数金属或陶瓷更低的熔点、更高的热膨胀系数和更低的刚度。半导体是以共价键形式结合的固体，除了 Si 和 Ge 以外，还包括 GaAs、CdTe 和 InP 等。把半导体结合在一起的通常是强共价键，这使得它们的机械性能与陶瓷非常相似（脆而硬）。

1.1.1　陶瓷的定义

陶瓷可以被定义为通过加热（或同时加热和加压）作用而形成的固体化合物，它至少包含两种元素，其中一种是非金属，其他元素可以是金属或其他非金属元素。Kingery 给陶瓷下了一个更简单的定义，他把陶瓷定义为："陶瓷是以无机非金属材料为主要成分的固体物质，其制备和使用同时具有艺术性和科学性。"换句话说，既不是金属，也不是半导体或聚合物的材料就是陶瓷。

例如，MgO 是一种陶瓷，因为它是一种金属元素与非金属元素 O 结合的固体化合物；SiO_2 也是一种陶瓷，因为它结合了两种非金属元素。与之类似，TiC 和 ZrB_2 是陶瓷，因为它们结合了金属元素（Ti、Zr）和非金属元素（C、B）；SiC 是陶瓷，因为它结合了两个非金属元素。还要注意的是，陶瓷并不仅限于二元化合物，$BaTiO_3$、$YBa_2Cu_3O_3$ 和 Ti_3SiC_2 都是陶瓷家族成员。因此，所有金属和非金属的氧化物、氮化物、硼化物、碳化物和硅酸盐（不能与硅酸混淆）都是陶瓷，陶瓷包括了大量的化合物。自然界中氧元素和硅元素含量丰富，因此硅酸盐无处不在，而硅酸盐也是陶瓷。岩石、尘埃、黏土、泥浆、山脉、沙子等都是由硅基矿物构成的。水泥、砖和混凝土本质上也是硅酸盐,因此我们有充分的理由认为我们生活的世界中充满了陶瓷。

1.1.2　特种陶瓷与传统陶瓷

大多数人把"陶瓷"一词与陶器、雕塑、洁具、瓷砖等联系在一起,这种观点正确但是不完整,因为它只考虑了传统的以硅酸盐为基础的陶瓷。如今,陶瓷材料科学或工程领域包含的远不止硅酸盐。陶瓷可以分为传统陶瓷和现代陶瓷。在做出区分之前,有必要追溯一下陶瓷的历史及其与人类的联系。

我们的祖先很早就认识到,有些泥土在潮湿时容易塑成各种形状,其经过加热就会变得坚硬。然而,这些材料的用途却受到很大限制,因为它们的加热生成物是多孔的,因此不能用来盛放液体。后来人们偶然发现,当一些沙子经过加热并缓慢冷却时,会形成一种透明的、不透水的固体,即玻璃。通过将这些玻璃相做成釉料涂覆在黏土制品的表面便可以利用这些制品盛放液体,同时也可以使其比较美观。从那时起,制备釉料的工艺便得到不断发展。随着工业革命的到来,用于大规模金属冶炼的结构性黏土产品和耐热耐火材料得到了发展。随着电力的发现和发展需要,电绝缘硅酸盐陶瓷的市场潜力也被开发出来。

传统陶瓷的特点是以硅酸盐为基体的多孔微结构,具有晶粒较粗、不均匀和多相等特点。它们通常是由黏土和长石混合而成的,经过铸造或在陶轮上加工成形,在火焰窑中烧制,最后上釉。在后期发展阶段,其他不是以黏土或硅酸盐为基础的陶瓷依赖于更复杂的原材料,如二元氧化物、碳化物、钙钛矿,甚至是完全没有自然等价物的合成材料。与传统陶瓷相比,这些现代陶瓷的晶粒至少要细一个数量级,而且微观结构更加均匀,孔隙也少得多。这便是特种陶瓷,即本书的主要内容。

1.1.3　陶瓷的性能与应用

陶瓷是一类坚硬、耐磨、易碎、易热震、难熔、电绝缘、本质透明、无磁性、化学稳定性好、抗氧化的材料,除了这些共有性能外,有些陶瓷还具有导电性和导热性,有些甚至具有超导性。

传统陶瓷很常见,从卫生洁具到精美的瓷器,再到玻璃制品。目前,人们正在考虑将陶瓷用于几十年前不可想象的领域,即从陶瓷发动机到光通信,从光电应用到作为激光材料,以及从电子电路中的基片到光电化学器件中的电极。从历史上看,陶瓷被开发的主要原因是其具有电绝缘性,尤其是电子陶瓷,因其优异性能,在各种技术中都发挥着举足轻重的作用。例如,陶瓷材料的高绝缘性能、低损耗因数、优异的热稳定性和环境稳定性等特性,使其成为电子封装衬底的首选材料。介电常数非常大的钙钛矿家族在电容器的生产中占有相当大的市场份额。基于尖晶石铁氧体的磁性陶瓷技术也是当今一项成熟的技术。其他正在开发的具有电子、电气特性的陶瓷有:传感器和执行器使用的压电陶瓷、电路保护使用的非线性伏安特性陶瓷、高温燃料电池中固体电解质使用的离子导电陶瓷以及化学传感器领域使用的离子导电陶瓷等。

在室温条件下,陶瓷在机械方面的应用主要与其高硬度、耐磨性和耐腐蚀性有关,这些应用包括刀具、喷嘴、阀门和具有恶劣服役条件的滚珠轴承。然而,最令人感兴趣的是陶瓷的低密度与耐火性能,以及它们在高温下承受高负荷的能力。该领域的应用包括运输用陶瓷发动机和能源生产用涡轮。原则上,全陶瓷发动机的优点有:质量更轻、更高的工作温度、更高的效率和更少的污染,这种发动机不需要冷却,甚至不需要任何润滑。这将大大简化发动机的设计、减少运动部件的数量、降低车辆的总质量。

1.2   陶瓷的结构

大多数陶瓷都是晶体,以单晶或多晶的形式存在。单晶中原子的周期排列是完美的,并延伸到整个样品,没有中断。多晶是由许多单晶(称为晶粒)组成的,晶粒之间存在无序区域,称为晶界。通常,陶瓷的晶粒尺寸为 1 ~ 50 μm,仅在显微镜下可见,如图 1.1 所示。晶粒的形状和大小、孔隙、第二相的存在及它们的分布,共同构成了陶瓷微观结构。陶瓷晶体中离子和原子的排列,即陶瓷的晶体结构,是非常重要的,因为陶瓷的许多性能,包括热学、电学、介电、光学和磁学等性能,都对晶体结构非常敏感。

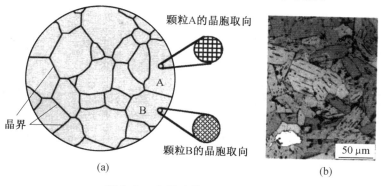

图 1.1   多晶硅样品的显微结构

根据定义,陶瓷至少由两种元素组成,因此它们的结构通常比金属的结构更为复杂。金属材料用原子排列来描述结构,大多数按照面心立方(FCC)、体心立方(BCC)或密排六方(HCP)排列。而陶瓷的结构更为多样化,并以矿物结构为名,要求该结构具有可观测性。例如,将阴离子和阳离子按岩盐结构排列的化合物(如 NiO 和 FeO),描述为具有岩盐结构。同样,任何以刚玉(Al_2O_3 的矿物名称)的排列方式结晶的化合物都具有刚玉结构。

图 1.2 所示为几种不同离子半径比的常见的陶瓷晶体结构,这些结构可以进一步划分为以下几类:

(1)AX 型结构。此型结构包括岩盐结构、CsCl 结构、闪锌矿结构和纤锌矿结构。岩盐结构(图 1.2(a))以 NaCl 命名,是最常见的二元结构。目前研究的 400 多种化合物中有一半以上具有这种结构。在这个结构中,阳离子和阴离子的配位数都是 6。在 CsCl 结构(图 1.2(b))中,两个离子的配位数均为 8。ZnS 以两种晶体结构形式存在,分别为闪锌矿结构和纤锌矿结构,如图1.2(c)和(d)所示。这些结构中离子的配位数为4,即所有离子均为四面体配位。

（2）AX$_2$型结构。图1.2(e)和(f)所示的氟化钙(CaF$_2$)和金红石(TiO$_2$)就是这种结构的两个例子。

（3）A$_m$B$_n$X$_p$型结构。其中有一种以上的阳离子A和B(或同一元素的不同价离子),被纳入阴离子亚晶格中。尖晶石和钙钛矿是较为普遍的两种。

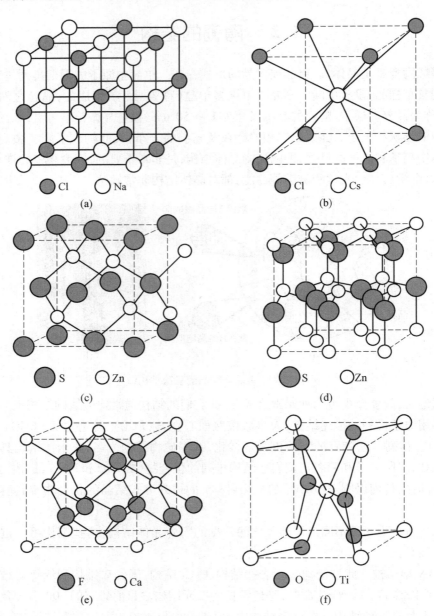

（a）

（b）

（c）

（d）

（e）

（f）

图1.2　常见的陶瓷晶体结构

图 1.2 所示的结构只是所有可能形成陶瓷结构中的一小部分。在本书的范围内不对陶瓷结构进行全面的介绍。本节将概述一些原子和离子在晶体中排列的基本原则,这些原则有助于理解陶瓷材料中存在的众多结构特点。

1.2.1 影响结构的因素

决定陶瓷化合物结构的关键因素有三个:晶体化学计量学、半径比、共价和四面体配位倾向。

1. 晶体化学计量学

任何晶体都是电中性的,即正电荷必须用等量的负电荷来平衡,这一事实反映在它的化学式中。例如,在氧化铝中每两个 Al^{3+} 阳离子必须被三个 O^{2-} 阴离子平衡,因此化学式为 Al_2O_3。这一要求对离子所能形成的结构类型做出了严格的限制。如 AX_2 化合物不能在岩盐结构中结晶,因为后者的化学计量式为 AX,反之亦然。

2. 半径比

为了达到最低能量的状态,阳离子和阴离子的吸引力倾向于最大化、排斥力倾向于最小化。当每个阳离子周围都存在尽可能多的阴离子时,吸引力就会最大化,前提是阳离子和阴离子都不能"接触"。我们以一个阳离子与其周围的四个阴离子的排列为例。图 1.3(a) 中的原子排列由于负离子 – 负离子排斥力而不稳定。然而,随着阳离子的半径逐渐增大,图 1.3(c) 是因阳离子和阴离子的相互吸引而稳定下来的。阴离子刚刚接触时(图 1.3(b))的构型称为临界稳定构型,这种构型可用于计算一种结构相对于另一种结构变得不稳定时的临界半径。

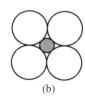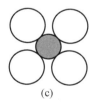

(a)　　　　　　　(b)　　　　　　　(c)

图 1.3　用于确定临界半径比的稳定性准则

由于阳离子的尺寸通常比阴离子小,因此晶体结构通常由可以在阳离子周围堆积的阴离子的最大数量决定。对于给定的阴离子尺寸,阴离子的数量会随着阳离子尺寸的增大而增加。几何上,这可以用半径比 r_c/r_a 来表示,其中 r_c 和 r_a 分别是阳离子半径和阴离子半径。各配位数的临界半径比见表 1.1,即使是最小的阳离子也可以被两个阴离子包围,形成线性排列。随着 r_c/r_a 中阳离子尺寸的增大,即随着 r_c/r_a 的增加,可以容纳在给定阳离子周围的阴离子数量增加到 3,三角形排列变得稳定,见表 1.1。$r_c/r_a > 0.225$ 时,四面体的排列变得稳定。

3. 共价和四面体配位倾向

在许多化合物中,尽管半径比的预测与事实不符,但四面体配位是可以观察到的。例如,许多半径比大于 0.414 的化合物仍然以四面体排列方式结晶,如闪锌矿和纤锌矿。这种情况通常发生在共价键的共价性较强的时候,例如,具有高极化能力的阳离子(如 Cu^{2+}、Al^{3+}、Zn^{2+}、Hg^{2+})与易极化的阴离子(I^-、S^{2-}、Se^{2-})成键。在后面将进行更详细的讨论,这种结合倾向于增加键的共价性,并有利于四面体配位。支持 sp^3 杂化的原子,如 Si、C 和 Ge,由于一些原因倾向于稳定四面体的配位。

表 1.1　各配位数的临界半径比

配位数	离子在中心离子周围的排列	阳离子与阴离子的半径比	结　　构
3	三角形	$\geqslant 0.155$	
4	四面体	$\geqslant 0.225$	
6	八面体	$\geqslant 0.414$	
8	立方四面体	$\geqslant 0.732$	
12	立方八面体	≈ 1.000	

1.2.2 结构的预测

由前面的讨论可知,如果已知 r_e/r_a 的值,在原则上可以预测晶体中离子的局部排列顺序。为了证明这一推测的可靠性,可以以ⅣA族元素的氧化物为例,对预测结构和观测结构进行对比,结果见表1.2,在所有情况下,观测到的结构都基本符合根据半径比预测的结构。

表1.2 基于半径比 r_e/r_a 的预测结构与观测结构的比较

ⅣA族元素的氧化物	r_e/r_a	预测结构	观测结构
CO_2	0.23	线性配位	二氧化碳线性分子
SiO_2	0.32	四面体配位	石英-四面体
GeO_2	0.42	四面体配位	石英-四面体
SnO_2	0.55	八面体配位	金红石-八面体
PbO_2	0.63	八面体配位	金红石-八面体

这并不是说半径比是绝对的,也有一些例外。例如根据半径比,CsCl 中的 Cs 应该是八面体,而与 CsCl 的实际结构并不符合。到目前为止还未能较好地解释产生这一现象的原因。

显然,理解晶体结构和晶格能量的计算等所需要的重要参数之一就是离子的半径。有许多关于离子半径的汇编,其中最著名的是鲍林(Pauling)的著作。而最近 Shannon 和 Prewitt(SP)编制了一套完整的半径集,与传统的半径集相比,这套半径集内阳离子的半径相对大 14 pm,阴离子的半径相对小 14 pm(表1.3)。

表1.3 离子半径与 X 射线衍射测量值的比较

晶体	r_{M-X}/pm	X 射线测得的最小 电子密度距离/pm	Pauling 半径/pm	SP 半径/pm
LiF	201	$r_{Li} = 92$	$r_{Li} = 60$	$r_{Li} = 90$
		$r_F = 109$	$r_F = 136$	$r_F = 119$
NaCl	281	$r_{Na} = 117$	$r_{Na} = 95$	$r_{Na} = 116$
		$r_{Cl} = 164$	$r_{Cl} = 181$	$r_{Cl} = 167$
KCl	314	$r_K = 144$	$r_K = 133$	$r_K = 152$
		$r_{Cl} = 170$	$r_{Cl} = 181$	$r_{Cl} = 167$
KBr	330	$r_K = 157$	$r_K = 133$	$r_K = 152$
		$r_{Br} = 173$	$r_{Br} = 195$	$r_{Br} = 182$

1.2.3　二元离子化合物

球体的紧密堆积有以下两个堆叠序列：ABABAB 或 ABCABC。第一种堆叠形成了密排六方堆叠(HCP) 排列，而第二种堆叠形成了紧密堆叠的面心立方(FCC) 排列。几何上，无论堆叠顺序如何，两种排列分别会产生两种类型的间隙结构：八面体间隙和四面体间隙，配位数分别为6 和4(图1.4(a))。这些间隙位置相对于原子的位置如图1.4 所示，其中图1.4(b) 所示的是 FCC 排列，图1.4(c) 和(d) 所示的是 HCP 排列。

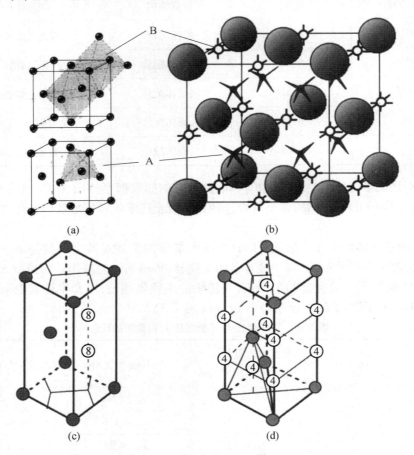

图1.4　密集的球体八面体(B) 和四面体(A) 的位置

理解堆叠的重要性在于可以通过描述阴离子的堆叠特征，以及由该阴离子堆叠产生的每个间隙位置所占的比例来描述大多数陶瓷结构。表1.4 根据堆叠特点总结了目前最常见的陶瓷材料结构。当以这种方式分组时，大多数结构中阴离子是紧密排列的(第二列)，而阳离子(第四列) 则占据阴离子排列形成的间隙位置的不同部分。

表 1.4　按阴离子排列的离子结构

结构名称	阴离子堆叠	M 和 X 的对等函数	阳离子占据的空间	举例
二元化合物				
岩盐	密排立方	$6:6(MX)$	所有八面体	$NaCl$、KCl、LiF、KBr、MgO、CaO、SrO、BaO、CdO、VO、MnO、FeO、CoO、NiO
金红石	变形密排立方	$6:3(MX_2)$	$\frac{1}{2}$ 八面体	TiO_2、GeO_2、SnO_2、PbO_2、VO_2、NbO_2、TeO_2、MnO_2、RuO_2、OsO_2、IrO_2
闪锌矿	密排立方	$4:4(MX)$	$\frac{1}{2}$ 四面体	ZnS、BeO、SiC
反萤石	密排立方	$4:8(M_2X)$	所有四面体	Li_2O、Na_2O、K_2O、Rb_2O、硫化物
纤锌矿	密排六方	$4:4(MX)$	$\frac{1}{2}$ 四面体	ZnS、ZnO、SiC、$ZnTe$
砷化镍	密排六方	$6:6(MX)$	所有八面体	$NiAs$、FeS、$FeSe$、$CoSe$
碘化镉	密排六方	$6:3(MX_2)$	$\frac{1}{2}$ 八面体	CdI_2、TiS_2、ZrS_2、MgI_2、VBr_2
刚玉	密排六方	$6:4(M_2X_3)$	$\frac{2}{3}$ 八面体	Al_2O_3、Fe_2O_3、Cr_2O_3、Ti_2O_3、V_2O_3、Ga_2O_3、Rh_2O_3
氯化铯	简单立方	$8:8(MX)$	所有立方体	$CsCl$、$CsBr$、CsI
萤石	简单立方	$8:4(MX_2)$	$\frac{1}{2}$ 立方体	ThO_2、CeO_2、UO_2、ZrO_2、HfO_2、NpO_2、PuO_2、AmO_2、PrO_2
硅类	相连四面体	$4:2(MO_2)$	—	SiO_2、GeO_2
复杂结构				
钙钛矿	密排立方	$12:6:6(ABO_3)$	$\frac{1}{4}$ 八面体（B）	$CaTiO_3$、$SrTiO_3$、$SrSnO_3$、$SrZrO_3$、$SrHfO_3$、$BaTiO_3$
尖晶石（正常）	密排立方	$4:6:4(AB_2O_4)$	$\frac{1}{8}$ 四面体（A）　$\frac{1}{2}$ 八面体（B）	$FeAl_2O_4$、$ZnAl_2O_4$、$MgAl_2O_4$
尖晶石（逆）	密排立方	$4:6:4$ $(B(AB)O_4)$	$\frac{1}{8}$ 四面体（B）　$\frac{1}{2}$ 八面体（A，B）	$FeMgFeO_4$、$MgTiMgO_4$
钛铁矿	密排六方	$6:6:4(ABO_3)$	$\frac{2}{3}$ 八面体（A，B）	$FeTiO_3$、$NiTiO_3$、$CoTiO_3$
橄榄石	密排六方	$6:4:4(AB_2O_4)$	$\frac{1}{2}$ 八面体（A）　$\frac{1}{8}$ 四面体（B）	Mg_2SiO_4、Fe_2SiO_4

（1）阴离子简单立方堆积。

如图 1.2（b）所示，在这个结构中，阴离子呈简单的立方排列，阳离子占据每个晶胞的中心。需要注意的是，这种排列不属于 BCC 结构，因为该结构中涉及两种不同的离子。

（2）阴离子密排立方堆积。

呈 FCC 排列结构的阴离子有很多，包括岩盐、金红石、闪锌矿、反萤石（图 1.5）、钙钛矿和尖晶石。为了了解它们的具体结构，首先对岩盐结构进行分析。根据表 1.4 可知，该结构中阴离子为 FCC 排列。可以明显看出，若在图 1.4（b）的每一个八面体位点上放置阳离子，则会形成图 1.2（a）所示的岩盐结构。类似地，闪锌矿结构（图 1.2（c））是四面体一半的间隙位置被填充得到的结构。

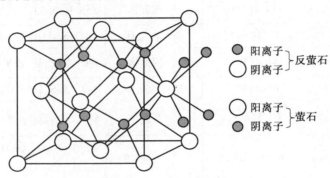

图 1.5　萤石与反萤石结构的关系

（3）阴离子密排六方堆积。

纤锌矿、砷化镍、碘化镉、刚玉、钛铁矿和橄榄石都是阴离子按照 HCP 方式排列的结构。例如在刚玉（Al_2O_3）中，氧离子是六面体紧密排列的，铝离子占据了八面体三分之二的位点。相反，如果四面体的一半位置被填满，则得到的结构为纤锌矿（图 1.2（d））。

（4）萤石及反萤石结构。

反萤石结构最直观的表现是将阴离子置于 FCC 模型下，在所有四面体位点上均填充阳离子（图 1.5），得到化学计量式为 M_2X 的碱金属氧化物和硫属化合物，具有此结构的晶体有 Li_2O、Na_2O、Li_2S、Li_2Se 等。

图 1.5 也可以反应萤石结构。在萤石结构中，离子排列情况正好相反，是阴离子填充阳离子亚晶格密排四面体所有的间隙，得到的化合物是 MX_2。正四价阳离子（Zf、Hf、Th）的氧化物和正二价阳离子（Ca、Sr、Ba、Cd、Hg、Pb）的氟化物都具有这种晶体结构。也可以通过关注阴离子的排列来观察这种结构：阴离子呈简单立方排列（图 1.5），其立方体中心被阳离子占据，可以看出阳离子与八个阴离子配位。同时根据表 1.1 可以看出，该结构中 r_e/r_a 接近于 1，说明立方排列更加稳定。

（5）金红石结构。

金红石结构的理想情况如图 1.6 所示，该结构可以看作由 TiO_6 八面体组成，它们共享角和面，每个氧原子由三个八面体共享。可以将这种结构看作由连接在一起的共享 TiO_6 八面体边缘的直线条带组成，相邻条带的方向相差 90°。其晶格（图 1.6（b））的八面体堆叠关系如图 1.6（c）所示。应该注意的是，实际的结构是由扭曲的八面体组成，而不是这里所示的常规八面体。

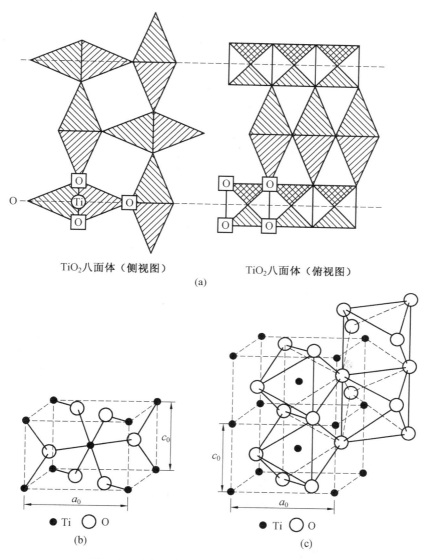

图 1.6　金红石中 TiO_6 八面体的理想化堆叠

（6）其他结构。

表 1.4 不包括所有的二元氧化物，但是在大多数情况下，表中没有列出的都是它们的派生物。以图 1.7 所示的氧化钇（Y_2O_3）理想晶体结构为例，每个阳离子都被位于立方体八个角中六个角上的六个阴离子所包围。在一半的立方体中，缺失的氧原子位于面对角线的末端，剩下的则在体对角线上。该晶胞含有 48 个氧离子和 32 个钇离子，即整个晶格包含这些微型单元（为了清晰起见，这里只显示其中的第一行）。图 1.7 所示的结构为理想化模型，实际上在立方体角位置上的氧原子会发生偏移，使每个钇原子占据一个畸变较大的八面体位点。仔细观察这种结构会发现它与萤石在结构上有着密切的关系。

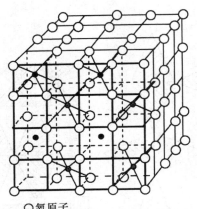

○氧原子
●钇在"不规则"八面体中的位置
◉钇在"规则"八面体中的位置

图 1.7 Y_2O_3 的理想晶体结构

1.2.4 复合晶体结构

随着化合物中元素数量的增加,结构自然会变得更加复杂,因为每个离子的尺寸和电荷是不同的。我们可以用表 1.2 的形式来描述三元化合物的结构,而另一种方法是将陶瓷结构想象成由表 1.1 所示的各种单元体组成的结构,这种方法更能说明阳离子的配位数。换句话说,这个结构可以看作一个三维的拼图,多元晶体结构的示例如图 1.8 所示。两种重要的复杂结构是钙钛矿和尖晶石。

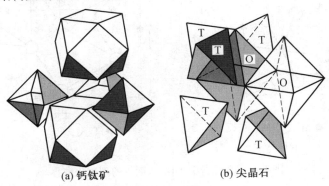

(a) 钙钛矿   (b) 尖晶石

图 1.8 多元晶体结构的示例

1. 钙钛矿结构

钙钛矿是一种由钙和钛元素组成的天然矿物,它是以 19 世纪俄国矿物学家 Count Perovski 的名字命名的,一般表示形式是 ABX_3。其理想的立方结构如图 1.8(b) 和图 1.9 所示,其中较大的 A 阳离子(本例为 Ca^{2+})被 12 个氧原子所包围,较小的 B 阳离子(Ti^{4+})与 6 个氧原子配位。

钙钛矿能够容纳大量的阳离子,但前提是整个晶体是中性的,$NaWO_3$、$CaSnO_3$ 和 $YAlO_3$ 都以这种结构或类似结构结晶。当较大的阳离子半径较小时,B 八面体的轴会相对于相邻的八面体发生倾斜,这导致相连的 B 八面体具有折叠网络,这是钙钛矿具有不同寻常的电学性能的基础,即压电性。

还需注意的是,从钙钛矿结构中可以很容易地得到 AB$_3$ 结构(图 1.9),方法是移除位于体心位置的原子。几种氧化物和氟化物,如 ReO$_3$、WO$_3$、NbO$_3$、NbF$_3$、TaF$_3$ 和其他含氧氟化合物(如 TiOF$_2$ 和 MoOF$_2$ 等)均为此类晶体结构。

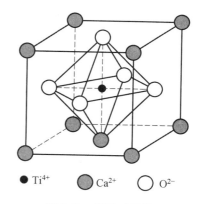

● Ti^{4+} ● Ca^{2+} ○ O^{2-}

图 1.9 钙钛矿结构

2. 尖晶石结构

尖晶石结构以天然矿物 MgAl$_2$O$_4$ 命名,其表示形式为 AB$_2$O$_4$,其中 A 和 B 阳离子分别处于 +2 和 +3 的氧化态。其晶体结构如图 1.10(a) 所示,氧离子堆叠形成 FCC 结构。另一方面,阳离子占据了四面体位点的八分之一和八面体位点的一半(见表 1.4)。从晶格的角度来看,同样的结构如图 1.10(b) 所示。

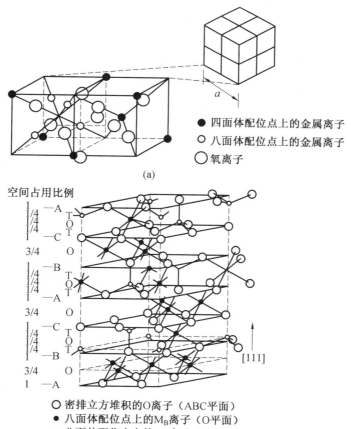

● 四面体配位点上的金属离子
○ 八面体配位点上的金属离子
◯ 氧离子

(a)

空间占用比例

○ 密排立方堆积的 O 离子(ABC 平面)
● 八面体配位点上的 M$_B$ 离子(O 平面)
○ 八面体配位点上的 M$_A$ 离子(T 平面)

(b)

图 1.10 尖晶石晶体结构

当 A^{2+} 独占四面体位点、B^{3+} 独占八面体位点时,该尖晶石称为正尖晶石。通常较大的阳离子倾向于占据较大的八面体位点,反之亦然。在反尖晶石中,A^{2+} 和一半 B^{3+} 占据了八面体位点,而另一半 B^{3+} 占据了四面体位点。

尖晶石中阳离子的氧化态不局限于 + 2 和 + 3,只要晶体保持中性,阳离子的氧化态可以是任何组合。

Si_3N_4 以 α 和 β 两种形态存在。$β-Si_3N_4$ 结构如图 1.11 所示,其中一部分氮原子与两个硅原子相连,另一部分氮原子与三个硅原子相连。碳化硅的结构也存在多种形态,最简单的是六方碳化硅,它具有闪锌矿结构,如图 1.12 所示。

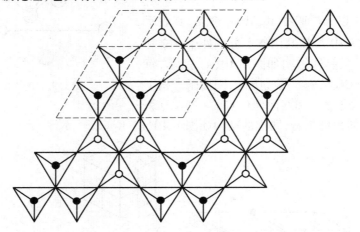

图 1.11　$β-Si_3N_4$ 的六方结构

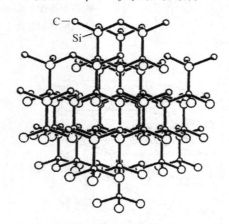

图 1.12　六方碳化硅的结构

3. 硅酸盐的结构

按照质量分数计算,地球的地壳中有 48% 的氧、26% 的硅、8% 的铝、5% 的铁、11% 的钙及钠、钾和镁等。因此,地壳和地幔主要是由硅酸盐矿物组成的。硅酸盐的化学结构是相当复杂的,在此不做详细介绍。下面仅对其结构规律进行一些简单分析。

在对其结构规律进行分析之前,有必要区分硅酸盐结构中存在的两种氧,即桥接氧和非桥接氧。与两个硅原子成键的氧原子是桥接氧,而只与一个硅原子成键的氧原子是非桥接氧。非桥接氧(Nonbridging Oxygen,NBO)是偶然形成的。大多数情况下,碱土或碱土中的金属氧化物都以二氧化硅为主,其形成的化学方程式如下:

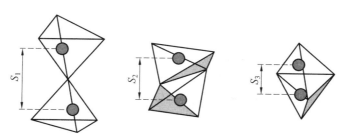

式中,O^- 表示非桥接氧。

值得注意的是,NBO 是带负电荷的,并且通过使阳离子靠近 NBO 来保持局域电荷为中性。关于这一情况,有一些值得注意的要点:

① NBO 的数量与添加的碱金属或碱土金属氧化物的物质的量成正比。

② 向二氧化硅中添加碱或碱土金属氧化物肯定会提高硅酸盐的整体氧硅比。

③ 增加 NBO 的数量会导致硅酸盐结构逐渐分解成更小的单元。

因此,决定硅酸盐结构的一个关键参数是每个四面体中 NBO 的数量,而 NBO 数量又由 O 与 Si 的原子数量比值决定。这个比率最终决定硅酸盐的结构,并遵循以下原则:

① 基本结构是硅氧四面体。Si—O 键为部分共价键,四面体既满足共价键定向的键合要求,又满足相对尺寸比的键合要求。

② 由于 Si^{4+} 的高电荷,四面体单元很少边对边连接或面对面连接,而是采用共角形式连接,并且共用一个角的四面体数量往往不超过两个。这一规律的解释最先由鲍林提出,如图 1.13 所示,当四面体分布从共角到共边再到共面,阳离子间隔距离会越来越小,最终会导致阳离子排斥增强,结构稳定性下降。因此四连体大多以共用一个角的形式连接。

图 1.13　角、边、面共享对阳离子间隔的影响

③ O 与 Si 的原子数量比值只能为 2 ~ 4,该比值与硅酸盐结构的关系见表 1.5。根据重复单元的形状,这些结构可分为三维网络状、无限片状、链状和孤立四面体。下面将详细讨论这些结构。

对于比值为 2 的结构(即 SiO_2),每个氧原子与两个硅原子相连,每个硅原子与四个氧原子相连,形成表 1.5 所示的三维网络。所得到的结构都是硅的同素异形体,根据四面体的精确排列,可形成石英、闪长岩和方石闪长岩。如果这种网络缺乏长程有序的结构特点,所得到的固体则被定义为无定形石英或熔融石英。

表1.5 常见的硅酸盐结构

结构	O 与 Si 的原子数量比值	与一个 Si 原子配位的 O 原子的数量		结构与示例
		桥接	无桥接	
	2.00	4.0	0.0	三维网络石英、鳞石英、方石英都是二氧化硅的多晶型物
 重复单元$(Si_4O_{10})^{4-}$	2.50	3.0	1.0	无限大片状$Na_2Si_2O_5$黏土（高岭石）
 重复单元$(Si_4O_{11})^{6-}$	2.75	2.5	1.5	双链结构,如石棉
 重复单元$(SiO_3)^{2-}$	3.00	2.0	2.0	$(SiO_3)_n^{2n-}$链、Na_2SiO_3、$MgSiO_3$
 重复单元$(SiO_4)^{4-}$	4.00	0.0	4.0	孤立 SiO_4^{4-} 四面体、Mg_2SiO_4橄榄石、Li_4SiO_4

（1）片状硅酸盐。当四分之三的氧被共用时，O/Si 原子数量比值接近 2.5，会得到片状结构（表 1.5）。黏土、滑石 $Mg_3(OH)_2(Si_2O_5)_2$ 和云母 $KAl_2(OH)_2(AlSi_3O_{10})$ 都是这种结构的典型代表。例如，高岭石黏土 $Al_2(OH)_4(Si_2O_5)$ 具有图 1.14（a）所示的结构，它由 $(Si_2O_5)^{2-}$ 片层组成，这些片层又由带正电荷的 Al—O、OH 八面体片层连接在一起（图 1.14（b））组成。这就解释了黏土的高吸水率的原因：极性水分子很容易在带正电荷片层的顶部和硅酸盐片层的底部之间被吸收（图 1.14（c））。

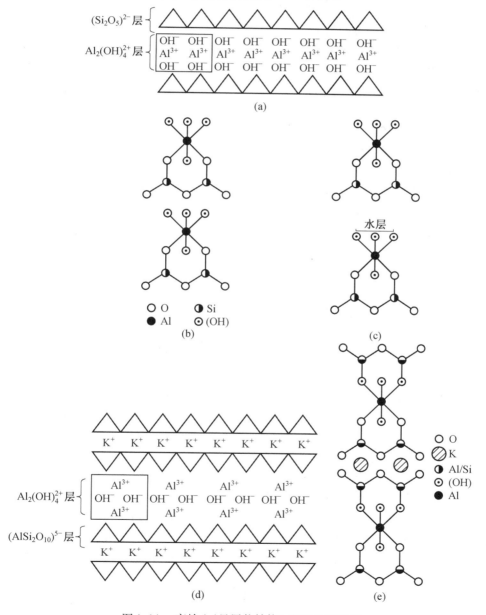

图 1.14　高岭土（呈层状结构）和云母的结构

如图1.14（d）所示,在云母中铝离子代替了片层中四分之一的硅原子,为了使结构保持电中性,需要 K^+ 等碱离子的存在。碱离子存在于硅酸盐片的"孔"中,并与比黏土中稍强的离子键结合在一起(图1.14（d）)。因此,云母不像黏土那样容易吸水,但将该材料剥离成非常薄的片也比较容易。

（2）链状硅酸盐。当 O 与 Si 的原子数量比值为3.0时,会产生无限的链或环结构。具有这一类结构的材料中最典型的是石棉,其中硅酸盐链是由弱静电力连接在一起的,这种静电力比链间键更弱。这样的连接方式容易产生一种纤维状的结构,一旦它进入人的肺中,长时间后会造成严重的后果。

（3）岛状硅酸盐。当 O 与 Si 的原子数量比值为4时,结构单元为孤立的 $(SiO_4)^{4-}$ 四面体,它们不能彼此连接,而是通过晶体结构中的正离子连接,由此产生的结构称为岛状硅酸盐结构。 其中包含石榴石 $(Mg,Fe^{2+},Mn,Ca)_3(Cr,Al,Fe^{3+})_2(SiO_4)_3$ 和橄榄石 $(Mg,Fe^{2+})_2(SiO_4)$ 等。 在这里,可以把 $(SiO_4)^{4-}$ 四面体当成单个阴离子,所得到的伪二元结构是以离子结合的。

（4）铝硅酸盐。在硅酸盐中, Al^{3+} 可以替代网络中的 Si^{4+} ,在这种情况下,电荷必须由一个额外的阳离子来补偿;它可以占据硅酸盐网络之间的八面体或四面体孔,就像黏土那样。当 Al 原子在网络中代替 Si 原子时,晶体结构便由 O 与(Al + Si)的原子数量比值决定。 例如, 钠长石($NaAlSi_3O_8$)、钙长石($CaAl_2Si_2O_8$)、锂霞石($LiAlSiO_4$)、正长石（ $KAlSi_3O_8$)、锂辉石($LiAlSi_2O_6$)中的 O 与(Al + Si)的原子数量比值为2。对于这些铝硅酸盐,它们的预期结构是三维结构,观察结果也确实证明了三维结构的存在。这种三维结构具有高稳定性,导致其中一些硅酸盐成为已知的具有最高熔点的物质之一。

从前面的讨论可以明显看出,除了硅和一些铝硅酸盐外,大多数硅酸盐表现为混合键合。与硅酸盐网络内的键合(即 Si—O—Si 键）和那些把粒子连在一起的键很不一样,这些键可以是离子键,也可以是弱次级键,这取决于材料种类。

陶瓷结构是非常复杂和多样的,在很大程度上取决于黏结颗粒的类型。对于离子化合物类陶瓷,化学计量数和阳离子与阴离子的半径比是结构的关键决定因素。前者缩小了可能的结构范围,后者决定了阳离子周围阴离子的局部排列情况。分析这种结构时,可以先分析阴离子的排列方式,对于绝大多数陶瓷来说,阴离子排列是面心立方、密排六方或简单立方。一旦阴离子亚晶格被建立起来,产生的结构将取决于各种间隙位点的阳离子占有率,这一占有率由阴离子亚晶格定义。

硅基共价陶瓷的结构是基于 SiX_4 的四面体结构,这些四面体通常以角对角的方式相互连接。对于硅酸盐,基本结构单元是硅氧四面体结构。确定硅酸盐结构最重要的参数是 O 与 Si 的原子数量比值,当该比值为2时,便会形成三维网络结构。在二氧化硅中添加改性氧化物会使 O 与 Si 的原子数量比值增大,导致非桥接氧的形成和结构的逐渐破坏。随着 O 与 Si 的原子数量比值的增加,其结构变为片状、链状,最后成为岛状硅酸盐。

1.3　陶瓷工艺概述

通过热作用可以将细碎固体(即粉体)的混合物制成所需的物体,由此可以衍生出两种最广泛使用的陶瓷制造方法:熔铸成型法和粉体烧结法。这两条制备路线都起源于早期的人类文明。

熔铸成型法最简单的形式是先熔化一批原料(通常是粉体),然后用铸造、轧制、压制、吹制和纺丝等多种方法成型。对于相对容易结晶的陶瓷,熔体的凝固伴随着晶体(即晶粒)的快速形核和生长。过度的晶粒长大是导致陶瓷制品性能不良(如强度低)的一个重要原因。熔铸成型法存在的另一个问题是,许多陶瓷要么熔点高(如熔点为 2 600 ℃ 的 ZrO_2),要么在熔化之前已经分解(如 Si_3N_4),因此获得熔体是相当困难的。因此熔铸成型法仅限于玻璃的制造。有许多优秀的文章介绍了传统熔铸工艺和更专业的制造玻璃的科学和技术。

制造玻璃的一个重要进步是玻璃陶瓷制造工艺。原料首先被熔化成玻璃态,然后,通过两个主要的热处理步骤使玻璃结晶:在较低温度下诱导晶体形核,然后在一个或多个较高的温度促使玻璃中的晶体生长。根据定义,玻璃陶瓷中体积的 50% 以上为晶体,而实际上大多数玻璃陶瓷的晶体成分超过 90%。其他类型的玻璃基材料(如猫眼石和红宝石玻璃)结晶度较低,通常被归类为玻璃。采用传统的玻璃制造方法制备玻璃陶瓷具有成本优势。此外,该复合结构由小晶体(尺寸为 $0.1 \sim 10~\mu m$)组成,并分布在玻璃基体中。与原玻璃相比,玻璃陶瓷具有更好的性能。一般来说,玻璃陶瓷具有较高的强度、化学耐久性和电阻特性,可以获得很低的热膨胀系数和良好的抗热震性。目前,玻璃陶瓷最大批量的应用是炊具和餐具、建筑外墙和炉灶。

粉体烧结法原则上可以用于玻璃和多晶陶瓷的生产,但在实际生产中几乎没有用于生产过玻璃,因为玻璃生产有更经济的制造方法(如熔铸)。粉体烧结法是目前为止应用最广泛的多晶陶瓷生产方法,各处理步骤如图 1.15 所示。这种方法最简单的形式是将大量的微粒(即粉体)压实成多孔的固结粉体(称为生坯或粉体压块),然后烧制(即加热)为致密的产品。

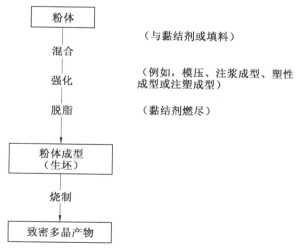

图 1.15　通过烧结固体粉体制备多晶陶瓷的基本流程图

在图 1.15 所示的粉体烧结法制备陶瓷的流程图中,可以将加工步骤分为两部分:生坯烧成前的工序和烧成过程中的工序。近年来粉体的合成和成型方法越来越受到重视,并产生了明显的效益。如果要获得许多陶瓷所需的特定性能,就必须密切关注制造过程中的每个加工步骤。每一步都有可能在材料内产生不良的微观结构缺陷,从而限制其性能和可靠性。每个步骤中的重要问题以及这些问题如何影响其他步骤或受其他步骤的影响,将在本书中详细阐述。

第2章　陶瓷粉体的制备及性质

如果特种陶瓷要满足非常特殊的性能要求,就必须要控制好相应的化学成分和微观结构,因此起始粉体的特性就至关重要。对于特种陶瓷,重要的粉体特性包括粒度、粒度分布、颗粒形状、团聚状态、化学组成和相组成,此外表面结构和化学性质也很重要。

团聚物的粒度、粒度分布、颗粒形状和团聚状态对粉体固相烧结和烧结体的微观结构都有重要影响。粒径大于 1 μm 的颗粒一般不采用胶体固结法,因为颗粒的沉降时间较短。但粒度对烧结的影响最为显著,随着颗粒尺寸的减小,烧结体的致密度会显著增加。通常,如果不考虑烧结过程中对烧结体产生较大影响的其他因素,则小于 1 μm 的颗粒将会有助于在一定的时间(例如几小时)内实现高致密化。

尽管具有宽粒度分布的粉体(有时称为多分散粉体)可以使坯体具有更高的致密度,但烧结过程中控制微观结构所带来的困难会远超过这一优点。一个普遍的问题是大颗粒通过吞噬小颗粒而迅速粗化,从而很难获得具有特定尺寸的高致密烧结体。窄粒度分布粉体(即几乎单分散的粉体)通常可以更好地控制微观结构。球形或等轴形的颗粒均有利于控制坯体的填充均匀性。

团聚会导致粉体在坯体中形成不均匀堆积,进而使坯体的不同部分在烧结过程中产生不同的烧结效果。当烧结粉体的不同部分以不同的速率收缩时,就会产生不同的烧结效果。这可能会导致严重的问题,例如在烧结体中形成较大孔隙和裂纹状空隙。此外,这种烧结体的致密化速率与粗颗粒烧结体大致相等。因此,当需要陶瓷同时具有高致密度和细晶粒度时,需要对制备陶瓷所需的烧结粉体进行严格限制。团聚体分为两类:一类是软团聚体,其中颗粒在弱范德瓦耳斯力的作用下结合在一起;另一类是硬团聚体,其中颗粒以化学键的方式通过强作用力结合在一起。理想的情况是避免粉体的团聚,但在大多数情况下不能避免,因此要尽量使用软团聚体而非硬团聚体。因为通过机械方法(例如压制或研磨)或将其分散在液体中,可以相对容易地分散软团聚体;但硬团聚体不易分散,因此必须避免将其引入粉体系统或将其从粉体系统中除去。

表面杂质可能对粉体在液体中的分散具有显著影响,但是最严重的影响是在烧结过程中的化学组成变化。杂质可能导致在烧结温度下形成少量液相,这导致较大的单个晶粒会选择性生长。在这种情况下,不可能实现均匀的晶粒尺寸。相之间的不完全反应也可能是问题的根源,因此,希望在烧制过程中粉体没有化学变化。对于一些材料,不同晶体结构之间的多晶型转变也可能是控制微观结构的困难来源。常见的例子是 ZrO_2 在冷却时常会发生裂解,以及 $\alpha - Al_2O_3$ 相向 γ 相转变时会导致晶粒快速生长和致密化速率的严重滞后。表 2.1 列出了制备特种陶瓷所需粉体的特性。

上述分析表明,陶瓷粉体的特性对后续工艺及陶瓷的性能有显著影响,因此,粉体合成对于陶瓷的整体制备非常重要。本章首先说明用于合成陶瓷粉体的主要方法,然后介绍陶瓷粉体的性质。

表 2.1　**制备特种陶瓷所需粉体的特性**

粉体性质	理想特性
粒度	细（< 1 μm）
粒度分布	窄分布或单一分布
颗粒形状	球形或等轴形
团聚状态	无团聚或软团聚体
化学组成	高纯
相组成	单相

2.1　粉体的制备方法

　　合成陶瓷粉体的方法有很多种,本书将它们分为两类:机械法和化学法。机械法常通过天然原料制备传统陶瓷粉体。通过机械法制备粉体是一个相当成熟的陶瓷加工工艺,其中可开发的空间相当小。近年来,采用高速研磨的机械法制备了一些特种陶瓷的细粉,这种方法受到了广泛关注。

　　化学法常通过合成材料或经历相当程度化学精制的天然材料制备特种陶瓷粉体。一些被归类为化学法的方法也涉及了部分机械研磨过程,研磨步骤通常是必要的,以分散团聚体和制备具有某一特定物理特性(如平均粒径和粒度分布)的粉体。化学法制备粉体是陶瓷加工领域的一个新领域,在过去几年中有了一些新的发展,未来还会有进一步的发展。表 2.2 概述了常见的陶瓷粉体制备方法。

表 2.2　**常见的陶瓷粉体制备方法**

粉体制备方法			优点	缺点
机械法		粉碎法	便宜,广泛的适用性	纯度有限,均匀性有限,粒径大
		机械化学合成法	粒度小,适用于非氧化物,制备温度较低	纯度有限,均匀性有限
化学法	固相反应	分解反应法、固相反应法	设备简单,价格低廉	团聚态粉体,多组分粉体的均匀性有限
	液相反应	沉淀或共沉淀法;溶剂蒸发法(喷雾干燥法、喷雾热解法、冷冻干燥法);凝胶法(溶胶 - 凝胶法、Pechini 法、柠檬酸盐凝胶法、甘氨酸硝酸盐法)	纯度高,粒度小,成分可控,化学均匀性好	价格昂贵,对非氧化物效果较差,粉体团聚普遍是个问题
	气相反应	非水液体反应	纯度高,粒度小	仅限于非氧化物
		气 - 固反应	制备大粒径粉体通常比较便宜	通常纯度低,对于制备细粉较为昂贵
		气 - 液反应	高纯度,粒度小	昂贵,有限的适用性
		气相反应	高纯度,粒度小,对于制备氧化物比较便宜	对于制备非氧化物较为昂贵,粉体团聚通常是一个问题

2.2 机械法制备粉体

2.2.1 粉碎法

通过机械力使大颗粒变小而产生小颗粒的过程称为粉碎,包括破碎、研磨和铣削等操作。对于传统的黏土基陶瓷,采用颚式、回转式、锥形破碎机等机械方法粉碎开采的粗粒度原料,从而制备尺寸为 0.1 ~ 1 mm 的颗粒粉体。制备这些粗颗粒所涉及的设备和工艺在相关文献中有很好的描述。我们假设有一些粗颗粒(尺寸 < 1 mm)原料,并考虑可以使这些粉体尺寸减小、产生细粉的工艺。实现这种尺寸减小的最常见方法是研磨,可以使用一种或多种研磨机,包括高压辊磨机、气流粉碎机(也称为流体能量磨机)和球磨机。球磨机根据球的运动方法(例如翻滚、振动和搅动)可以分为各种类型。

本书将粉碎方法的能量利用率定义为产生新表面的能量与所提供的总机械能的比值。研磨速率定义为每单位时间内单位质量颗粒产生新表面的表面积。具有高能量利用率的粉碎方法也将具有高的研磨速率,因此实现给定的粒度将花费更短的时间。对于给定的方法,还要了解各种实验因素如何影响研磨速率。

在研磨过程中,由于与研磨介质或其他颗粒的压缩、冲击或剪切,颗粒在其接触点处经受机械应力。机械应力导致弹性和非弹性变形,并且如果应力超过颗粒的强度极限,则将导致颗粒破裂。提供给颗粒的机械能不仅用于产生新的表面,而且还用于产生颗粒中的其他物理变化(例如非弹性变形、温度升高和颗粒内的晶格重排);也可能发生化学性质(尤其是表面性质)的变化,特别是在长时间研磨之后或在非常剧烈的研磨条件下。因此,该方法的能量利用率可以相当低,从不足 5% 到 20% 不等,其中通过压缩力产生的研磨的能量利用率接近 20%,而通过冲击力产生的研磨的能量利用率还不足 5%。图 2.1 总结了不同类型的研磨机用于生产细粉的应力机制和粒度。

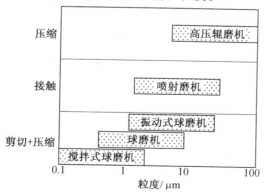

图 2.1 不同类型的研磨机用于生产细粉的应力机制和粒度

1. 高压辊磨机

在高压辊磨机中,材料在两个辊子之间受压。原则上,该方法类似于传统的辊磨机,但接触压力却相当高（100～300 MPa），这样可以将粗颗粒原料粉碎并压实。此外，该方法必须与另一种研磨方法（例如球磨）结合使用以生产粉体。尽管该方法不适合生产粒径小于 10 μm 的颗粒，但它具有以下两个优点：

（1）因为提供给辊子的机械能会直接用于粉碎颗粒，因此能量利用率很高。为了从粗颗粒原料生产具有一定尺寸的颗粒，同时使用高压辊磨机和球磨机比单独使用球磨机会更有效。

（2）由于只有少量材料与辊接触，因此机器的磨损非常低（比球磨低很多）。

2. 气流粉碎机

可以通过一系列的设计制造气流粉碎机。通常，这种设计包括一个或多个携带有粗颗粒原料的高速气流与另一个高速气流发生相互作用。通过颗粒与颗粒之间发生碰撞从而使颗粒粉碎。在一些设计中，高速气流中的颗粒与研磨机的内壁（固定的或可移动的）发生碰撞来实现粉碎颗粒。经粉碎的颗粒会随着流出的气流离开研磨机，并且这些颗粒通常会收集在研磨机外部的旋风室中。用于产生高速气流的气体通常是压缩空气，但是可以使用如氮气或氩气等惰性气体来减少某些非氧化物材料（例如 Si）的氧化。研磨后粉体的平均粒度和粒度分布取决于许多因素，包括进料颗粒本身的粒度、粒度分布、颗粒硬度和弹性、注入气体的压力、研磨室的尺寸，以及在研磨过程中颗粒分级的设计。

在一些气流粉碎机的设计中加入了多个气体入口喷嘴，以便使颗粒之间发生多次碰撞，从而增强粉碎效果。在一些情况下，高速气流中的颗粒可以在研磨室中进行分级。进料颗粒会保留在研磨区中，直到它们被减小到足够细的尺寸，然后从研磨室中分离出来。气流粉碎机具有以下两个优点：

（1）当与颗粒分级装置结合使用时，它们提供了一种快速生产粉体的方法，这种粉体具有窄粒度分布，并且粒径小至约 1 μm。

（2）对于某些设计，颗粒不会与研磨室的表面接触，因此不会发生污染问题。

3. 球磨机

高压辊磨机和气流粉碎机在不使用研磨介质的情况下可以实现粉碎。对于包含研磨介质（球或棒）的研磨机，通过滚动的研磨介质和颗粒发生压缩、冲击和剪切（摩擦）从而使颗粒粉碎。棒磨机不适合生产细粉，而球磨机可用于生产 10 μm 到亚微米级粒度的粉体。此外，球磨也分为湿磨或干磨。

（1）研磨参数。

球磨是一个相当复杂的过程，不易于进行严格的理论分析。研磨速率取决于许多因素，包括研磨参数、研磨介质的性质和待研磨颗粒的性质。通常会在低速运行的球磨机中加入大球，这样提供给颗粒的大部分机械能是势能。那些高速运转的球磨机中会加入小球，在这种情况下提供给颗粒的大部分能量是动能。对于给定尺寸的研磨介质，由于质量与密度成正比，因此研磨介质的材料应具有尽可能大的密度。实际上，研磨介质的选择通常会受成本限制。

研磨介质的尺寸是重要的考虑因素。小型研磨介质通常比大型研磨介质好。对于给定的体积，球的数量与半径的立方成反比。假设研磨速度取决于磨球和粉体之间的接触点数量,并且接触点的数量又取决于磨球的表面积,那么研磨速率将随半径的增加而增加。但球不能太小,因为它们必须赋予颗粒足够的机械能以使其破裂。

研磨速率还取决于粒度。随着颗粒尺寸的减小,速率将会降低,并且随着颗粒进一步变细(例如只有 1 μm 左右),减小尺寸会变得越来越困难。颗粒粒度与研磨时间的关系如图 2.2 所示,从图中可以看出两种球磨方式最终得到的研磨极限。这种极限取决于几个因素,一个重要因素是随着粒径减小,颗粒团聚的趋势会有所增加,因此在团聚和粉碎的过程之间会建立物理平衡。另一个因素是随着颗粒尺寸的减小,颗粒之间发生碰撞从而使颗粒粉碎的概率降低。最后,随着颗粒尺寸的减小,颗粒中存在特定尺寸缺陷的概率也将会减小,即颗粒变得更硬。与干磨相比,通过在湿磨时使用一定含量的有机分散剂(图 2.3),湿磨的极限粒度会进一步有所减少。对于分级研磨,当颗粒变细,它们会被转移到研磨机的另一个隔室或被转移到另一个用较小的球作为研磨介质的研磨机中。

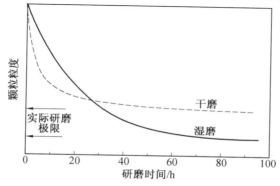

图 2.2　颗粒粒度与研磨时间的关系

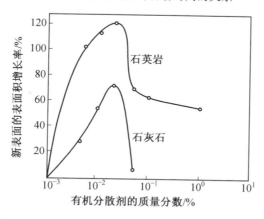

图 2.3　有机分散剂对研磨的石英岩和石灰石的影响

球磨的一个缺点是研磨介质的磨损可能相当高。如前所述,对于特种陶瓷,粉体中存在杂质是一个严重的问题。最好的解决方案是使用与粉体本身相同成分的球,但这仅在极少数情况下是可能的,其成本相当高。另一种解决方案是使用一种化学惰性的研磨介质(如 ZrO_2 球),该研磨介质在烧结温度之下是惰性的,或者可以通过洗涤(如钢球)将杂质从粉体中去除。常见的问题是使用瓷球或低纯度 Al_2O_3 球时容易磨损,而且这会在粉

体中引入大量的 SiO_2。硅酸盐液体通常在烧结温度下形成,并且这也会使得微观结构变得非常难以控制。表 2.3 给出了用于球磨的市售研磨介质及其密度。

表 2.3　用于球磨的市售研磨介质及其密度

研磨介质		密度 $/(g \cdot cm^{-3})$
陶瓷		2.3
氮化硅		3.1
碳化硅		3.1
矾土	纯度低于 95%	3.4 ~ 3.6
	纯度大于 99%	3.9
氧化锆	MgO 稳定的氧化锆	5.5
	高纯度 Y_2O_3 稳定的氧化锆	6.0
钢		7.7
碳化钨		14.5

(2) 滚动式球磨机。

滚动式球磨机由缓慢旋转的水平圆筒组成,圆筒内部填充有研磨球和待研磨的颗粒。

除了上面讨论的因素之外,球磨机的旋转速率是一个重要的变量,因为它会影响磨球的轨迹和提供给粉体的机械能。将把球带到旋转顶点(即在球磨机顶部的离心力刚刚平衡重力)所需的速度定义为临界转速,临界转速(单位时间转数)的计算式为

$$临界转速 = \frac{\left(\dfrac{g}{a}\right)^{1/2}}{2\pi}$$

式中,a 是球磨机的半径;g 是重力加速度。

实际上,球磨机转速约为临界转速的 75%,因此球不会到达球磨机顶部(图 2.4)。

如前所述,球磨过程不易于进行严格的理论分析,因此,我们必须利用经验公式,一种经验公式为

$$球磨速率 \approx A a_m^{1/2} \frac{\rho d}{r} \tag{2.1}$$

式中,A 是所用球磨机和磨粉的特定的数值常数;a_m 是球磨机的半径;ρ 是磨球的密度;d 是粉体的粒度;r 是磨球半径。

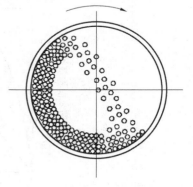

图 2.4　球磨机中磨球运动示意图

根据式(2.1),随着粒径的减小,球磨速率会有所降低,但在一定时间后也会达到研磨极限,因此会保持一定的球磨速率。当我们选择磨球半径时,也必须考虑球磨速率随磨球半径变化的关系;如果磨球太小,则磨球将不具有足够的能量来使颗粒破裂。

在粉碎颗粒的过程中,目标是使磨球落在球磨机底部的颗粒上,而不是落在球磨机内衬上。对于在其临界速度的 75% 下运行的球磨机,当磨球的填充量为球磨机体积的

50%、粉体的填充量为25%时,适合干磨。对于湿磨,最好是球占据球磨机体积的50%、浆料占球磨机体积的40%,其中浆料中固相含量为25% ~ 40%。

湿磨优于干磨,因为其能量利用率(10% ~ 20%)高,并且湿磨能够产生更多较细的颗粒。湿磨的缺点是研磨介质的磨损较为严重,研磨后需要干燥粉体,以及吸附载体可能会污染粉体。

(3)振动式球磨机。

振动式球磨机也称振动磨机,其形状类似于一个鼓,球磨机内几乎充满了堆积好的研磨介质和颗粒,它们在三维空间内发生快速振动,振动频率为10 ~ 20 Hz。研磨介质通常为圆柱形,占球磨机体积的90%以上。振动的振幅是可控的,以便不破坏研磨介质的良好堆积排布。三维的运动有助于颗粒的分布,并且在湿磨的情况下,有助于减少浆体中颗粒的分离。快速的振动产生的冲击能量远大于在滚动式球磨机中提供给颗粒的能量。因此,与滚动式球磨机相比,振动式球磨机拥有更快速的粉碎过程,它也比滚动式球磨机更节能。

(4)搅拌式球磨机。

搅拌式球磨机,也称为磨碎机或搅拌介质磨机,与滚动式球磨机的不同之处在于,搅拌式球磨机的填充室不发生旋转。相反,当搅拌器以1 ~ 10 Hz的频率连续旋转时,物料和研磨介质被剧烈搅拌。球磨室与位于球磨室中心的搅拌器垂直或水平对齐(图2.5)。研磨介质由小球体(球体直径为0.2 ~ 10 mm)组成,占球磨机可用体积的60% ~ 90%。虽然搅拌式球磨机可用于干磨,但大多数情况下它是用于湿磨的。大多数搅拌球磨也是连续进行的,颗粒浆料在一端进料,在另一端收集。对于搅拌相当强烈的研磨,会产生相当多的热量,并且需要对球磨室进行冷却。

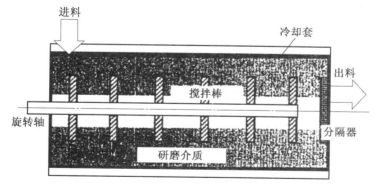

图2.5 搅拌式球磨机示意图

搅拌式球磨机与滚动式球磨机和振动式球磨机相比,具有明显的优势,因为其能量利用率显著提高,它还具有处理含有较高固相的待研磨浆料的能力。此外,使用较细的研磨介质可以提高研磨速率。由于搅拌式球磨的效率较高而且研磨时间较短,因此通过这种方法研磨的粉体的污染程度比滚动式球磨或振动式球磨低。通过用陶瓷材料或塑料材料内衬的球磨室并使用陶瓷搅拌器和研磨介质,可以进一步减少搅拌球磨中的污染。

2.2.2　机械化学合成法

在粉碎过程中,主要关注点是要实现某些物理特性,例如粒度和粒度分布。然而近年来,在研磨过程中发生的一些化学变化受到了人们的关注。研磨有利于粉体发生化学反应。颗粒破裂时化学键断裂,从而导致表面具有不饱和的化合键。这样产生的高表面积有利于混合颗粒之间发生反应或有利于颗粒与其周围环境之间发生反应。

有很多术语定义以元素混合物为起始原料并利用高能球磨法制备粉体的过程,包括机械化学合成、机械合成、机械驱动合成、机械合金化、高能球磨等,本书将使用机械化学合成这个术语。在过去几年内,这种方法在金属和合金粉体的生产中引起了人们很大的关注。虽然这种方法应用在无机体系的研究较少,但该方法已被用于制备各种粉体,包括氧化物、碳化物、氮化物、硼化物和硅化物。

机械化学合成可以在小型研磨机(例如 Spex 研磨机)中进行,从而合成几克粉体,或者在大型研磨机中进行,进而合成更大量的粉体。在 Spex 研磨机中,装有磨球和颗粒的圆柱形小瓶以 20 Hz 的频率在三维方向上进行大振幅振动。颗粒占小瓶体积的 20%,研磨介质(直径 5 ~ 10 mm 的球)的质量为颗粒质量的 2 ~ 10 倍。在这样的条件下,研磨通常会进行几十小时。因此,该方法需要非常长时间的高强度振动研磨。

机械化学合成的一个优点是可以很容易地制备出用其他方法难以制备的粉体,例如硅化物和碳化物的粉体。此外,一些碳化物和硅化物具有窄的成分分布,因此难以通过其他方法生产。但这个方法有一个缺点,即在研磨过程中会有杂质掺入粉体中或有来自研磨介质的杂质引入其中。

机械化学合成的机理目前尚不清楚,但有以下三种可能:

(1)通过固态扩散机理发生反应。由于扩散是热激活的,这就需要显著降低活化能,或显著提高研磨机的温度,或是两者的某种组合。虽然研磨机中进行了很大程度的加热,但温度明显低于真正固相反应机理所需的温度。

(2)在研磨过程中通过局部熔化发生反应。虽然颗粒的熔化可能伴随高放热反应,但局部熔化形成化合物的证据目前尚未发现。

(3)在高温下通过自蔓延反应的形式发生反应。在高度放热反应中,例如从元素混合物中形成钼和钛硅化物时,释放的热量通常足以维持反应。然而,对于发生的第一步反应,必须有能量使系统的绝热温度升高到使其达到维持反应所需的温度。在正式反应之前,粉体已经非常细,其表面能也已经非常大。

例如,在合成 $MoSi_2$ 之前,Mo 和 Si 粉体的平均粒度分别为 20 nm 和 10 nm。仅粒子的表面能为 $MoSi_2$ 生成热(在 298 K 时为 131.9 kJ/mol)的 5% ~ 10%。这种高表面能与存储的应变能(主要在 Mo 颗粒中)相结合,可以提供用以维持反应的能量。机械化学合成中发生反应的关键步骤是产生足够细的粉体,以致能够产生足以使反应自我维持的表面和应变能。

在实验中,$MoSi_2$ 和其他硅化物的反应显示出了自蔓延反应的特征。如图 2.6 所示,在经历了 192 min 的诱导期后,反应很快便发生,仅用了 1 min 便有大量的 $MoSi_2$ 生成。在研磨过程中,当小部分元素粉体发生反应后,反应释放的热量会引发未反应的部分,直到大部分元素粉体转化为产物。目前尚不清楚在快速反应的过程中液相是否会形成或产物是否会熔化。在反应之后,产物立即高度凝聚。对于 $MoSi_2$,团聚物尺寸为 $100\ \mu m$,其由直径为 $0.3\ \mu m$ 的一级颗粒组成,如图 2.7 所示。

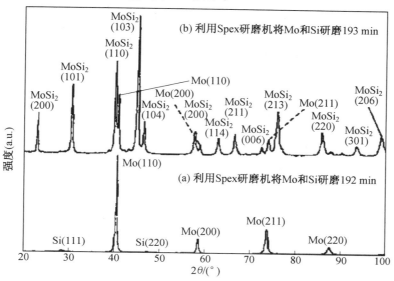

图 2.6 Mo 和 Si 研磨后粉体 X 射线衍射图

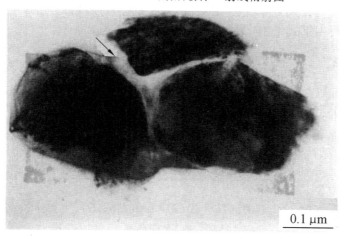

图 2.7 制备得到的 $MoSi_2$ 的透射电子显微镜图像

2.3 化学法制备粉体

合成陶瓷粉体的化学方法有很多,并且在陶瓷文献中可获得有关该方法的若干综述。为方便起见,我们将这些方法大概归类为三个类别:固相反应、液相反应和气相反应。

2.3.1　固相反应

在化学分解反应中,加热固相反应物可以产生新的固相和气相,其中固相反应物包括碳酸盐、氢氧化物、硝酸盐、硫酸盐、乙酸盐、草酸盐、醇盐和其他金属盐,生产简单氧化物粉体可以利用这种反应。一个例子是碳酸钙(方解石)分解产生氧化钙和二氧化碳气体:

$$CaCO_3(s) \rightarrow CaO(s) + CO_2(g) \tag{2.2}$$

固体原料之间的化学反应通常以混合粉体的形式发生,这在生产复合氧化物粉体(如钛酸盐、铁酸盐和硅酸盐的粉体)的过程中是很常见的。反应物通常由简单的氧化物、碳酸盐、硝酸盐、硫酸盐、草酸盐或乙酸盐组成。一个例子是氧化锌和氧化铝发生反应生成铝酸锌:

$$ZnO(s) + Al_2O_3(s) \rightarrow ZnAl_2O_4(s) \tag{2.3}$$

这些涉及固相分解或固相之间发生化学反应的方法在陶瓷文献中称为煅烧。

1. 分解

由于工业和科学上的关注,存在大量关于分解反应原理、动力学和化学的文献,研究最广泛的系统是 $CaCO_3$、$MgCO_3$ 和 $Mg(OH)_2$。本书关注基本的热力学、反应动力学和机理,以及与粉体生产相关的工艺参数。

在热力学方面,对于由式(2.2)定义的 $CaCO_3$ 的分解,在 298 K 时其标准反应热(焓)$\Delta H_R^{\ominus}$ 为 44.3 kcal/mol(1 cal = 4.186 J)。该反应是强烈吸热的(即 $\Delta H_R^{\ominus}$ 是正值),是一种典型的分解反应。这意味着必须向反应物提供热量以维持分解反应。任何反应的吉布斯自由能变化可由下式给出:

$$\Delta G_R = \Delta G_R^{\ominus} + RT\ln K \tag{2.4}$$

其中,$\Delta G_R^{\ominus}$ 是当反应物处于标准状态时反应的自由能变化;R 是气体常数;T 是绝对温度;K 是反应的平衡常数。

对于式(2.2)定义的反应有

$$K = \frac{a_{CaO}a_{CO_2}}{a_{CaCO_3}} = p_{CO_2} \tag{2.5}$$

其中,a_{CaO} 和 a_{CaCO_3} 分别是纯固体 CaO 和 $CaCO_3$ 的活度,取 1 为单位;a_{CO_2} 是 CO_2 的活度,取气体的分压为单位。

当反应达到平衡时,$\Delta G_R = 0$。结合式(2.4)和式(2.5),可得

$$\Delta G_R^{\ominus} = - RT\ln p_{CO_2} \tag{2.6}$$

用于分解 $CaCO_3$、$MgCO_3$ 和 $Mg(OH)_2$ 的标准自由能以及每个反应的气体平衡分压绘制在图 2.8 中。假设当固体上方的气态产物的分压等于周围大气中气体的分压时,化合物会变得不稳定,可以使用图 2.8 来确定化合物在空气中加热时变得不稳定的温度。例如,$CaCO_3$ 在 810 K 以上变得不稳定,而且该温度还将随相对湿度的变化而改变;$MgCO_3$ 在 480 K 以上变得不稳定;$Mg(OH)_2$ 在 445 ~ 465 K 变得不稳定。此外,在环境中基本没有乙酸盐、硫酸盐、草酸盐和硝酸盐产物气体的分压,因此可以预测它们是不稳定的。观察到这些化合物在很高的温度下也是很稳定的,这一事实表明它们的分解是由动力学因素控制的,而不是热力学因素。

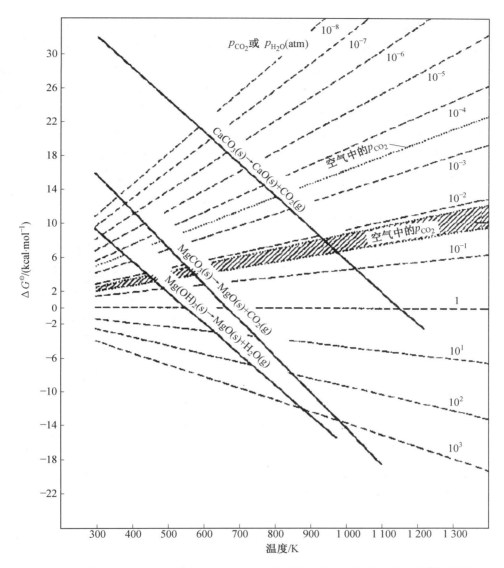

图 2.8   用于分解 $CaCO_3$、$MgCO_3$ 和 $Mg(OH)_2$ 的标准自由能以及每个反应的气体平衡分压

（$\Delta G^{\ominus} = RT\ln p_{CO_2}$ 或 $\Delta G^{\ominus} = RT\ln p_{H_2O}$，1 atm = 101 325 Pa）

分解反应的动力学研究可以提供关于影响反应机理和过程变量（例如温度、粒度、反应物的质量和气氛）的信息，其中反应是以等温或固定的加热速率进行的。在等温研究中，保持一个恒定的温度是在实践中无法实现的，因为需要有限的时间来将样品加热到所需的温度，所以，等温分解动力学更容易分析。反应的进程通常通过质量的损失来测量，并且反应进程的数值可以被描述为反应物分解质量分数与时间的关系，定义如下：

$$\alpha = \frac{\Delta W}{\Delta W_{max}} \tag{2.7}$$

其中，ΔW 和 ΔW_{max} 分别是在时间 t 的质量损失和分解反应的最大质量损失。

目前没有分解反应的一般理论，但经常观察到类似于图 2.9 所示的广义的 α 对 t 的曲线。阶段 A 是反应初始阶段,有时会发生杂质或不稳定材料的分解。阶段 B 是诱导期,这一阶段通常被认为是晶核稳定生长的终止期。阶段 C 是晶核生长的加速期,期间可能伴随着进一步的形核,这一阶段会延伸到阶段 D 期间反应速率达到最大时。由于反应条件的改变和反应物的消耗,晶核不会进一步生长,这会导致进入衰变期 E,一直持续到反应完成期 F。在实践中,这些阶段中的一个或多个(除了 D)可能不存在或可忽略不计。

固态产物的摩尔体积通常小于反应物的摩尔体积,因此产物通常在无孔的反应物晶核周围形成多孔物质,如图 2.10 所示。与大多数固相反应一样,因为反应发生在一个明确的界面上,所以反应通常是不均匀的。动力学可通过以下三个过程中的任何一个来控制反应速率:①反应物与固态产物界面处的反应,②向反应表面的热传递,③从反应物表面向多孔产物层的气体扩散或渗透。

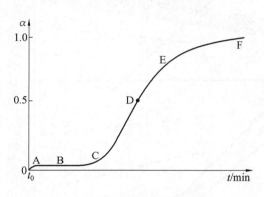

图 2.9　广义的 α 对 t 的关系图

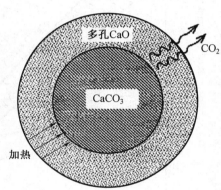

图 2.10　碳酸钙分解的示意图

从表 2.4 可以看出,已经建立了几种表达式来分析反应动力学。通常假设界面以恒定速率向内移动,因此对于初始半径为 r_0 的球形反应物,在时间 t 时未反应晶核的半径由下式给出:

$$r = r_0 - Kt \tag{2.8}$$

其中,K 是常数。

当我们考虑界面处分解反应的反应速率时,不同条件下晶粒的形核和生长对应于不同的表达式(表 2.4 中的形核方程式)。如果形核很快,那么方程仅取决于模型的几何形状(几何模型)。粉体分解的几何形状很复杂。对于薄 $CaCO_3$(方解石)晶体,从图 2.11 可以看出,在反应界面在一维方向推进的条件下,分解动力学按照表 2.4 中式(7)所示的线性反应方程的形式进行测量。

当使用大块样品时,多孔产物层厚度的增加可以为产物气体的逸出提供一个屏障。Hills 已经建立了受产物气体(CO_2)去除率或反应界面传热速率控制的 $CaCO_3$ 分解动力学方程。表 2.4 包括通过反应物的化学组分扩散控制反应速率的方程。

表 2.4　分解反应中利用动力学数据分析的速率方程式

	方程式		序号
晶核	幂律定律	$\alpha^{1/n} = Kt$	(1)
	指数定律	$\ln \alpha = Kt$	(2)
	Avrami – Erofe'ev 定律	$[-\ln(1-\alpha)]^{1/2} = Kt$	(3)
		$[-\ln(1-\alpha)]^{1/3} = Kt$	(4)
		$[-\ln(1-\alpha)]^{1/4} = Kt$	(5)
	Prout – Tompkins 定律	$\ln \dfrac{\alpha}{1-\alpha} = Kt$	(6)
几何模型	厚度收缩	$\alpha = Kt$	(7)
	面积收缩	$1-(1-\alpha)^{1/2} = Kt$	(8)
	体积收缩	$1-(1-\alpha)^{1/3} = Kt$	(9)
扩散	一维模型	$\alpha^2 = Kt$	(10)
	二维模型	$(1-\alpha)\ln(1-\alpha)+\alpha = Kt$	(11)
	三维模型	$[1-(1-\alpha)^{1/3}]^2 = Kt$	(12)
	Ginstling – Brounshtein 模型	$\left(1-\dfrac{2\alpha}{3}\right)-(1-\alpha)^{2/3} = Kt$	(13)
反应顺序	一级反应	$-\ln(1-\alpha) = Kt$	(14)
	二级反应	$(1-\alpha)^{-1} = Kt$	(15)
	三级反应	$(1-\alpha)^{-2} = Kt$	(16)

注:在每个表达式中反应速率常数 K 是不同的,假设时间已被修正为诱导期。

化学反应的动力学通常根据反应顺序进行分类。以反应物分解的简单情况为例:

$$A \rightarrow 产物 \qquad (2.9)$$

反应速率可以写为

$$-\frac{dC}{dt} = KC^{\beta} \qquad (2.10)$$

其中,C 是反应物 A 在时间 t 的浓度;K 是反应速率常数;β 是定义反应顺序的指数。如果 $\beta = 1$,则反应是一级反应;如果 $\beta = 2$,则反应是二级反应,依此类推。表 2.4 中包括一级、二级和三级反应的动力学方程式。

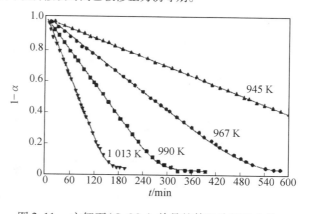

图 2.11　方解石($CaCO_3$)单晶的等温分解动力学

当将分解实验数据与理论方程结果进行比较时,对某一特定方程的最佳拟合结果与该方程所依据的机理是一致的,但这却没有被证明。基于不同机理的两种或两种以上速率方程拟合得到的数据具有相同的拟合精度。通常,动力学分析通常应与电子显微镜观察结构等其他技术相结合。

　　观察到的分解速率和由分解反应产生的粉体特性取决于许多材料因素和加工因素，包括反应物的化学性质、反应物颗粒的初始粒度和粒度分布、气氛条件、温度和时间。在几个不同温度下测量的等温速率数据表明，分解速率服从 Arrhenius 关系，动力学方程中的速率常数由下式给出：

$$K = A\exp\frac{-Q}{RT} \tag{2.11}$$

式中，A 是常数，称为指数前因子或频率因子；Q 是激活能；R 是气体常数；T 是绝对温度。

　　在大多数报道中，$CaCO_3$ 分解活化能接近反应焓。通过反应速率的碰撞理论建立了气相反应方程(2.11)。它应该适用于固相反应物在固相晶格中的分解反应，至于原因，目前已成为一些讨论的主题。

　　以式(2.2)描述的反应为例，当反应向右侧进行时，便发生分解反应。目前已经认识到 $CaCO_3$ 的分解动力学将取决于环境大气中 CO_2 气体的分压。如果环境中的 CO_2 压力较高，则平衡将向左侧移动。改变环境中 CO_2 压力会对 $CaCO_3$ 的分解动力学有所影响，研究表明，随着 CO_2 分压的增加，反应速率会有所降低。

　　除动力学外，固态产物颗粒的微观结构还取决于分解条件。分解反应的一个特征是在可控的条件下进行时，通常能够从较粗的反应物中产生非常细的颗粒。在真空中，分解反应通常是伪形的(即产物颗粒通常保持与反应物颗粒相同的尺寸和形状)。由于其摩尔体积小于反应物的摩尔体积，因此产物颗粒含有内部孔隙。产物颗粒通常由细颗粒和细小内部孔隙的聚集体组成。在 923 K 的条件下，进行大小为 1 ~ 10 μm 的 $CaCO_3$ 颗粒的分解实验，结果表明真空中形成的 CaO 产物的比表面积高达 100 m²/g，颗粒尺寸和孔径小于 10 nm(图 2.12(a))。如果反应在气氛中而不是在真空中进行，则不会产生高表面积的粉体。在 1 个大气压的 N² 中进行实验时，CaO 颗粒的表面积仅为 3 ~ 5 m²/g(图 2.12(b))。

(a)　　　　　　　　　　　　　　　　　(b)

图 2.12　$CaCO_3$ 粉体分解产生的 CaO 的扫描电子显微镜照片

　　在分解过程中，细小 CaO 颗粒的烧结也通过增加空气中 CO_2 的分压来催化。细小的 CaO 颗粒在空气中进行烧结时，会导致颗粒变大、表面积减小。由 $MgCO_3$ 或 $Mg(OH)_2$ 分解产生细小 MgO 颗粒的烧结是在大气中水蒸气的催化下进行的。较高的分解温度和较长的分解时间会促进细小产物颗粒的烧结，结果使低表面积粉体发生团聚。尽管通常尝试优化分解温度和时间,但总是存在团聚物,因此需要通过研磨来生产具有特定粒度特征的粉体。

2. 固相间化学反应

最简单的体系涉及两个固相 A 和 B 之间的反应,反应会产生固溶体 C。A 和 B 通常是金属体系的元素,而对于陶瓷,它们通常是结晶化合物。在反应开始后,A 和 B 被固相反应的产物 C 分离,如图 2.13 所示。进一步的反应涉及原子、离子或分子通过几种可能的机制穿过相边界和反应产物的运输。混合粉体之间的反应对于粉体合成的技术是重要的。然而,由于简化的几何形状和边界条件,使用单晶则极大地促进了反应机理的研究。

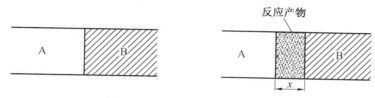

图 2.13　单晶固相反应的示意图

尖晶石形成反应 $AO + B_2O_3 \Longrightarrow AB_2O_4$ 是研究最广泛的反应之一。图 2.14 展示了一些可能的反应机理,包括:①O_2 分子进行气相传输的机理和电子通过扩散穿过产物层保持电中性的机理,如图 2.14(a)和(b)所示;②涉及阳离子反向扩散的机理,其中氧离子基本保持静止,如图 2.14(c)所示;③O^{2-} 通过产物层扩散的机理,如图 2.14(d)和(e)所示。

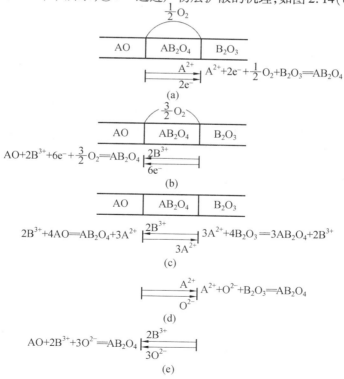

图 2.14　尖晶石形成的反应机理

实际上,离子的扩散系数差别很大。例如,在尖晶石中,与阳离子扩散相比,较大的 O^{2-} 会扩散得更慢,因此可以忽略图 2.14(d) 和(e) 中的机理。此外,如果在相界处发生理想接触,那么 O_2 分子的传输会比较缓慢,图 2.14(a) 和(b) 中的机理可以忽略。在这些条件下,最可能发生的机理是阳离子的反向扩散(图 2.14(c) 所示的机理),其中阳离子的通量被耦合以维持电中性。当产物层的扩散可以控制产物形成速率时,可以观察到产物厚度遵循如下所示的抛物线增长规律:

$$x^2 = Kt \tag{2.12}$$

式中,K 是服从 Arrhenius 关系的速率常数。

一些研究证明了反应层厚度的抛物线增长规律,这意味着反应受扩散控制。据报道,ZnO 和 Fe_2O_3 之间形成 $ZnFe_2O_4$ 的反应是通过反向扩散机理发生的,其中阳离子向相反的方向迁移,氧离子基本保持静止。通过方程式(2.3) 形成 $ZnAl_2O_4$ 的反应机理尚不清楚。据报道,反应通过固相机理发生,其中通过产物层的锌离子的扩散可以控制反应速率。然而,如下面所述的粉体之间的反应,反应动力学也可以通过 ZnO 蒸气和 Al_2O_3 之间的气 - 固反应来描述。

对于粉体反应(图 2.15),对反应动力学的完整描述必须考虑几个参数,但这会使分析变得非常复杂。通常在动力学方程的推导中进行简化的假设。对于等温反应,Jander 推导出了一个常用的方程式。在推导过程中,假设等粒径的 A 反应物球体嵌入 B 反应物的准连续介质中,反应产物在 A 粒子上均匀凝聚。t 时刻未反应材料的体积为

$$V = \frac{4}{3}\pi(r-y)^3 \tag{2.13}$$

其中,r 为球形颗粒反应物 A 的初始半径;y 为反应层厚度。

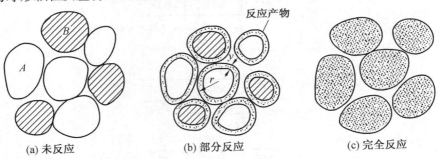

(a) 未反应　　　　　　　(b) 部分反应　　　　　　　(c) 完全反应

图 2.15　混合粉体固相反应示意图

未反应物质的体积由下式给出:

$$V = \frac{4}{3}\pi r^3(1-\alpha) \tag{2.14}$$

其中,α 是已反应物质的体积分数。

结合式(2.13) 和式(2.14),可以得到

$$y = r[1-(1-\alpha)]^{1/3} \tag{2.15}$$

假设 y 根据式(2.12) 给出的抛物线关系增长,则反应速率为

$$[1-(1-\alpha)^{1/3}]^2 = \frac{Kt}{r^2} \tag{2.16}$$

式(2.16) 称为 Jander 方程, 方程中存在两个过度的简化, 这限制了它的适用性, 也限制了它能够预测反应速率的范围。首先, 假设反应层厚度的抛物线增长规律对于平面边界上的一维反应是有效的, 而这不适用于球面几何系统。它最多只能在粉体反应的初始阶段有效, 此时 $y \rightarrow r$。其次, 忽略反应物和产物之间摩尔体积的变化。Carter 已经考虑了这两个过度简化, 他推导出以下等式:

$$[1 + (Z - 1)\alpha]^{2/3} + (Z - 1)(1 - \alpha)^{2/3} = Z + (1 - Z)\frac{Kt}{r^2} \qquad (2.17)$$

其中, Z 是由单位体积 A 形成的反应产物的体积。

式(2.17) 称为 Carter 方程, 该方程适用于 ZnO 和 Al_2O_3 发生反应形成 $ZnAl_2O_4$, 该反应的产物生成率甚至可以高达 100%, 如图 2.16 所示。

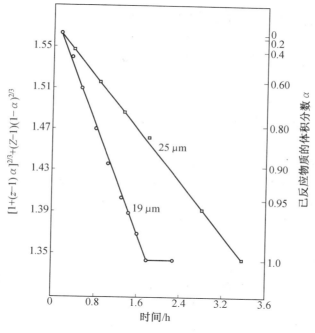

图 2.16 ZnO 和 Al_2O_3 反应形成 $ZnAl_2O_4$ 的反应动力学图

对于固相扩散机理, 粉体体系中反应产物的生长发生在接触点处, 对于几乎大小相等的球体, 接触点的数量很小。然而, 对于许多体系, Jander 方程和 Carter 方程至少可以描述反应初始阶段的动力学。快速的表面扩散提供了一种反应物对另一种反应物的均匀供给。或者说, 如果一种反应物的蒸气压足够高(例如方程式(2.3) 中的 ZnO), 在另一反应物表面上的凝聚也可以为该反应物提供均匀供给。在这种情况下, 粉体反应可以更好地描述为气 - 固反应而不是固相反应。

在实际体系中, 粉体体系中的固相反应取决于几个参数, 它们包括反应物和产物的化学性质、颗粒的大小和形状、粒度分布、混合物中反应物颗粒的相对尺寸、混合均匀程度、反应气氛、温度和时间。随着反应物粒度的增加, 反应速率将降低, 因为平均扩散距离将增加。对于相干反应层和近球形颗粒, 反应动力学对颗粒尺寸的依赖性由式(2.16) 或式

（2.17）给出。根据 Arrhenius 关系，反应速率将随温度升高而增加。通常，混合的均匀程度是最重要的参数之一，它影响反应物之间的扩散距离和反应物颗粒之间的相对接触数，从而影响产生均匀单相粉体的能力。

通过固相反应制备粉体通常在生产成本方面具有优势，但如前所述，粉体质量也是特种陶瓷的重要考虑因素。粉体通常是团聚的，并且几乎总是需要研磨来生产具有更好特性的粉体。在球磨机中的研磨会导致粉体被杂质污染。不完全反应可能会产生我们不希望生成的相，特别是在混合不良的粉体中。此外，研磨粉体的颗粒形状也通常难以控制。

3. 还原反应

在工业上，碳还原二氧化硅的工艺可用于生产碳化硅粉体：

$$SiO_2 + 3C \rightarrow SiC + 2CO \qquad (2.18)$$

该反应在略高于 1 500 ℃ 的温度下进行，但通常会在更高的温度下进行，以使 SiO_2 变为液体。该方法会在工业上大规模使用，通常称为 Acheson 方法。这种混合物具有自导电性，并且可以被电加热至 2 500 ℃。副反应会使得反应比方程式（2.18）中所示的更为复杂。反应几天后得到的产物由黑色或绿色的晶体聚集体组成，将其粉碎、洗涤、研磨并分级可以制备所需尺寸的粉体。

Acheson 工艺的一个缺点是对于高温结构陶瓷等高要求的应用来说，粉体质量往往较差。因为反应物以混合颗粒的形式存在，所以反应的范围受到反应物颗粒间接触面积和非均匀混合的限制，这也会导致 SiC 产物中含有大量未反应的 SiO_2 和 C。但最近通过在还原之前用 C 涂覆 SiO_2 颗粒的方法克服了这些限制。通过该方法可以制备具有细粒径（< 0.2 μm）且相对纯的 SiC 粉体。采用实验室规模的气相反应方法也可以生产具有所需粉体特性的 SiC 粉体，但这种方法通常很昂贵。

2.3.2　液相反应

从溶液中生产粉体材料有两种常规途径，一种是蒸发液体，另一种是通过添加可以与溶液反应的化学试剂使其沉淀。

这两种途径经常在无机化学实验室使用，例如通过蒸发液体从溶液中生成普通盐晶体，或通过向 $MgCl_2$ 溶液中加入 NaOH 溶液从而生成 $Mg(OH)_2$。理解从溶液中产生沉淀的原理可以帮助我们控制粉体的粒度特征。

1. 溶液沉淀法

（1）溶液沉淀过程的基本原理。

从溶液中产生沉淀包括两个基本步骤：首先是细颗粒的形核，其次通过向表面添加更多材料来产生更多沉淀。实际上，通过控制形核和生长的反应条件以及这两个过程之间的偶联程度，可以实现对粉体特性的控制。

① 形核。

对于均匀形核，它发生在完全均匀的相中，在溶液中或反应容器的壁上没有外来杂质。当这些杂质存在并有助于形核时，该过程称为非均匀形核。如果发生非均匀形核，则难以获得可控粒度的粉体，因此需要避免。

固体颗粒在溶液中的均匀形核是根据 Christian 所详细描述的气-液相变和气-固相变经典理论来分析的。我们将简要概述经典理论中气-液转换的主要特征,然后研究它们如何应用于固相颗粒在溶液中形核。在由原子(或分子)组成的过饱和蒸气中,随机的热起伏会引起系统密度和自由能的局部起伏。密度起伏产生的原子簇被称为晶胚,晶胚可以通过气相原子的加入而生长。蒸气中存在一系列大小的晶胚,假设蒸气压力符合开尔文方程:

$$\ln \frac{p}{p_0} = \frac{2\gamma v_1}{kTr} \tag{2.19}$$

其中,p 是过饱和蒸气压;p_0 是饱和蒸气压;γ 是晶胚的比表面能;v_1 是蒸气凝结形成的液滴中每个分子的体积;k 是玻耳兹曼常数;T 是绝对温度;r 是晶胚的半径(假设为球形)。

由于它们的蒸气压较高,因此较小的晶胚会蒸发变为气相。半径 r 小于临界半径 r_c 的晶胚不能生长,而满足 $r > r_c$ 的晶胚可以生长。然而,晶核的形成(即晶胚液滴)需要克服能量障碍,这可以通过考虑形成半径为 r 的球形晶核的自由能变化来说明。自由能的增加可以写成:

$$\Delta G_n = 4\pi r^2 \gamma - \frac{4}{3}\pi r^3 \Delta G_v \tag{2.20}$$

等号右边的第一项本质上是表面自由能的正向贡献;第二项代表块体内部的自由能变化。考虑到液体的单位体积,从蒸气到液相的自由能降低值 ΔG_v 由下式给出:

$$\Delta G_v = \frac{kT}{v_1}\ln \frac{p}{p_0} \tag{2.21}$$

将该式中的 ΔG_v 代入式(2.20)可得

$$\Delta G_n = 4\pi r^2 \gamma - \frac{4}{3}\pi r^3 \frac{kT}{v_1}\ln \frac{p}{p_0} \tag{2.22}$$

对于过饱和度 $S = \frac{p}{p_0} = 1$ 的极限情况,体积项消失,ΔG_n 按抛物线关系单调增加。当 $S < 1$ 时,ΔG_n 曲线上升得更陡峭,因为 S 使得等式右边的第二项变为正值,从而增强了由于表面自由能势垒所产生的效果。当 $S > 1$ 时,第二项是负值,这确保了在临界半径处存在最大值,如图 2.17 所示。 通过计算 $\frac{\mathrm{d}(\Delta G_n)}{\mathrm{d}r} = 0$ 的解,可以得到如下所示的临界半径 r_c:

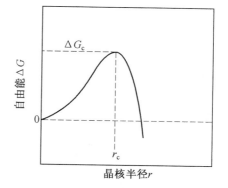

图 2.17 球形液滴自由能与半径关系的示意图

$$r_c = \frac{2\gamma v_1}{kT\ln\left(\frac{p}{p_0}\right)} \tag{2.23}$$

将 r_c 代入式(2.22),可以得到自由能势垒的高度为

$$\Delta G_c = \frac{16\pi\gamma^3 v_1^2}{3\left[kT\ln\left(\frac{p}{p_0}\right)\right]^2} = \frac{4}{3}\pi r_c^2 \gamma \tag{2.24}$$

总之,在这个阶段,过饱和度 $S = \frac{p}{p_0}$ 的充分增加最终可以使蒸气中的原子(分子)轰击速率有所增加,并可以将 ΔG_c 和 r_c 降低到使亚临界晶胚可以在短时间内生长到过临界晶胚尺寸的程度。现在,均匀形核形成液滴可以成为一种有效的过程。

形核速率 I 是指临界晶核的形成速率,只有这些晶核可以生长形成液滴。气 - 液转化的拟热力学处理得到的结果是 I 与 $\exp\left(-\frac{\Delta G_c}{kT}\right)$ 成正比,其中 k 是玻耳兹曼常数,ΔG_c 由式(2.24)给出。晶核生长的速率也取决于原子与晶核结合的频率,这可以写成 $\left[\nu\exp\left(-\frac{\Delta G_m}{kT}\right)\right]$,其中 ν 是特征频率,ΔG_m 是原子迁移的活化能。此外,$\nu = \frac{kT}{h}$,其中 h 是普朗克常量,形核速率的近似表达式为

$$I \approx \frac{NkT}{h}\exp\frac{-\Delta G_m}{kT}\exp\frac{-16\pi\gamma^3 v_1^2}{3kT\left[kT\ln\left(\frac{p}{p_0}\right)\right]^2} \tag{2.25}$$

其中,N 是经历转变的相中每单位体积的原子数。

在合成陶瓷粉体的技术中,会应用颗粒在液相中发生均匀形核的技术。Walton 讨论了液体和溶液形核的一般规律。在水溶液中,金属离子会发生水合。假定水合金属离子的晶胚是通过聚合过程逐渐向彼此添加离子而形成的,而且这些多核离子是形核的前体。当多核离子的浓度增加到高于某个最小过饱和浓度时,均匀形核则可以发生并形成固相晶核。溶液中颗粒的形核速率可表示为

$$I \approx \frac{2Nv_s(kT\gamma)^{1/2}}{h}\exp\frac{-\Delta G_a}{kT}\exp\frac{-16\pi\gamma^3 v_s^2}{3k^3 T^3\left[kT\ln\left(\frac{C_{ss}}{C_s}\right)\right]^2} \tag{2.26}$$

其中,N 是溶液中每单位体积的离子数;v_s 是固相中分子的体积;γ 是固 - 液界面的比表面能;ΔG_a 是离子向固体表面传输的活化能;C_{ss} 是过饱和浓度;C_s 是溶液中离子的饱和浓度。形核速率取决于过饱和比 C_{ss}/C_s。

② 颗粒的生长。

晶核通常非常小,但即使在较短的形核阶段,它们生长形成的尺寸也可能稍微不同,因此,生长的初始体系不是单分散的。在过饱和溶液中形成的晶核可以通过溶质物质(离子或分子)在溶液中的运输进而到达颗粒表面,从而发生去溶剂化并在颗粒表面上排列生长。可以决定颗粒生长速率的步骤由如下两方面组成:一方面是向颗粒扩散;另一方面是通过表面反应的形式向颗粒中添加新材料。发生的特定机理及其相互作用决定了颗粒的最终粒度特征。

a. 扩散机理控制的生长。假设颗粒相距很远,使得每个颗粒都能以自己的速率生长,那么溶质物质向颗粒的扩散(假设颗粒为半径是 r 的球体)可以用 Fick 第一定律来描述。通过任何半径为 x 的球壳的通量 J 由下式给出:

$$J = 4\pi x^2 D \frac{dC}{dx} \qquad (2.27)$$

其中，D 是溶质在溶液中的扩散系数；C 是溶质的浓度。

假设颗粒表面的饱和浓度保持为 C_s，并且远离颗粒的溶质浓度为 C_∞，那么将会存在浓度梯度，使其在 $\frac{r^2}{D}$ 量级的时间内接近静止状态。在这种静止状态下，J 不依赖于 x，并且对式(2.27)进行积分可以得出：

$$J = 4\pi r D (C_\infty - C_s) \qquad (2.28)$$

那么粒子半径的增长速率为

$$\frac{dr}{dt} = \frac{J V_s}{4\pi r^2} = \frac{D V_s (C_\infty - C_s)}{r} \qquad (2.29)$$

其中，V_s 是在颗粒上沉淀的固体的摩尔体积。

式(2.29)也可以写成：

$$\frac{dr^2}{dt} = 2 D V_s (C_\infty - C_s) \qquad (2.30)$$

该式表明，不管颗粒的原始尺寸如何，所有颗粒半径的平方都以恒定的速率增加，并且其增加速率都相等。这个处理导致式(2.30)过于简单化。更严格的推证表明，对于任何尺寸的颗粒，当颗粒通过扩散进行生长时，$\frac{dr^2}{dt}$ 都是相同的，但对于不同的时间，该值不一定是恒定的。

如果对于平均半径为 r 的粒子而言，粒度分布的绝对宽度为 Δr，对于平均半径为 r_0 而言，绝对宽度为 Δr_0，则可以由式(2.30)推出如下关系：

$$\begin{cases} \dfrac{\Delta r}{\Delta r_0} = \dfrac{r_0}{r} \\[2mm] \dfrac{\Delta r}{\Delta r_0} = \left(\dfrac{r_0}{r}\right) \dfrac{\Delta r_0}{r_0} \end{cases} \qquad (2.31)$$

式(2.31)表明，粒度分布的绝对宽度在比值为 r_0/r 时变窄，并且相对宽度在比值为 $\left(\dfrac{r_0}{r}\right)^2$ 时会减小得更快。

b. 表面反应机理控制的生长。颗粒周围每个新的产物层必须首先通过不同于均匀形核的方式来形核。生长机理可以分为两种类型，包括单核生长和多核生长(图2.18)。在单核生长机制中，一旦在颗粒表面上开始形核，产物层就可以在下一步反应开始之前完成。因此，生长逐层进行，并且颗粒表面可能在宏观尺度上呈现出多面体形状。可推导出如下所示的粒子生长方程：

$$\frac{dr}{dt} = K_1 r^2 \qquad (2.32)$$

其中，K_1 是常数。

粒度分布的相对宽度由下式给出：

$$\frac{\Delta r}{r} = \frac{r}{r_0} = \frac{\Delta r_0}{r_0} \qquad (2.33)$$

并且比值 $\dfrac{r}{r_0}$ 会有所增加。在多核生长机制中,在粒子表面上的形核足够快,可以在前一层完成之前形成新层。生长速率与现有颗粒的表面积无关,其由下式给出:

$$\frac{\mathrm{d}r}{\mathrm{d}t} = K_2 \tag{2.34}$$

其中,K_2 是常数。

在这种情况下,粒度分布的相对宽度根据如下关系减小:

$$\frac{\Delta r}{r} = \frac{r_0}{r} = \frac{\Delta r_0}{r_0} \tag{2.35}$$

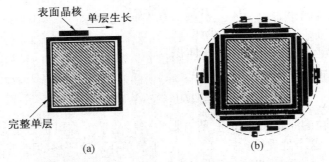

图 2.18　单核生长和多核生长时颗粒周围的形核

③ 颗粒粒度分布的控制。

LaMer 和 Dinegar 在 50 年前提出了通过溶液沉淀获得具有均匀尺寸的颗粒的基本原理。其主要特征可以用图 2.19 表示,通常称为 LaMer 图。随着反应的进行,待沉淀的溶质浓度 C_x 会增加到不低于饱和值 C_s。如果溶液没有外来杂质并且容器壁清洁光滑,那么 C_x 可能大大超过 C_s 从而得到过饱和溶液。最终在一段时间 t_1 之后将达到临界过饱和浓度 C_{ss},并且将发生均匀形核和溶质颗粒的生长,导致在时间 t_2 之后 C_x 降低至低于 C_{ss} 的值。颗粒的进一步生长是通过溶质在液体中的扩散和沉淀到颗粒表面来实现的。最后,在时间 t_3 之后,颗粒生长停止,此时 $C_x = C_s$。

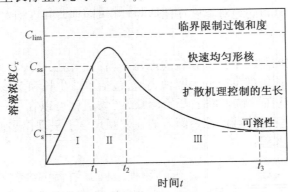

图 2.19　颗粒形核和生长中溶液浓度与时间的关系

很明显,如果我们希望生产具有均匀尺寸的颗粒,那么在短时间间隔 $t_2 - t_1$ 中应发生一次短暂的形核爆发。实现此目的的一种方法是通过使用低浓度的反应物。此外,颗粒的均匀生长需要缓慢释放溶质,以便在不增加溶质浓度和进一步可以爆发形核的情况下向颗粒扩散。对于这种形核机理而言,之后将会发生扩散控制的生长,它不适用于形成更细的一级颗粒聚集体;相反,它可能仅适用于一级颗粒。

④ 颗粒聚集生长。

通过几种方法从溶液中产生沉淀合成了粉体颗粒,其高分辨率电子显微照片显示,颗粒由更精细的一级颗粒聚集体组成。通过 Stober 工艺制备的二氧化钛颗粒显示出小于 10 nm 的一级颗粒特征(图 2.20(a))。通过在硫酸根离子存在的条件下水解硝酸铈盐,合成的 CeO_2 颗粒的透射电子显微镜图像表明,六边形颗粒由较小的球形一级颗粒组成(图 2.20(b))。基于 Stober 工艺对 SiO_2 颗粒合成的研究,Bogush 等人提出了一种模型,其中颗粒生长是通过细颗粒的聚集而不是通过溶质扩散到现有颗粒。使用 DLVO 的胶体稳定性理论,他们发现两个等粒径粒子的聚集势垒随着粒径的增大而增大,其聚集速率呈指数级下降。然而,细颗粒与大颗粒的聚集速率比它们自身的聚集会更快。根据该模型,在沉淀反应期间,第一个晶核通过聚集快速生长至可以使胶体稳定的尺寸,然后这些颗粒在悬浮液中可以结合新形成的晶核和较小的聚集体。因此,形成尺寸均匀的粒子由聚集率决定,而且这种聚集率依赖于粒子尺寸。

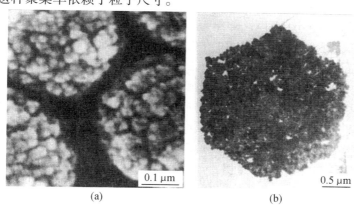

图 2.20 TiO_2 颗粒的扫描电子显微镜照片和六方 CeO_2 颗粒的透射电子显微镜照片

⑤Ostwald 熟化导致的颗粒生长。

液体中的颗粒也可以通过较小颗粒的溶解和溶质在较大颗粒上的沉淀来实现生长过程,这种类型的生长称为 Ostwald 熟化,也可以称为粗化。沉淀物在固体介质中的粗化可以通过类似的过程发生。Ostwald 熟化理论有时称为 Lifshitz – Slyozov – Wagner(LSW)理论。可以通过液体的扩散或界面反应(固体溶解或溶质沉积到颗粒表面上)来控制从较小颗粒到较大颗粒的物质运输。预测颗粒(假设为球形)的平均半径$\langle r \rangle$随时间 t 增加的关系为

$$\langle r \rangle^m = \langle r_0 \rangle^m + Kt \qquad (2.36)$$

其中,$\langle r_0 \rangle$ 是粒子的初始平均半径;K 是服从 Arrhenius 关系的常数;m 是取决于机理的指数,对于界面反应,$m = 2$;对于扩散,$m = 3$。无论初始粒度分布如何,粒度分布都可以达到自相似分布,因为它仅取决于 $r/\langle r \rangle$ 并且与时间无关。对于界面反应机理,粒度分布中的最大半径为 $2\langle r \rangle$;对于扩散机理,粒度分布中的最大半径为 $\frac{3}{2}\langle r \rangle$。单独的 Ostwald 熟化

不能产生单分散的颗粒体系。

（2）典型溶液沉淀方法介绍。

① 水解反应沉淀。

沉淀方法最直接的用途是制备简单的氧化物或含水氧化物（也称为氢氧化物或水合氧化物），通常通过水解反应实现沉淀。其主要有两种方法：一种是在醇溶液中水解金属 – 有机化合物（例如金属醇盐），称为 Stober 方法；另一种是金属盐水溶液的水解（Matijevic 做了大量工作）。

a. 金属醇盐溶液的水解。金属醇盐具有通式 $M(OR)_z$，其中 z 等于金属 M 的化合价，R 是烷基链。它们可以被认为是醇、ROH（其中氢被金属 M 取代）或金属氢氧化物 $M(OH)_z$ 的衍生物（其中氢被烷基取代）。反应涉及的水解反应为

$$M(OR)_z + xH_2O \rightarrow M(OR)_{z-x}(OH)_x + xROH \tag{2.37}$$

然后通过脱水缩合和聚合，即

$$—M—OH + HO—M— \longrightarrow —M—O—M— + H_2O \tag{2.38}$$

Stober 等人对在 NH_3 存在的条件下通过硅醇盐水解制备细小均匀 SiO_2 颗粒的因素进行了系统研究。其中 NH_3 可以用于调节溶液的 pH。对于四乙氧基硅的水解，$Si(OC_2H_5)_4$（通常称为 TEOS）以乙醇作为溶剂，粉体的粒度取决于 H_2O 与 TEOS 的浓度比和 NH_3 的浓度，而不是 TEOS 的浓度（在 $0.02 \sim 0.50$ mol/dm³ 的范围内）。当 TEOS 浓度为 0.28 mol/dm³ 时，图 2.21 显示了粒径与 H_2O 和 NH_3 浓度之间的关系。如图 2.22 所示，粒径在 $0.05 \sim 0.90$ μm 发生变化并且变化得非常均匀，还发现不同的醇溶剂或硅醇盐都具有类似效果。甲醇的反应速率最快，而正丁醇的反应速度最慢。同样，粒径在甲醇中最小，在正丁醇中最大。对于在四甲氧基硅中发生的反应，最短的反应时间（小于 1 min）对应于最小的粒径（小于 0.2 mm），而缓慢地反应（24 h）对应于相当大的颗粒。

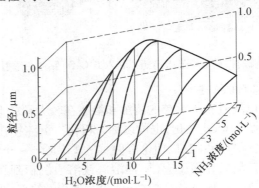

图 2.21　四乙氧基硅的乙醇溶液水解时粒径与水和氨浓度的关系

金属醇盐的可控水解已经用于制备几种简单氧化物的细粉体。我们在前面提到了 Barringer 和 Bowen 对单分散 TiO_2 粉体的制备、压块和烧结的工作。后来的工作分析了一些 $Ti(OC_2H_5)_4$ 水解机理，醇盐与水反应生成单体水解物质的化学方程式为

$$Ti(OC_2H_5)_4 + 3H_2O \rightleftharpoons Ti(OC_2H_5)(OH)_3 + 3C_2H_5OH \tag{2.39}$$

但不能排除在水解物质中存在二聚体和三聚体。单体发生聚合反应产生水合氧化物的化

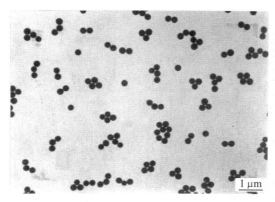

图 2.22　四乙氧基硅在乙醇溶液中水解产生的二氧化硅球

学方程式为

$$\mathrm{Ti(OC_2H_5)(OH_3)} \Longleftrightarrow \mathrm{TiO_2 \cdot xH_2O} + (1-x)\mathrm{H_2O} + \mathrm{C_2H_5OH} \qquad (2.40)$$

因此,总反应可表示为

$$\mathrm{Ti(OC_2H_5)_4} + (2+x)\mathrm{H_2O} \Longleftrightarrow \mathrm{TiO_2 \cdot xH_2O} + 4\mathrm{C_2H_5OH} \qquad (2.41)$$

通过热重分析发现 x 的值为 $0.5 \sim 1$。

　　大多数金属醇盐在水存在的条件下容易水解,因此必须保持严格的条件以获得具有可控特性的粉体。反应对反应物的浓度、pH 和温度很敏感。通过这种方法可以生产氧化物或水合氧化物粉体。沉淀的颗粒通常是无定形的,并且可以是由更细颗粒组成的团聚体(图 2.20(a))。

　　b. 金属盐溶液的水解。Maitjevic 已经建立了通过水解金属盐溶液制备均匀颗粒的方法。与金属醇盐的水解相比,该方法能够产生更广泛的化学组成,包括氧化物或含水氧化物、硫酸盐、碳酸盐、磷酸盐和硫化物。然而,必须控制产生均匀颗粒的实验参数,该参数的数值通常会更高,参数包括金属盐的浓度、用作原料的盐的化学组成、温度、溶液的 pH 以及形成中间配合物的阴离子和阳离子。 虽然可以生产各种粒径和形状的粉体(图 2.23),但很难预测最终粒子的形态。此外,虽然可以制备无定形和结晶颗粒,但决定产品结晶与非晶结构的因素目前尚不清楚。

　　如前所述,金属离子通常在水溶液中水合。均匀颗粒发生均匀沉淀的条件可通过强制水解技术实现。该技术通过在升高的温度(90 ~ 100 ℃)下加热溶液来促进水合阳离子的去质子化。对于化合价为 $+z$ 的金属 M 而言,可以写出如下反应:

$$[\mathrm{M(OH_2)}_n]^{z+} \Longleftrightarrow [\mathrm{M(OH)}_y(\mathrm{OH_2})_{n-y}]^{(z-y)+} + y\mathrm{H^+} \qquad (2.42)$$

通过水解反应产生的可溶性羟基化配合物会形成颗粒形核的前体,它们可以以适当的速率生成,并通过调节温度和 pH 来实现均匀颗粒的形核和生长。原则上,仅需要在升高的温度下就可以使溶液老化。但在实践中,该过程对条件的微小变化会非常敏感。此外,氢氧根离子以外的阴离子在反应中起决定性作用。一些阴离子与金属离子发生强烈配位,因此最终形成固定化学计量组成的沉淀固体。在其他情况下,阴离子可以通过浸出从而很容易地从产物中除去。最后,在某些情况下,阴离子在不掺入沉淀固体的情况下就会影响颗粒形态。因此,必须根据具体情况调整均匀颗粒沉淀的具体条件。

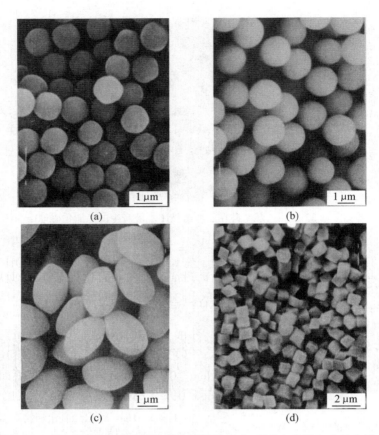

图 2.23 通过金属盐溶液沉淀制备粉体的尺寸、形状和化学组成的实例

作为反应对条件变化敏感的例子,我们可以考虑合成具有窄粒度分布的球形水合氧化铝颗粒。$Al_2(SO_4)_3$、$KAl(SO_4)_2$ 以及 $Al(NO_3)_3$ 和 $Al_2(SO_4)_3$ 混合物或 $Al_2(SO_4)_3$ 和 Na_2SO_4 混合物的溶液在 (98 ± 2) ℃ 的温度下用聚四氟乙烯内衬帽密封的耐热管中老化 84 h。新制备的溶液的 pH 为 4.1,老化并冷却至室温后为 3.1。只有当 Al 浓度为 $2 \times 10^{-4} \sim 5 \times 10^{-3}$ mol/dm³ 时,只要 $[Al^{3+}]$ 与 $[SO_4^{2-}]$ 的摩尔比为 $0.5 \sim 1$,就会产生尺寸均匀的颗粒。对于恒定的 Al 浓度,粒度随着硫酸盐浓度的增加而增加。老化温度是一个关键参数:在 90 ℃ 以下没有颗粒产生,而 98 ℃ 的效果最好。最后,颗粒具有相当恒定的化学组成。这表明,一种或多种明确定义的铝碱性硫酸盐络合物是颗粒形核的前体。

通过从有机分子(例如尿素或甲酰胺)中缓慢释放阴离子也可以满足溶液中均匀颗粒形核和生长的条件。一个例子是从氯化钇(YCl_3)和尿素($(NH_2)_2CO$)的溶液中沉淀出钇碱式碳酸盐颗粒。通过在 90 ℃ 下老化 2.5 h 浓度为 1.5×10^{-2} mol/dm³ 的 YCl_3 和 0.5 mol/dm³ 的尿素的溶液,可以得到均匀尺寸的颗粒,如图 2.24(a) 所示。含有较高尿素浓度的 YCl_3 溶液在 115 ℃ 下老化 18 h 后产生的棒状颗粒尺寸会有些不规则,如图 2.24(b) 所示。在高达 100 ℃ 的温度下,尿素水溶液会产生铵和氰酸根离子:

$$(NH_2)_2CO \Longleftrightarrow NH_4^+ + OCN^- \tag{2.43}$$

在酸溶液中,氰酸根离子会迅速发生如下反应:

$$OCN^- + 2H^+ + H_2O \rightarrow CO_2 + NH_4^+ \qquad (2.44)$$

而在中性和碱性溶液中,会形成碳酸根离子和氨:

$$OCN^- + OH^- + H_2O \rightarrow NH_3 + CO_3^{2-} \qquad (2.45)$$

钇离子在水中微弱水解成 $YOH(H_2O)_n^{2+}$。根据方程式(2.44),水合氢离子的释放加速了尿素的分解。因此,碱性碳酸盐沉淀的总反应可写为

$$YOH(H_2O)_n^{2+} + CO_2 + H_2O \rightarrow Y(OH)CO_3 \cdot H_2O + 2H^+ + (n-1)H_2O \quad (2.46)$$

对于在115 ℃的条件下发生的反应,过量尿素(> 2 mol/dm³)的分解会产生大量OH⁻,其将介质从酸性变为碱性(pH为9.7)。氰酸根离子的反应按照方程式(2.45)进行。因此,棒状颗粒的沉淀可表示为

$$2YOH(H_2O)_n^{2+} + NH_3 + 3CO_3^{2-} \rightarrow Y_2(CO_3)_3 \cdot NH_3 \cdot 3H_2O + (2n-3)H_2O + 2OH^-$$

$$(2.47)$$

除了过量的尿素和更高的老化温度之外,还需要更长的反应时间(> 12 h)来产生足够量的游离氨以使反应方程式(2.47)占主导地位。

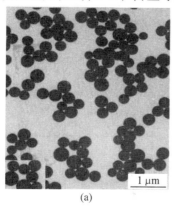 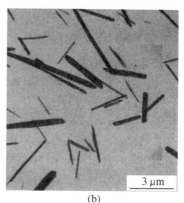

图 2.24 在 90 ℃ 下老化 2.5 h 得到的颗粒

② 复合氧化物的沉淀。

复合氧化物是在化学式中含有一种以上金属的氧化物,例如钛酸盐、铁酸盐和铝酸盐。前面我们已经论述了对于粒径较小、化学计量配比较高、纯度较高的氧化物粉体混合物,让其直接发生固相反应是困难的。使用共沉淀法(有时称为共水解)可以减小这些困难,通常使用混合醇盐、混合盐或盐和醇盐混合的溶液。共沉淀中的常见问题是溶液中的不同反应物具有不同的水解速率,这会导致沉淀物质的分离,因此必须找到合适的条件以实现均匀沉淀。以 $MgAl_2O_4$ 粉体的制备为例:Mg 和 Al 均以氢氧化物的形式沉淀,但它们的沉淀条件完全不同。$Al(OH)_3$ 在微碱性条件下(pH = 6.5 ~ 7.5)沉淀,在过量氨存在的条件下可溶,但在 NH_4Cl 存在的条件下仅微溶。$Mg(OH)_2$ 仅在强碱性溶液(如 NaOH 溶液)中完全沉淀。在这种情况下,当 $MgCl_2$ 和 $AlCl_3$ 溶液加入到 pH 为 9.5 ~ 10,过量且搅拌中的 NH_4OH 溶液中时,会产生 $Al(OH)_3$ 和 Mg - Al 双氢氧化物 $2Mg(OH)_2 \cdot Al(OH)_3$ 的紧密混合物。在 400 ℃ 以上煅烧沉淀这些混合物,可以得到具有高纯度和细粒度且为化学计量配比的 $MgAl_2O_4$ 粉体。

共沉淀技术通常可以用于合成致密的沉淀物混合物。在许多情况下,必须在升高的温度下煅烧混合物以产生所需的化学组成。一个严重的后果是需要对煅烧后的粉体进行研磨,这可能会将杂质引入粉体中。铅镧锆钛酸盐(PLZT)粉体的制备就使用了共沉淀、煅烧和研磨步骤。我们更希望产生不需要使用高温煅烧和研磨的沉淀物。在少数情况下,沉淀的粉体可具有与所需产物相同的阳离子,一个实例是 Mazdiyasni 等人通过水解异丙醇钡、$Ba(OC_3H_7)_2$ 和叔戊醇钛 $Ti(OC_5H_{11})_4$ 的水溶液制备 $BaTiO_3$,总反应为

$$Ba(OC_3H_7)_2 + Ti(OC_5H_{11})_4 + 3H_2O \rightarrow BaTiO_3 + 4C_5H_{11}OH + 2C_3H_7OH \qquad (2.48)$$

将醇盐溶解在互溶剂(例如异丙醇)中,并在水解前回流2 h。在剧烈搅拌溶液的同时,缓慢加入一滴去离子的三重蒸馏水。反应在不含 CO_2 的气氛中进行,以防止产生碳酸钡沉淀。在氩气氛中将沉淀物在50 ℃下干燥12 h后,产生化学计量配比的 $BaTiO_3$ 粉体,其纯度大于99.98%,粒径为5 ~ 15 nm(最大团聚体尺寸小于1 μm)。通过在水解之前加入金属醇盐溶液,可以将掺杂剂均匀地掺入粉体中。

金属醇盐混合物的水解可以成功地合成复合氧化物粉体。但大多数金属醇盐是昂贵的,并且由于它们对水的敏感性,它们的水解需要精心控制反应条件。盐溶液混合物的受控水解似乎更加困难,但 Matijevic 已经证明这种方法可用于少数体系,包括钛酸钡和锶铁氧体。

③ 水热条件下的沉淀。

几十年来,在水热条件下从溶液中进行沉淀是合成细小结晶氧化物颗粒的一种常见方法。近年来,由于电子陶瓷生产中对精细纯粉体的需求,人们对这种方法的关注有所增加。该方法包括加热作为溶液或悬浮液的反应物,通常是金属盐、氧化物、氢氧化物或金属粉体,反应通常在水中进行,且在水的沸点和临界点之间(100 ~ 374 ℃)的温度条件和高达22.1 MPa(水在其临界点的蒸气压)的压力条件下进行。它通常在硬化钢制高压釜中进行,其中内衬有塑料(例如聚四氟乙烯)以限制容器的腐蚀。

在水热合成中可以发生几种类型的反应,它们共同的特征是产物的沉淀通常会在升高的温度和压力下发生强制水解。粉体具有几种所需的特性,但它们也有一些缺点,因此通常不能完全实现它们的优势。在水热合成中,结晶相通常直接产生,因此不像其他合成方法那样需要煅烧。该粉体还具有非常细小的尺寸(10 ~ 100 nm)、窄粒度分布、单晶颗粒、高纯度和良好的化学均匀性的特征。

例如,图2.25显示了在水热条件下(在300 ℃和10 MPa的条件下反应4 h)由无定形凝胶状铈(含水)氧化物的悬浮液制备的 CeO_2 粉体(平均粒径约15 nm)。CeO_2 具有立方晶体结构,颗粒的多面性表明它们是结晶物。高分辨率透射电子显微镜也显示颗粒是单晶。非常细的粉体的缺点是它们难以压制成为高堆积密度的块体并且非常易于团聚,特别是在干燥状态下。由于它们具有高表面积,粉体表面可能含有高浓度的化学键合羟基。如果在烧结之前不完全除去羟基,则可能会限制所制造材料的最终密度。

多年前报道了 $BaTiO_3$ 粉体的水热合成方法。由于需要用于制造薄介电层的细粉体,近年来该方法受到越来越多的关注。一种方法是在150 ~ 200 ℃的条件下将 TiO_2 凝胶或细锐钛矿颗粒与强碱性 $Ba(OH)_2$ 溶液(pH = 12 ~ 13)反应,这可以通过如下方程式来描述:

$$TiO_2 + Ba(OH)_2 \rightarrow BaTiO_3 + H_2O \qquad (2.49)$$

根据反应时间和温度,生成颗粒的平均尺寸为 50 ~ 200 nm。另一种方法是在 150 ℃ 的四氢甲基铵的强碱性溶液中使无定形钡 – 钛 – 乙酸盐凝胶结晶 10 ~ 15 h。凝胶的溶解和结晶 BaTiO₃ 颗粒的沉淀,加上颗粒的 Ostwald 熟化,产生了一种平均粒径为 200 ~ 300 nm 的弱团聚粉体。

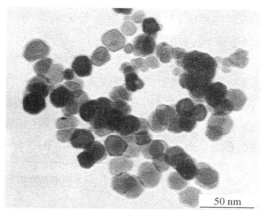

图 2.25　通过水热法制备的 CeO₂ 粉体

水热 BaTiO₃ 粉体,特别是在较低温度下制备的非常细的粉体(小于 100 nm),显示出在较高温度下通过固相反应制备的较粗粉体中未观察到的一些结构特征。X 射线衍射显示出了通常仅在 125 ~ 130 ℃ 的铁电居里温度下才能观察到的立方结构。表观立方和非铁电结构的可能原因尚不清楚,这些原因可能包括产生铁电性的临界尺寸和由于结构中的羟基基团而存在高浓度点缺陷(特别是对于由溶液沉淀制备的粉体)。

④ 涂层颗粒。

涂覆颗粒,有时称为复合颗粒,由均匀地涂覆有薄层或厚层的特定固体颗粒组成,这种薄层或厚层由另一种材料组成。薄涂层特别适用于改变胶体分散体的表面特性,也适用于均匀掺入添加剂,如烧结助剂和掺杂剂。厚涂层的颗粒或夹杂物可用于改善陶瓷复合材料或复合氧化物混合物的烧结行为。

涂覆的颗粒可以通过几种技术制备。在这里,我们考虑在溶液中进行分散颗粒的沉淀,这可以用于生产具有薄层或厚层的涂覆颗粒,如图 2.26 所示。成功涂覆颗粒需要控制几个变量,以在颗粒悬浮液 A 和从溶液中析出的物质 B 之间产生所需的相互作用。如下描述了几种可能的 A – B 相互作用的类型:

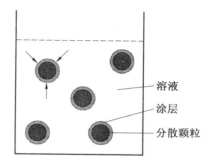

溶液
涂层
分散颗粒

图 2.26　制备涂覆颗粒的示意图

a. B 可以在溶液中均匀形核,并生长形成不与 A 相互作用的颗粒,这样可以得到 A 和 B 的简单混合物。

　　b. 均匀形核的 B 颗粒生长并最终与 A 颗粒杂合,产生粗糙且不均匀的沉积物,特别是 B 颗粒较大的情况。

　　c. 均匀形核的 B 颗粒在早期与 A 颗粒杂合,并且 B 颗粒在这些聚集体上继续生长,从而在 A 上产生 B 的颗粒涂层。这种涂层将比在情况 b 中形成的涂层更均匀,特别是 B 颗粒与 A 颗粒相比非常小的情况。

　　d. B 在 A 的表面上不均匀形核,并且在 A 上生长形成均匀的 B 层。这可能是在细颗粒上沉积光滑涂层的最理想方式。

　　如果以这种方式生产涂层颗粒,必须满足以下几个关键要求:

　　a. 形核和生长的分离。图 2.27 是对图 2.19 改进后的 LaMer 图,显示了单分散颗粒均匀沉淀的情况。图 2.27 中的曲线 a 表示生长前均匀形核的单次爆发情况。当 A 颗粒存在于溶液中,且溶质浓度达到 C_h(不均匀形核的临界浓度)时,可以在其表面上引发不均匀形核。为了产生均匀涂覆的颗粒,必须具有一次不会达到浓度 C_{ss} 的快速不均匀形核(曲线 c)。

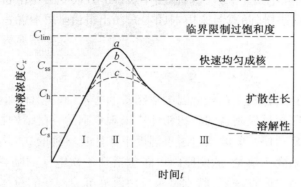

图 2.27　通过溶液沉淀形成涂层颗粒的改良的 LaMer 图

　　b. 分散体的胶体稳定性。为了获得分散良好的涂覆颗粒,分散体必须在形核和生长期间保持稳定的絮凝和沉降。在这些阶段期间形成的团聚体可以通过新形成的表面层黏合,并且极难分散。

　　c. 颗粒晶核的表面积。颗粒晶核 A 的表面积必须足够大,以防溶质浓度达到 C_{ss};否则,将产生由涂覆颗粒和 B 的游离颗粒组成的体系(曲线 b)。颗粒晶核适当的表面积与反应产生溶质的速率 r_g 和通过沉淀除去溶质的速率 r_r 有关。沉积颗粒晶核的最小表面积 A_{min} 与最大溶质浓度 C_{max} 相关,以避免产生均匀沉淀。假设悬浮液具有的浓度可以使界面反应是由速率控制的,这样 r_g 与 A_{min} 的关系为

$$r_g = KA_{min}(C_{ss} - C_s) \tag{2.50}$$

其中,K 是常数;$C_{max} = C_{ss}$。

　　沉淀的最大表面积 A_{max} 应使溶质浓度超过 C_h,否则将仅产生部分涂层。因此,还必须满足以下公式:

$$r_g = KA_{max}(C_h - C_s) \tag{2.51}$$

然后将最大产率和实验条件与比值 A_{max}/A_{min} 的最大值相关联。根据式(2.50)和式(2.51),可得

$$\frac{A_{max}}{A_{min}} = 1 + \left(\frac{C_{ss} - C_h}{C_h - C_s}\right) \tag{2.52}$$

最佳条件,即让涂层悬浮液具有高颗粒浓度、高产率和易加工性的条件,关键取决于 C_h 与 C_s 的差值以及 C_{ss} 与 C_h 的差值。应找到某一条件,使得:①C_h 接近 C_s,以便其在超过 C_s 后不久便可以开始不均匀形核;②C_{ss} 远大于 C_s,因此均匀沉淀远离非均相沉淀的开始浓度。在实践中,对于给定的 r_g 和已知大小的颗粒,通过降低悬浮液中的颗粒浓度直到出现自由沉淀,可以根据反复的实验和误差找到 A_{min}。如果发现 A_{min} 很低,那么根据式(2.50),$C_{ss} - C_s$ 相对较大,而且应该可以在悬浮液中形成涂覆颗粒。如果难以实现避免均匀沉淀的条件,则可以采用形核催化剂预处理颗粒表面。

通过溶液沉淀制备涂层颗粒所用条件的几个例子可以在相关文献中找到,涂层颗粒包括 Al_2O_3 上的 SiO_2,Al_2O_3 上的 TiO_2、$\alpha - Fe_2O_3$、含铬(含水)氧化物和 TiO_2 上的铝(含水)氧化物,Si_2O_3 上的 Al_2O_3 前驱体,Si_3N_4 上的 Y_2O_3 或 Y_2O_3/Al_2O_3 前驱体,$\alpha - Fe_2O_3$ 上的碱式碳酸钇、$YOHCO_3$ 或 Y_2O_3,以及 ZrO_2 上的 ZnO。沉积材料的结晶度可对涂层的形态产生显著影响。原则上,涂层可以是无定形的、多晶的或单晶的。对于无定形涂层,更容易获得光滑且均匀的涂层,而多晶沉积物更容易产生稍微粗糙的涂层。即使对于无定形沉积物,形态也取决于反应条件。图 2.28 展示了在室温和 80 ℃ 下沉积在 $YOHCO_3$ 上的 SiO_2 涂层。

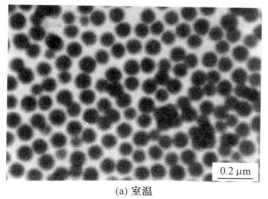
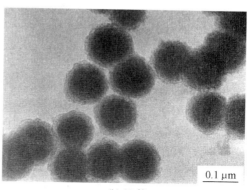

(a) 室温　　　　　　　　　　　　　　　　(b) 80 ℃

图 2.28　涂有 SiO_2 的钇碱式碳酸盐($YOHCO_3$)颗粒的透射电子显微镜照片

⑤ 通过在溶液中沉淀进行粉体的工业制备。

对于前面描述的用于合成单分散粉体和涂覆颗粒的方法,由于它们很昂贵,因此没有在工业生产中取得广泛的应用。共沉淀和水热方法有一些应用,例如应用多组分氧化物(例如 $BaTiO_3$)合成非常细的粉体,从而应用于电子领域。

沉淀法的最大用途是用拜耳法进行工业生产 Al_2O_3 粉体。首先对原料铝土矿进行物理选矿,然后在高温且 NaOH 存在的条件下对其进行腐蚀。在腐蚀过程中,大部分水合氧化铝以铝酸钠的形式溶于溶液:

$$Al(OH)_3 + NaOH \rightarrow Na^+ + Al(OH)_4^- \tag{2.53}$$

通过沉降和过滤除去不溶性杂质。冷却后,向溶液中加入三水铝石($Al(OH)_3$)的细颗粒。在这种情况下,三水铝石颗粒可以促进 $Al(OH)_3$ 的均匀形核和生长。将沉淀物连续分级、洗涤以减少 Na 含量,然后煅烧。通过在 1 100 ~ 1 200 ℃ 下煅烧,然后进行研磨和分级,可以制备出一系列具有不同粒度的 $\alpha - Al_2O_3$ 粉体。片状氧化铝可以通过在较高温度(约 1 650 ℃)下煅烧而得。

2. 液相蒸发法

液体的蒸发提供了另一种使溶液过饱和的方法,这种方法可以引起颗粒的形核和生长。最简单的情况是单一盐溶液。对于细颗粒的生产,必须快速形核且缓慢生长。这要求溶液可以非常迅速地达到过饱和状态,从而在短时间内形成大量的晶核。一种方法是将溶液分散成非常小的液滴,这样发生蒸发的表面积就会大大增加。对于两种或更多种的盐溶液,必须考虑另一个问题,即不同盐的浓度不同,并且具有不同的溶解度。蒸发液体将导致它们具有不同的沉淀速率,这会使固体分离。同样,如果形成的液滴非常小,固体则难以分离,因为各个液滴之间没有质量传递。此外,对于特定的液滴尺寸,若溶液越稀,则颗粒的尺寸越小。这意味着可以通过使用稀释溶液的方法进一步减少分离的程度。我们现在考虑通过液体溶液蒸发来生产粉体的一些实用方法。

(1)喷雾干燥法。

在喷雾干燥中,溶液通过流体雾化器分散成细小液滴并喷入干燥室,如图 2.29 所示。喷雾和干燥介质(通常是热空气)之间的接触会导致水分蒸发。由金属盐干燥颗粒组成的产物随着气流离开干燥室,之后收集在袋收集器或旋风分离器中。

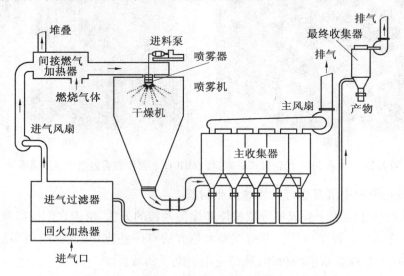

图 2.29　用于生产粉体的喷雾干燥器的示意图

Masters 详细描述了喷雾干燥的原理、设备和应用。喷雾干燥可以使用各种雾化器,这些雾化器通常根据提供能量以产生液滴的方式进行分类。在旋转雾化器(通常称为离心雾化器)中,液体通过位于干燥室顶部的旋转盘离心加速至高速,然后将其注入腔室内。在压力雾化器中,压力喷嘴通过较大的压差使溶液雾化,并将其注入腔室内。当溶液受到来自喷嘴的高速气流的冲击时,发生气动雾化。超声雾化装置包括使溶液通过快速振动的压电装置。这些雾化器可以生产粒径从小于 10 μm 到超过 100 μm 的液滴。

喷雾干燥的溶液通常是金属盐的水溶液,例如硫酸盐和氯化物,因为它们具有高溶解度。在干燥室中,热空气的温度、流动模式以及腔室的设计决定了除去液滴中水分的速率和颗粒可以达到的最高温度(通常小于 300 ℃)。关键的溶液参数是液滴的大小和金属盐的浓度和组成,这些参数控制一次粒径以及团聚物的尺寸和形态。团聚物的形态在溶液的喷雾干燥技术中不是非常关键,因为颗粒特征很大程度上取决于随后的煅烧和研磨步骤。在合适的条件下,可以获得一次粒径为 0.1 μm 或更小的球形团聚物。因为干燥室的温度通常不足以引起分解或固相反应,所以必须对喷雾干燥的盐进行额外的处理步骤,例如煅烧和研磨,以获得合适的加工特性。

目前已经发现溶液的喷雾干燥技术可用于制备铁氧体粉体。对于 Ni – Zn 铁氧体,通过旋转雾化器将硫酸盐溶液分散成液滴(10 ~ 20 μm)。通过喷雾干燥获得的粉体是具有与原始液滴相同尺寸的空心球形。对于在 800 ~ 1 000 ℃ 下煅烧产生的完全反应的粉体,其由一次粒径为 0.2 μm 的团聚物组成。将研磨的粉体(粒径 < 1 μm)压实并烧结,产物密度几乎可以达到理论密度。

(2)喷雾热分解法。

通过在腔室中使用较高的温度和反应性(例如氧化)气氛,仅需要一个步骤就可以直接干燥和分解金属盐溶液,该技术有很多名称,如喷雾热分解、喷雾焙烧、喷雾反应和溶液蒸发分解。本书使用喷雾热分解这个术语。Messing 等人发表了一篇论文,内容涉及喷雾热分解制备陶瓷粉体的原理、工艺参数和应用。

喷雾热分解过程的阶段示意图如图 2.30 所示。液滴的蒸发和外层中溶质浓度超过过饱和极限会导致细颗粒的沉淀。沉淀之后是干燥阶段,其中蒸气必须通过沉淀层的孔隙扩散。沉淀盐的分解会产生由非常细的晶粒组成的多孔颗粒,最后加热这些颗粒,就会产生致密颗粒。实际上,在喷雾热分解的过程中可以产生各种形态的颗粒,其中一些如图 2.31 所示。对于特种陶瓷的制备,致密颗粒优于具有高度多孔或中空壳状的颗粒,因为这种方法通常不需要后续的研磨步骤。

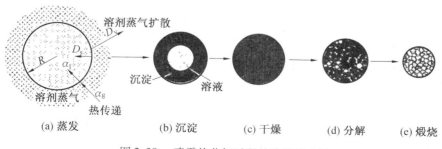

图 2.30 喷雾热分解过程的阶段示意图

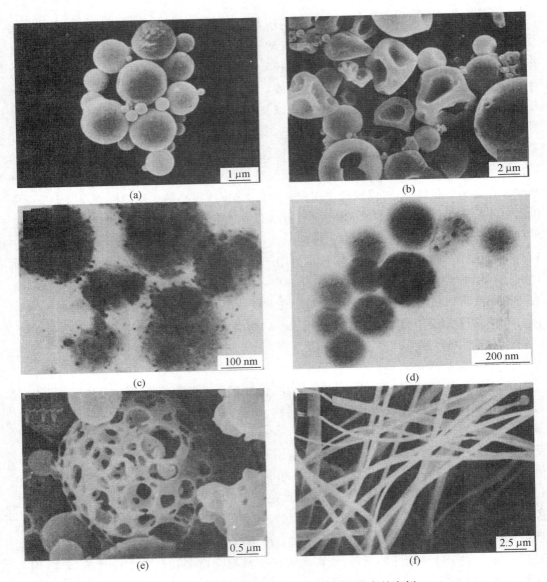

图 2.31　喷雾热分解过程中产生的颗粒形态的实例

　　图 2.32 示意性地展现了导致液滴发生沉淀的条件和溶液化学成分是如何影响颗粒形态和微观结构的。如果需要致密颗粒,首先必须在液滴中实现均匀形核和生长(在图 2.32(a)中称为体积沉淀)。小液滴的尺寸和缓慢干燥可以促进这一过程,从而减少溶质浓度和温度的梯度。过饱和浓度与溶液中溶质的饱和浓度 C_s 之间的较大差异会增加形核速率(见图 2.19 和式(2.26))。C_s(即高溶质溶解度)应该较高,而且溶质溶解度的温度系数应该为正值,这样可以有足够的溶质用于形成接触一级颗粒的填充团聚物。此外,沉淀的固体在分解阶段不应是热塑性的或可以熔化的。图 2.32(b)说明了合成具有各种微观结构特征的多组分和复合颗粒的许多可能性。

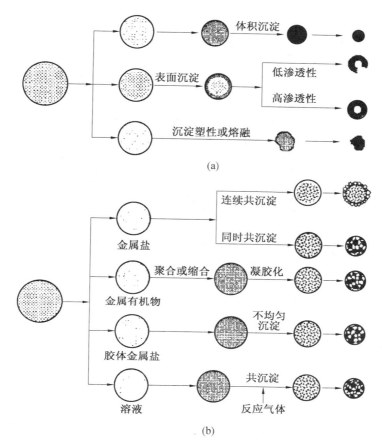

图 2.32 沉淀条件和前体特征对颗粒形态和复合颗粒微观结构的影响

含有细小沉淀物的液滴的干燥与普通液滴的干燥完全不同。细小的沉淀物可以为溶剂蒸气的质量传递提供阻力,并且如果干燥室的温度太高,则溶液可能会沸腾,这会导致液滴膨胀或崩解。此外,沉淀物之间的细孔和液滴的快速干燥会导致高的毛细管应力和颗粒的破裂。在烧结之前实现固态盐颗粒的完全分解是重要的。对于分解时间较短的小规模实验室设备,由于较低的分解温度,硝酸盐和乙酸盐优于硫酸盐。但乙酸盐具有低溶解度,而硝酸盐、乙酸盐和硫酸盐会将杂质引入粉体中。氯化物和氯氧化物由于高溶解度可以在工业上使用,但是在分解过程中产生的气体具有腐蚀性,而且会有残余的氯,这会对随后的烧结产生有害影响,因此这是可能存在的问题。颗粒应该原位烧结以充分利用喷雾热分解过程。如果可以实现足够高的温度,则一级颗粒之间的细孔和该过程中颗粒间较短的碰撞时间有利于形成致密的单个颗粒。

(3)悬浮液的喷雾干燥技术。

细颗粒悬浮液(有时称为浆液)也可通过喷雾干燥技术进行干燥。在这种情况下,除去液体的方法是将干燥粉体的团聚限制在等于或小于液滴尺寸的范围内。限制团聚体的规模,有利于提高压实体的整体均匀性,进而有利于烧结。喷雾干燥悬浮液制备粉体的实例如图 2.33 所示,该粉体是喷雾干燥过程之前通过溶液沉淀法合成的锆钛酸盐粉体。在工业上,悬浮液喷雾干燥是用于对细粉进行造粒的一种大规模生产方法,通过这种方法可以控制其在压模过程中的流动和压实特性。此外,这种方法还用于食品、化学和制药行业等许多其他领域。

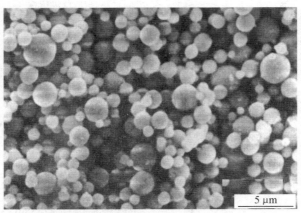

图2.33　锆钛酸盐粉体的扫描电子显微镜照片

（4）冰冻干燥法。

在冰冻干燥法中,金属盐溶液被雾化器分散成细小液滴,通过喷入己烷和干冰等混合溶液中冷浴或直接喷入液氮中而迅速冰冻,然后将冰冻的液滴置于冷却的真空室中,在真空的作用下通过升华除去溶剂而不进行任何熔化过程。可稍微加热该系统来促进升华过程。该技术可以产生细小一级颗粒的球形团聚物,团聚物尺寸与冰冻液滴的尺寸相同。一级颗粒的尺寸（$10 \sim 500$ nm）取决于加工参数,例如冰冻速率、溶液中金属盐的浓度和盐的化学组成。干燥后,盐在升高的温度下分解产生氧化物。

当我们观察喷雾干燥技术时,将溶液分散成液滴可以将团聚或分散限制在液滴大小的规模下。大多数盐的溶解度随温度的升高而降低,并且冰冻干燥中液滴的快速冷却会使液滴溶液非常快速地达到过饱和状态。因此,颗粒形核快速且生长缓慢,以至于冰冻液滴中的颗粒尺寸可以非常细。与喷雾干燥中液体的蒸发相比,过饱和的方法相对更快,因此冰冻干燥可以产生更细且单位质量具有更高表面积的一级颗粒。据报道,冰冻干燥粉体的比表面积可以高达 $60 \ m^2/g$。

溶液的冰冻干燥已经在实验室规模上用于制备铁氧体和其他氧化物粉体。Schnettler 等人描述了实验室利用该技术的设备和方法。发现通过冷冻干燥草酸盐溶液制备的锂铁氧体 $LiFe_5O_8$ 具有较低的烧结温度,并且与通过喷雾干燥技术制备的类似粉体相比,这种方法可以更好地控制晶粒尺寸。冰冻干燥技术也可以用于干燥浆料,通过冰冻干燥技术制备的 Al_2O_3 粉体是由易分解的软团聚物组成的,压制这种粉体可以产生相当均匀的生坯。

3. 凝胶法

目前有一些方法是利用液相前体合成半刚性凝胶或高黏度树脂,以此来作为陶瓷粉体合成的中间步骤,特别是对于需要良好化学均匀性的复合氧化物。通过分解凝胶或树脂,然后进行研磨和煅烧以控制颗粒特性来获得粉体。在凝胶或树脂的形成中,通过聚合过程在原子尺度上进行组分的混合。如果在分解和煅烧步骤中没有组分挥发，则粉体的阳离子组成可以与原始溶液的阳离子组成相同。因此，这些方法具有实现良好化学均匀性的能力。但缺点是分解产物通常不以粉体形式存在，而是由烧焦的团块组成，必须将这些团块研磨并煅烧以获得所需的粉体特性。目前，陶瓷粉体的凝胶法主要是在实验室的规模上进行。

（1）溶胶－凝胶法。

溶胶－凝胶法最适合生产薄膜和纤维，并且经过干燥后，这一工艺也适合生产一些陶瓷单片，同时也可以用于生产粉体。该方法包括通过金属醇盐溶液的水解、缩合和凝胶化形成聚合物凝胶，将其干燥并研磨后可以产生粉体。在粉体的生产中不需要小心控制干燥过程。具有较低黏度的干燥凝胶更容易研磨，并且在研磨期间引入的污染程度较低。在超临界条件下液体的去除几乎不产生收缩，从而可以获得具有低黏度的干燥凝胶。研磨通常可以在塑料介质中进行。在超临界条件下由凝胶干燥产生的化学计量配比的莫来石成分粉体（$3Al_2O_3 \cdot 2SiO_2$）具有相当高的烧结能力。压实粉体在 1 200 ℃ 以下可以烧结至几乎完全致密，这明显优于通过混合粉体反应制备的莫来石。这一烧结优势是由于凝胶衍生粉体的无定形结构和高表面积，但在压实或烧结之前粉体的结晶会严重降低烧结效益。

（2）Pechini 方法。

Pechini 方法是一种用于制备钛酸盐和铌酸盐的原始工艺，可用于合成许多复合氧化物。来自碳酸盐、硝酸盐和醇盐等原料的金属离子在水溶液中与柠檬酸等羧酸络合。当用乙二醇等多羟基醇加热时，会发生聚酯化反应，并且在除去过量液体后，会形成透明树脂。然后加热树脂以分解有机成分，之后研磨并煅烧便可以产生粉体。Pechini 法制备 $SrTiO_3$ 粉体的流程图如图 2.34 所示。

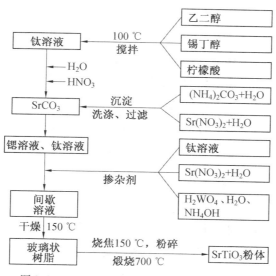

图 2.34　Pechini 法制备 $SrTiO_3$ 粉体的流程图

（3）柠檬酸盐凝胶法。

Marcilly 等人开发了柠檬酸盐凝胶法，该方法可以通过陶瓷超导体 $YBa_2Cu_3O_{7-x}$ 的合成来说明。将 Y、Ba 和 Cu 的硝酸盐溶液加入到柠檬酸溶液中，溶液 pH 保持在 6 左右，以防硝酸钡沉淀。在 75 ℃ 的空气中加热溶液会产生含有多元螯合物的黏性液体。在 85 ℃ 的真空条件下进一步加热，可以产生无定形固体，将其在 900 ℃ 的空气中热解便可以产生结晶粉体。

（4）甘氨酸硝酸盐法。

甘氨酸硝酸盐法是用于制备陶瓷粉体的燃烧方法之一。通过蒸发金属硝酸盐和甘氨酸溶液形成高黏性物质，将其点燃可以产生粉体。甘氨酸是一种氨基酸，可以与溶液中的金属离子形成络合物，这增加了溶质的溶解度并防止了水蒸发时金属离子产生沉淀。因此，该方法实现了良好的化学均匀性。甘氨酸还具有另一个重要功能：由于它可以被硝酸根离子氧化，因此它为该过程的点燃步骤提供了燃料。点火期间发生的反应具有爆炸性，因此要非常小心。通常，一次只能点燃少量。在良好控制的条件下，在点燃后可以获得一团非常细的结晶粉体（粒度小于几十纳米）。

与 Pechini 方法相比，该方法不需要研磨和煅烧产物。通常认为粉体具有非常精细的尺寸和结晶性质是在点火步骤中短时间暴露于高温的直接结果。通过适当的工艺控制，甘氨酸硝酸盐工艺为制备非常精细且化学均匀的粉体提供了相对便宜的途径。目前它已被用于制备简单的氧化物以及复合氧化物（如锰氧化物、铬铁矿、铁氧体和氧化物超导体）。

4. 非水液相反应

涉及非水液相的反应目前已用于合成 Si_3N_4 和其他非氧化物粉体。与涉及研磨固体产物的方法相比，这些方法的优点是粉体的纯度更高且粒度更细。液态 $SiCl_4$ 和液态 NH_3 之间的反应已经被 UBE Industries（日本）用于工业规模生产 Si_3N_4 粉体。反应的初始产物是复杂的，但可以写出如下反应方程式：

$$SiCl_4 + 6NH_3 \rightarrow Si(NH)_2 + 4NH_4Cl \tag{2.54}$$

反应过程中会发生更复杂的反应，包括形成聚硅二酰亚胺和氯化铵三氨（$NH_4Cl \cdot 3NH_3$）。硅二酰亚胺的分解总反应为

$$3Si(NH)_2 \rightarrow Si_3N_4 + N_2 + 3H_2 \tag{2.55}$$

在 UBE 的方法中，收集 $SiCl_4$ 和 NH_3 液相之间界面反应形成的产物，将其用液态 NH_3 洗涤并在 1 000 ℃ 下煅烧以产生无定形 Si_3N_4 粉体。随后在 1 550 ℃ 的 N_2 中煅烧产生粒度约为 0.2 mm 的结晶粉体，如图 2.35 所示。表 2.5 所示为产物粉体的特性与其他商业 Si_3N_4 粉体特性的对比。

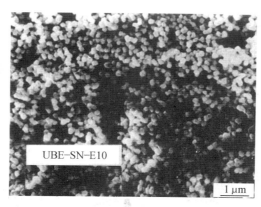

图 2.35 通过 SiCl$_4$ 和 NH$_3$ 液相之间的反应制备的市售 Si$_3$N$_4$ 粉体

表 2.5 市售氮化硅粉体的性质

项目	SiCl$_4$ 与 NH$_3$ 之间的液相反应	Si 在 N$_2$ 中的氮化	SiO$_2$ 在 N$_2$ 中的碳热还原	SiCl$_4$ 与 NH$_3$ 之间的气相反应
生产厂家	UBE	H. C. Stark	Toshiba	Toya Soda
级别	SN－E10	H1	—	TSK TS－7
金属杂质的质量分数/%	0.02	0.1	0.1	0.01
非金属杂质的质量分数/%	2.2	1.7	4.1	1.2
α－Si$_3$N$_4$ 的质量分数/%	95	92	88	90
β－Si$_3$N$_4$ 的质量分数/%	5	4	5	10
SiO$_2$ 的质量分数/%	2.5	2.4	5.6	—
比表面积/(m^2·g^{-1})	11	9	5	12
平均粒径/μm	0.2	0.8	1.0	0.5
振实密度/(g·cm^{-3})	1.0	0.6	0.4	0.8

2.3.3 气相反应

涉及气相的反应已广泛用于生产氧化物和非氧化物粉体,尤其是用于 Si$_3$N$_4$ 和 SiC 粉体的制备。结晶 Si$_3$N$_4$ 以 α 和 β 这两种不同的六方多晶型的形式存在,其中 α 晶型在形成温度下具有略高的自由能。与 β－Si$_3$N$_4$ 相比,α－Si$_3$N$_4$ 的粉体具有更均匀的颗粒形状且更容易烧结,而 β－Si$_3$N$_4$ 颗粒以更细长的形状生长。因此,选择合适的制备条件可以使 α－Si$_3$N$_4$ 产量最大化。SiC 也存在许多晶型,其中主要的两种晶型为 α 和 β,β 晶型在较低温度下更稳定并且在 2 000 ℃ 时会不可逆地转化成 α 晶型。因此,在 2 000 ℃ 以上产生的粉体(例如前面描述的 Acheson 方法)由 α－SiC 组成。α 晶型或 β 晶型的粉体均可以用于制备 SiC。在 1 800 ～ 1 900 ℃ 烧结 β－SiC 粉体会使其转变为 α 相,这期间会伴随着板状晶粒的生长和机械性能的劣化。因此,使用 β－SiC 粉体需要非常细的粉体,以便烧结温度可以保持在 1 800 ℃ 以下。

我们考虑以下的气相制备方法:① 气体和固体之间的反应;② 气体和液体之间的反

应;③ 两种或更多种气体之间的反应。

1. 气－固反应

　　一种广泛使用的制备 Si_3N_4 粉体的方法是直接氮化,其中 Si 粉体(粒度通常为 5 ～ 20 μm) 与 N_2 在 1 200 ～ 1 400 ℃ 的温度下反应 10 ～ 30 h,该方法通常在商业上使用。通过硅的氮化制备的市售 Si_3N_4 粉体如图2.36所示。Si_3N_4 粉体由 α 相和 β 相的混合物组成,通过控制反应温度、氮化气氛中 N_2 气体的分压和 Si 粉体的纯度可以控制这两相的相对含量。

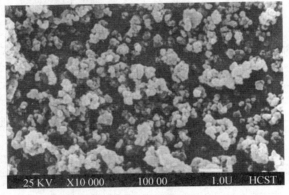

图 2.36　通过硅的氮化制备的市售 Si_3N_4 粉体

　　氮化硅粉体还可以通过在细 SiO_2 和 C 粉体的混合物中进行 SiO_2 的碳热还原反应,然后在 1 200 ～ 1 400 ℃ 的 N_2 中进行氮化反应来制备。Toshiba(日本) 在工业上使用过该工艺。纯且细的 SiO_2 和 C 的广泛应用使得该方法成为氮化硅的一种有吸引力的替代方法。化学方程式如下所示:

$$3SiO_2 + 6C + 2N_2 \rightarrow Si_3N_4 + 6CO \tag{2.56}$$

但该反应的机理可能涉及气态 SiO,化学方程式如下所示:

$$\begin{cases} 3SiO_2(s) + 3C(s) \rightarrow 3SiO(s) + 3CO(g) \\ 3SiO_2(s) \rightarrow 3SiO(g) \\ 3SiO(g) + 3C(s) + 2N_2 \rightarrow Si_3N_4(s) + 3CO(g) \end{cases} \tag{2.57}$$

过量的碳可以用作氧吸收剂,通过反应形成气态 CO 可以减少粉体表面的氧含量。但是,反应后残留的任何 C 必须在氧气氛围中烧掉,因为这可能导致 Si_3N_4 表面再发生氧化。

　　氮化和碳热还原方法可以产生大量的 Si_3N_4,产物需要进一步研磨、洗涤和分级。在这些步骤中引入的杂质会导致所制造材料的高温机械性能显著降低。

　　生产细金属颗粒然后将其氧化的两步法已经用于合成尺寸小于几十纳米的氧化物粉体。在该过程中,金属(例如 Ti) 在 100 Pa 的压力下可以蒸发到惰性气氛(例如 He) 中。在惰性气体中凝结颗粒,再将它们通过对流气体输送到冷裹层中进行黏附;然后使压力为 5 kPa 的氧气进入腔室以使金属颗粒发生氧化;最后将颗粒从冷裹层刮下并收集。以 Ti 作为起始原料,可以产生具有金红石结构的一种高度缺氧的氧化物 $TiO_{1.7}$,但随后在 300 ℃ 下加热后便会产生化学计量组成的 $TiO_{1.95}$。

2. 气 – 液反应

Mazdiyasni 和 Cooke 表明,液态 $SiCl_4$ 和 NH_3 气体在 0 ℃ 干燥己烷中的反应可用于制备具有非常低水平金属杂质(质量分数小于 0.03%)的细 Si_3N_4 粉体。如前所述,两种液体之间的反应是复杂的,但可以通过式(2.54)和式(2.55)来总结。通过反应获得的粉体是无定形的,但是在 1 200 ~ 1 400 ℃ 长时间加热后可以结晶形成 $\alpha – Si_3N_4$。

3. 气 – 气反应

通过加热条件下气体之间的反应形成的沉积物类型的示意图如图 2.37 所示。如第 1 章所述,薄膜、晶须和块状晶体是通过化学气相沉积过程在固体表面上经过不均匀形核产生的。颗粒的形成是由气相中发生均匀形核和生长所导致的,并且它也同样可以用前面所述的过饱和蒸气中液滴形核方程(式(2.19)~(2.25))来描述。目前已经有几种气相反应用于工业和实验室规模的陶瓷粉体生产。该方法采用多种技术来加热反应器中的反应物气体,包括火焰、熔炉、等离子体和激光加热。

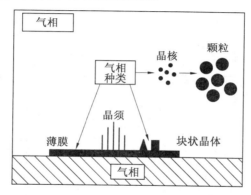

图 2.37　通过加热条件下气体之间的反应形成的沉积物类型的示意图

TiO_2 和 SiO_2 的火焰合成是气相反应合成粉体的两大工业过程,反应式为

$$TiCl_4(g) + 2H_2O(g) \rightarrow TiO_2(s) + 4HCl(g) \tag{2.58}$$

$$SiCl_4(g) + O_2(g) \rightarrow SiO_2(s) + 2Cl_2 \tag{2.59}$$

火焰加热下气相反应中形成的一级颗粒、聚集体和团聚物的示意图如图 2.38 所示。在气相 SiO_2 的形成过程中,$SiCl_4$ 在 H_2 火焰(1 800 ℃)中反应形成单个球形的 SiO_2 液滴,它们通过碰撞和聚结而生长,从而形成更大的液滴。当液滴开始凝固时,它们通过碰撞粘在一起但不会聚结,这样形成的固态聚集体又会继续碰撞形成团聚物。该方法的缺点是颗粒的团聚性质不好,如图 2.39 所示的 SiO_2。优点包括使用高纯度气体可以产生高纯产物,而且反应体系简单,工艺规模较大,工业生产 TiO_2 和 SiO_2 粉体就是一个很好的例子。

熔炉、等离子体、激光加热等多种气相反应可以制备 Si_3N_4 和 SiC 粉体,主要包括:

$$3SiCl_4(g) + 4NH_3(g) \rightarrow Si_3N_4(s) + 12HCl(g) \tag{2.60}$$

$$3SiH_4(g) + 4NH_3(g) \rightarrow Si_3N_4(s) + 12H_2(g) \tag{2.61}$$

$$2SiH_4(g) + C_2H_4(g) \rightarrow 2SiC(s) + 6H_2(g) \tag{2.62}$$

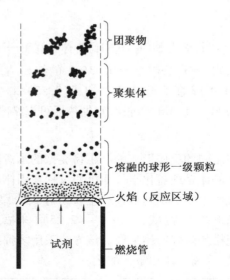

图 2.38　火焰加热下气相反应中形成的一级颗粒、聚集体和团聚物的示意图

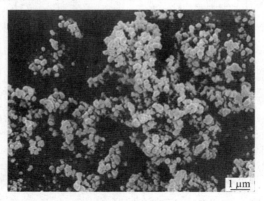

图 2.39　火焰合成 SiO_2 的扫描电子显微镜照片

使用四氯化硅 $SiCl_4$ 会产生高腐蚀性副产物 HCl，因此尽管硅烷 SiH_4 昂贵且在空气中易燃，但它通常优先作为反应物。对于 Si_3N_4 的生产，通常使用 NH_3，因为 N_2 不与 $SiCl_4$ 或 SiH_4 发生反应。

Prochazka 和 Greskovich 在 500 ～ 900 ℃ 的温度条件下在电加热的石英管中利用 SiH_4 和 NH_3 之间的反应制备了精细的无定形 Si_3N_4 粉体，发现有两个主要参数控制反应：温度和 NH_3 与 SiH_4 的摩尔比。对于 NH_3 与 SiH_4 的摩尔比 ＞ 10 和 500 ～ 900 ℃ 的温度条件，可以制备出化学计量配比的粉体，其阳离子纯度大于 99.99%，表面积为 10 ～ 20 m^2/g，氧的质量分数小于 2%。随后在 1 350 ℃ 以上煅烧，可以得到结晶 $\alpha - Si_3N_4$ 粉体。$SiCl_4$ 和 NH_3 之间的反应被 Toya Soda（日本）在商业上用于生产 Si_3N_4 粉体。

几十年来，热等离子体已被用作气相反应的热源。目前已经在实验室水平上研究了通过射频（RF）等离子体生产非常细的氧化物粉体，并且也研究了很多非氧化物，如氮化物和碳化物。控制粉体特性的工艺参数是等离子体源的频率和功率、等离子体射流的温度、气体的流速和反应物的摩尔比。虽然通过该方法可以生产具有高纯度且非常细（例如粒径为 10 ~ 20 nm) 的粉体,但该方法的主要问题是粉体是高度团聚的。

Haggerty 及其同事使用 CO_2 激光作为气相合成 Si、Si_3N_4 和 SiC 粉体的热源。除了使反应气体达到所需温度外,激光加热还起到另一个有用的作用:可以选择特定辐射频率以匹配一种或多种反应物的吸收频率之一。因此,激光可以是非常有效的热源。实验室规模的反应池如图 2.40 所示。激光束通过 KCl 窗口进入反应池并与反应气流相互作用,反应气流通常用惰性气体(如氩气)稀释。粉体最终收集在反应池和真空泵之间的过滤器上。该方法的一个优点是通过操纵过程变量可以很好地控制反应,其中过程变量包括反应池压力、反应物和稀释气体的流速、激光束的强度和反应火焰的温度。式(2.61)和式(2.62)描述的反应目前已经可以用于生产 Si_3N_4 和 SiC 粉体。使用 SiH_4 而不是 $SiCl_4$ 作为反应物的一个优点是它在激光波长(10.6 μm)附近具有强吸附带。

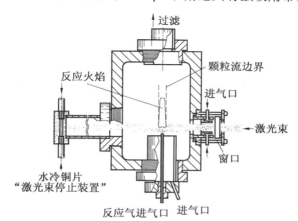

图 2.40   通过激光加热气体制备粉体的实验室规模反应池

表2.6 总结了通过该方法获得的 Si_3N_4 和 SiC 粉体的特性。保持在惰性气氛中的粉体的氧含量相当低,但如果这些细粉体过度暴露在氧化气氛中,氧含量会显著增加。尽管大概的估计表明,与其他方法(例如 Acheson 工艺)相比,激光加热方法的生产成本相对较低,特别是在亚微米粉体的合成中,但这种方法尚未在工业中应用。

表 2.6   激光加热下通过气相反应制备的 Si_3N_4 和 SiC 粉体的特性

粉体特性	Si_3N_4	SiC
平均粒径 /nm	7.5 ~ 50	20 ~ 50
直径标准偏差(平均)/%	2.3	约为 2.5
氧杂质的质量分数 /%	0.3	0.33 ~ 1.3
其他杂质的质量分数 /%	< 0.01	—
主要杂质元素	Al,Ca	—
化学计量 /%	0 ~ 60(过量 Si)	0 ~ 10(过量 C 或 Si)
结晶度	非晶 - 结晶	结晶 Si 和 SiC
粒度(平均直径)/nm	约为 0.5	0.5 ~ 1.0

　　我们讨论了常用于制备陶瓷粉体的各种方法,这些方法是科学地建立在物理和化学的合理原理的基础上的,这些原理形成了理解过程变量如何影响粉体特性的框架。实际上,这些方法在生产的粉体质量和生产成本方面有很大差异。通常,较高的粉体质量对应于较高的生产成本。因此,对于给定的应用,我们需要考虑生产成本的提高是否会使粉体质量提高。

2.4　粉体的性质

　　前面我们介绍了制备陶瓷粉体的主要方法,粉体的质量取决于制备方法,而粉体性质对坯体的填充均匀性和烧结体的微观结构演变有重要影响,因此了解粉体性质是非常重要的。了解粉体性质的目的有两方面:一方面是控制原料的质量,另一方面是控制所制备材料的微观结构。

　　陶瓷的应用决定了需要对陶瓷进行怎样的表征。传统陶瓷没有严格的性能要求,可以用显微镜对粉体进行粒度、粒度分布和形状的简单观察。对于特种陶瓷,需要详细了解粉体特性,以便充分控制所制备材料的微观结构和性能。商业购买的粉体适用于大多数情况。通常,制造商已经进行了大部分表征实验并向客户提供了结果,这一结果通常称为粉体规格。制造商的规格与显微镜直接观察粉体的表征结果相结合,足以满足许多应用。

　　对于在实验室中制备的粉体,需要进行一组详细的表征实验。粉体的化学组成和纯度的微小变化会对特种陶瓷的微观结构和性质产生很大影响。基于以上因素,会有越来越多的分析技术应用于粉体表征,这些分析技术具有检测成分的能力,可以将浓度精确至百万分之一,特别针对颗粒表面的情况。粉体的主要特征可分为四类:物理特性、化学组成、相组成和表面特征。表2.7总结了对陶瓷制备有较大影响的主要粉体特征。

表2.7　影响陶瓷加工的粉体特征

物理特性	化学组成	相组成	表面特征
粒径和分布	主要元素	结构(晶体或非晶)	表面结构
颗粒形状	次要元素	晶体结构	表面成分
聚集度	微量元素	相组成	
比表面积			
密度和孔隙率			

2.4.1　颗粒类型

1. 主要颗粒

　　粉体由具有不同物理性质的小单元组合而成,这些小单元称为颗粒,具有相当复杂的结构。一次颗粒是离散的低孔隙率单元,可以是单晶颗粒、多晶颗粒或非晶颗粒。如果颗粒之间存在孔隙,则孔隙彼此隔离。通过在液体中超声搅拌,一次颗粒不能分解成更小的单元。一次颗粒可以定义为粉体中具有明确限定表面的最小单元。对于多晶一次颗粒,晶体被称为微晶、晶粒或畴。在本书中,我们将使用术语"晶体"。

2. 团聚体

团聚体是由表面力、液体或固体桥把主要粒子聚集在一起的集团。图 2.41 是由致密多晶一次颗粒组成的团聚体的示意图。团聚体是多孔的,孔通常相互连通,它们分为两类:弱团聚体和强团聚体。弱团聚体通过较弱的表面力结合在一起,并且可以通过液体超声搅拌分解成一次颗粒。强团聚体由固体桥键合的一次颗粒组成,因此,它们不能通过液体超声搅拌分解成一次颗粒。如前面所述,强团聚体不适合用于特种陶瓷的生产,因为它们通常会形成微观结构缺陷。

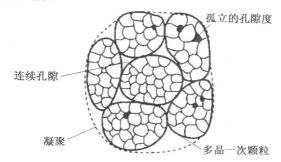

图 2.41　由致密的多晶一次颗粒组成的团聚体的示意图

3. 颗粒

当不考虑一次颗粒和团聚体之间的区别时,二者统称为颗粒。当粉体通过搅拌分散时,颗粒可被视为小单元,其作为单独的实体移动,并且可由一次颗粒、团聚体或两者的某种组合构成。大多数粒度分析技术检测的颗粒都是一次颗粒。

4. 二次颗粒

二次颗粒是指通过向粉体中加入造粒剂(例如基于聚合物的黏结剂),然后翻滚或喷雾干燥而形成的大团聚体(尺寸为 100 μm)。这些大的近球形团聚体改善了粉体在模压过程中的填充特性和压实过程中的流动性。

5. 絮凝物

絮凝物是液体悬浮液中的颗粒簇。颗粒通过静电力或有机聚合物微弱地保持在一起,并且可以通过改变溶液化学性质,进而适当改变界面力来进行再分散。絮凝物的形成是有害的,因为它降低了固结体的填充均匀性。

6. 胶体

胶体是由流体中的细小分散相组成的系统。胶体悬浮液(或溶胶)由分散在液体中的细小颗粒组成,这些颗粒被称为胶体颗粒。胶体颗粒经历布朗运动并且在正常重力作用下具有缓慢(通常可忽略)的沉降速率。胶体颗粒的尺寸范围为 1 nm ~ 1 μm。

7. 聚合物

聚合物是混合物中较粗大的组分,通常还含有称为键的细小成分。混凝土中的鹅卵石是一个例子,其中细水泥颗粒可以形成黏合。表 2.8 总结了上述颗粒类型的大致尺寸范围。

表 2.8 陶瓷加工中颗粒的尺寸范围

颗粒类型		尺寸范围
粉体	胶体颗粒	1 nm ~ 1 μm
	粗颗粒	1 ~ 100 μm
颗粒		100 μm ~ 1 mm
聚合物		> 1 mm

2.4.2 粒径和粒度分布

陶瓷粉体通常由分布在一定范围内的不同尺寸的颗粒组成。一些粉体可具有非常窄的粒度分布(例如在受控条件下通过化学沉淀制备的粉体),而对于另一些粉体,尺寸的分布可以非常宽(例如通过研磨制备的未分级粉体)。一些颗粒是球形或等轴的(即在每个方向上具有相同的长度),但许多颗粒的形状是不规则的。通常需要表征粉体的粒度和粒度分布,这两个特征(以及颗粒形状)对粉体的成型和烧结具有关键作用。

1. 粒度的定义

对于球形颗粒,取直径作为颗粒尺寸,但不规则形状颗粒的尺寸是不确定的。因此,我们需要确定"粒度"所代表的含义。不规则形状颗粒尺寸的一个简单定义是:具有与颗粒相同体积的球体直径。但是在许多情况下,颗粒的体积是不明确的或难以测量的。就后面描述的测量技术而言,粒度的定义方式相对随意。因此,即使测量仪器正常运行,通过一种技术测量的颗粒粒度也可能与通过另一种技术测量的颗粒粒度完全不同。颗粒粒度是根据稍后描述的一种测量技术所测得的数据,并以特定的方式定义的。

对于沉降在液体中的不规则形状颗粒,选取与在相似条件下沉降的最终速度相同,且密度相同的球体直径作为颗粒粒度。对于层流,球体直径可以通过 Stokes 定律计算,通常称为 Stokes 直径。可以使用显微镜观察并测量单个颗粒,在这种情况下,粒度通常由颗粒的投影面积(投影面积直径)或平行于某个固定方向测量的线性尺寸(Feret 直径或 Martin 直径)确定。表 2.9 给出了一些粒径的定义。

表 2.9 一些粒径的定义

符号	名称	定义
X_s	表面直径	具有与颗粒相同的表面积的球体的直径
X_v	体积直径	具有与颗粒相同体积的球体的直径
X_{sv}	表面体积直径	具有与颗粒相同的表面积与体积比的球体的直径
X_{STK}	Stokes 径	具有与用于液体中的层流的颗粒相同的沉降速率的球体的直径
X_{PA}	投影面积直径	具有与颗粒的投影面积相同的面积的圆的直径
X_C	周长直径	具有与颗粒的投影轮廓相同的周长的圆的直径
X_A	筛孔直径	颗粒通过的最小方孔的宽度
X_F	Feret 径	平行切线对颗粒投影轮廓之间距离的平均值
X_M	Martin 径	颗粒投影轮廓的平均弦长

2. 平均粒径

对于不规则形状颗粒的粒径,定义具有不确定性,但我们可以描述粉体的平均颗粒尺寸。首先,假设粉体分别由尺寸为 $X_1, X_2, X_3, \cdots, X_N$ 的 N 个颗粒组成。根据以下公式计算平均尺寸和平均值的标准偏差 S:

$$\bar{X} = \sum_{i=1}^{N} \frac{X_i}{N} \tag{2.63}$$

$$S = \left[\sum_{i=1}^{N} \frac{1}{N} (X_i - \bar{X})^2 \right]^{\frac{1}{2}} \tag{2.64}$$

取 $\bar{X}$ 的值为粉体的粒度,S 可用于度量粒度分布。在随机(高斯)分布中,每三个颗粒中大约有两个颗粒的大小在 $(\bar{X} \pm S)$ 的范围内。

表征技术将颗粒按大小分为 n 类,其中 n 远小于 N。该技术还可以计算每个类别中颗粒的数量,即大小为 X_1 的颗粒有 n_1 个,大小为 X_2 的晶粒有 n_2 个,……,大小为 X_n 的晶粒有 n_n 个,也可以获得每种尺寸类别内颗粒的质量或体积。根据不同尺寸的颗粒数量,可以计算数字加权平均值;在一个尺寸类别中,以颗粒的质量或体积表示的数据将遵循类似的曲线。平均粒径和标准偏差可以将数据代入以下公式中计算确定:

$$\bar{X}_N = \frac{\sum_{i=1}^{n} n_i X_i}{\sum_{i=1}^{n} n_i} \tag{2.65}$$

$$S = \left[\frac{\sum_{i=1}^{n} n_i (X_i - \bar{X})^2}{\sum_{i=1}^{n} n_i} \right]^{\frac{1}{2}} \tag{2.66}$$

为了方便比较,体积加权平均值为

$$\bar{X}_v = \frac{\sum_{i=1}^{n} v_i X_i}{\sum_{i=1}^{n} v_i} = \frac{\sum_{i=1}^{n} n_i X_i^4}{\sum_{i=1}^{n} n_i X_i^3} \tag{2.67}$$

由方程式(2.65)确定的平均粒径是一个算术平均值。这不是平均粒径的唯一定义,但当粒度分布正常时,这个数值非常重要。几何平均值 $\bar{X}_g$ 是 n 个颗粒直径乘积的第 n 个根,由下式给出:

$$\log_2 \bar{X}_g = \frac{\sum_{i=1}^{n} n_i \log_2 X_i}{\sum_{i=1}^{n} n_i} \tag{2.68}$$

当分布是对数正态时,它具有特殊的含义。

调和平均值是颗粒数除以单个颗粒直径的倒数之和,即

$$\overline{X}_{\mathrm{h}} = \frac{\sum\limits_{i=1}^{n} n_i}{\sum\limits_{i=1}^{n} \dfrac{n_i}{x_i}} \tag{2.69}$$

它与比表面积有关,在涉及样品的表面积时这个数据颇为重要。

由式(2.65)确定的平均粒径称为线性平均直径,为了将其与表面平均直径 $\overline{X}_{N\mathrm{s}}$ 和体积平均直径 $\overline{X}_{N\mathrm{v}}$ 区分开,线性平均直径可表示为 $\overline{X}_{N\mathrm{l}}$。表面平均直径和体积平均直径由下式定义:

$$\overline{X}_{N\mathrm{s}} = \frac{\left(\sum\limits_{i=1}^{n} n_i X_i^2\right)^{\frac{1}{2}}}{\sum\limits_{i=1}^{n} n_i} \tag{2.70}$$

$$\overline{X}_{N\mathrm{v}} = \frac{\left(\sum\limits_{i=1}^{n} n_i X_i^3\right)^{\frac{1}{3}}}{\sum\limits_{i=1}^{n} n_i} \tag{2.71}$$

3. 粒度的表示

简单且广泛使用的数据描述方式是直方图。使用表 2.10 给出的数据绘制的直方图如图 2.42 所示。其中每个尺寸范围内的颗粒百分比即为图中矩形的高度,每个尺寸范围内的颗粒数目即为图中矩形的面积。因此,通过比较矩形的高度和面积,便可以直观地看出颗粒的粒度分布。

表 2.10　粒度分布数据

尺寸范围 /μm	数量	尺寸 x_i/μm	数量占比	CNPF/%	$q_N(x)$/μm^{-1}
< 10	35	5	0.005	0.5	0.001
10 ~ 12	48	11	0.007	1.2	0.003
12 ~ 14	64	13	0.009	2.1	0.004
14 ~ 16	84	15	0.012	2.65	0.005
16 ~ 18	106	17	0.015	4.8	0.007
18 ~ 20	132	19	0.019	6.7	0.009
20 ~ 25	468	22.5	0.067	13.4	0.012
25 ~ 30	672	27.5	0.096	23.0	0.019
30 ~ 35	863	32.5	0.124	35.4	0.025
35 ~ 40	981	37.5	0.141	49.5	0.028
40 ~ 45	980	42.5	0.141	63.6	0.028
45 ~ 50	865	47.5	0.124	76.0	0.025

续表 2.10

尺寸范围/μm	数量	尺寸 x_i/μm	数量占比	CNPF/%	$q_N(x)$/μm^{-1}
50 ~ 55	675	52.5	0.097	85.7	0.020
55 ~ 60	465	57.5	0.067	92.4	0.006
60 ~ 70	420	65	0.060	98.4	0.006
70 ~ 80	93	75	0.013	99.7	0.001
80 ~ 90	13	85	0.002	99.9	0.001
90 ~ 100	1	95	0	99.9	—
> 100	4	—	0.001	100	—

注：①CNPF 为小于特定尺寸颗粒的累计百分比；

②$q_N(x)$ 为颗粒尺寸的频率分布函数,其中,$\overline{X}_N = 40$ μm(式(2.65));$S = 14$ μm(式(2.66))。

通常更有用的方法是将比特定尺寸小的颗粒的百分比（或分数）相加,从而将数据绘制为累积分布曲线,这些颗粒的百分比（或分数）定义为小于特定尺寸颗粒的百分比（CNPF）,或大于特定尺寸颗粒的百分比（CNPL）。利用表 2.10 中的数据,CNPF 也可以如图 2.42 所示,通过数据点可以绘制出一条平滑曲线。

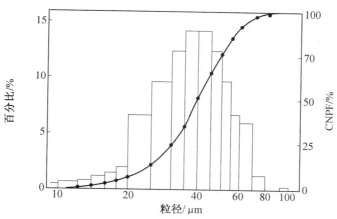

图 2.42　粒度分布数据的直方图

在许多情况下,我们需要根据数学方程提供更完整的粒度数据描述,其参数可用于比较不同的粉体。如果颗粒的数量相当大并且尺寸间隔 Δx 足够小,那么能够通过粒度分布数据拟合获得平滑曲线。将累积分布数据作为起点（而不是直方图）,假设粒度的累积分布是关于 x 的连续变化函数,将其表示为 $Q_N(x)$。对其求导,从而获得粒度的频率分布函数 $q_N(x)$：

$$q_N(x) = \frac{\mathrm{d}Q_N(x)}{\mathrm{d}x} \tag{2.72}$$

其中,$q_N(x)\mathrm{d}x$ 是尺寸在 x 和 $x + \mathrm{d}x$ 之间的颗粒数量。

$q_N(x)$ 表示粒度的频率分布函数,即建立数学方程描述数据。图 2.43 显示了图 2.42 中数据所确定的粒度分布。一般情况下,频率分布函数需要与预期尺寸分布进行拟合,例如可以用正态分布拟合：

$$q_N(x) = \frac{1}{s\sqrt{2\pi}}\exp\left[-\frac{(x-\bar{X})^2}{2s^2}\right] \tag{2.73}$$

其中，$\bar{X}$ 是平均粒径；s 是平均粒径的标准偏差。在实践中，在曲线拟合程序中调整 $\bar{X}$ 和 s 的值，直到获得最佳拟合数据。假设数据是连续变化的函数，我们需要根据适合于正态分布的方程来定义平均粒径和标准偏差：

$$\bar{X} = \frac{\int_{-\infty}^{\infty} x q_N(x)\,\mathrm{d}x}{\int_{-\infty}^{\infty} q_N(x)\,\mathrm{d}x} \tag{2.74}$$

$$s = \left[\frac{\int_{-\infty}^{\infty} q_N(x)(x-\bar{X})^2\,\mathrm{d}x}{\int_{-\infty}^{\infty} q_N(x)\,\mathrm{d}x}\right]^{\frac{1}{2}} \tag{2.75}$$

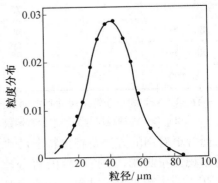

图 2.43　粒度分布

正态分布有一些严重问题。对正态分布图进行分析，会发现存在有晶粒粒径小于零的数据，也会有粒径为无限大的数据。因此，正态分布不能很好地拟合实际粒度数据。

通过喷雾干燥或机械研磨制备的粉体，其粉体粒度分布值接近对数正态分布：

$$q_N(\ln x) = \frac{1}{s\sqrt{2\pi}}\exp\left[-\frac{(\ln x - \bar{X})^2}{2s^2}\right] \tag{2.76}$$

其中，$\bar{X}$ 是粒径的自然对数的平均值；s 是粒径的自然对数的标准偏差。与正态分布不同，对数正态分布考虑的粒径大于零，但最大的尺寸仍然是无限的。

还有一种描述研磨粉体粒度分布的经验函数是 Rosin – Rammler 方程，该方程经过多次修正。其中一种形式是

$$Q_M(x) = abx^{a-1}\exp(-bx^a) \tag{2.77}$$

其中，$Q_M(x)$ 是尺寸在 x 和 $x+\mathrm{d}x$ 之间的颗粒的质量分数；b 是被检测粉体的经验常数，值为 $0.4 \sim 1.0$。

另一个用于描述碾磨粉体粒度分布的经验分布函数是 Gates – Gaudin – Schuhman 方程：

$$Q_M(x) = a\frac{x^{a-1}}{x_{\max}^a} \tag{2.78}$$

其中，$x_{\max}$ 是最大粒径，是粉体的经验常数。与对数正态分布不同，Gates – Gaudin – Schuhman 方程中的最大粒径为有限值。

2.4.3　晶粒形状

颗粒形状可以影响粉体的流动、填充以及它们与流体的相互作用（例如悬浮液的黏度），一些术语可以表示颗粒形状的性质（例如，球形、等轴、针状、角状、纤维状、树枝状和片状）。但是除了相当简单的几何形状，如球形、立方体或圆柱体，颗粒形状的定量表征

可能相当复杂。晶粒的形状通常用形状因子来描述,形状因子可以表示晶粒与理想化几何形状(例如球形或立方体)的偏差。对于细长颗粒,最常见的形状表示方式是纵横比,其定义为颗粒最长尺寸与最短尺寸的比值。以球体为参考,粉体形状因子的定义为

$$形状因子 = \frac{1}{\psi} = \frac{颗粒的表面积}{具有相同体积的球体的表面积} \tag{2.79}$$

其中,ψ 是球度。

根据式(2.79),球体的形状因子是单位 1,其他形状的形状因子都大于 1(例如,立方体是 $(6/\pi)^{1/3}$ 或 1.24)。但是形状因子(或球度)的使用是模糊的,不同的形状可能具有相同的形状因子。

也可以用形状因子表征颗粒形状。它们涉及测量尺寸 x 和测量的颗粒表面积 A 或体积 V(测量方法将在后面描述):

$$\begin{cases} A = a_A x^2 \\ V = a_V x^3 \end{cases} \tag{2.80}$$

其中,A 是面积形状系数;V 是体积形状系数。根据这个定义,球体的面积和体积形状系数分别为 π 和 $6/\pi$;而对于立方体,面积和体积形状系数分别为 6 和 1。

由于其复杂性,对不规则形状颗粒的形状进行详细量化没有太多实际意义。陶瓷加工的趋势是增加球形或等轴颗粒的含量,因为它们能够使固结体的填充均匀性变得更好。使用这些球形或等轴颗粒,为直接测量颗粒的表面积提供了更有效的方法。

2.4.4 粒度和粒度分布的测量

表 2.11 显示了用于测量粒度和粒度分布的常用方法,以及它们所适用的近似尺寸范围。

表 2.11　测量粒度的常用方法及其适用范围

方法		粒度适用范围 /μm
显微镜法	光学显微镜	> 1
	扫描电子显微镜	> 0.1
	透射电子显微镜	> 0.001
筛分		20 ~ 10 000
沉降		0.1 ~ 100
粒子计数器		0.5 ~ 400
光散射方法	基于散射强度	0.1 ~ 1 000
	基于布朗运动	0.005 ~ 1
X 射线衍射法		< 0.1

1. 显微镜检测法

显微镜检测法是一种相当简单的技术,可以直接测量颗粒尺寸,观察单个颗粒的形状和团聚程度。显微镜检测法通常是陶瓷粉体表征的第一步。光学显微镜可用于粒径小至

1 μm 的情况，而电子显微镜可将范围扩展至 1 nm。制备样品需要将少量粉体添加到液体中以制备稀释的悬浮液。在适当搅拌(例如用超声波探针)后，将一滴悬浮液置于载玻片或显微镜短柱上。蒸发液体留下沉积物，在显微镜下观察。检测时应注意，必须实现颗粒的良好分离。由于测量中使用粉体的量较少，必须确保沉积物在原始粉体中具有代表性。

粒度测量通常根据显微照片来测量，基于一定尺寸范围内的颗粒数量产生粒度分布。检测时需要测量大量颗粒(几百个)，如果手动完成，该方法非常烦琐，显微照片或电子显示器的自动图像分析可以减少工作量。

在显微镜(或显微照片)中看到的颗粒图像是二维的，通过分析二维图像来估计颗粒尺寸。颗粒的代表性二维直径如图 2.44 所示。

①Martin 直径(x_M)，是在颗粒图像区域划分两个方向，可以在任何方向绘制线，但所有测量方向必须与其相同。

②Feret 直径(x_F)，是颗粒两侧的两条切线之间的距离，其中切线方向与某个特定方向平行。

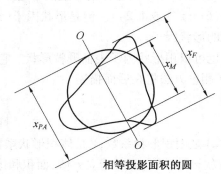

相等投影面积的圆

图 2.44　颗粒的代表性二维直径

③ 投影面积直径(x_{PA})，是与颗粒二维图像面积相同的圆的直径。

④ 圆周直径(x_C)，是圆周与颗粒周长相同的圆的直径。

⑤ 最长维数等于 Feret 直径的最大值。

2. 筛分

使用筛子将颗粒分离成不同粒径范围的颗粒是最原始的分类方法之一，也是应用最广泛的分类方法之一。根据颗粒通过孔径的能力对其进行分类。孔径在 20 μm ~ 10 mm 的筛网是用金属丝网构成的，筛网的大小和相应的孔径大小是确定的。金属丝网有方形孔径，孔径的大小取决于每一线形尺寸上金属丝网的数量和金属丝网的直径。筛网的网孔尺寸等于筛网直线上每英寸的线数，即每英寸的正方形孔径数(图 2.45)。网格数 M、孔径 a、线径 w、开口面积 A 由下式表示：

$$\begin{cases} M = \dfrac{1}{a + w} \\[2mm] a = \dfrac{1}{M} - w \\[2mm] A = \dfrac{a^2}{(a + w)^2} = (Ma)^2 \end{cases} \tag{2.81}$$

例如，一个孔径为 38 μm 的 400 目筛网，其线径为 25.5 μm，开孔面积为 36%。采用特殊金属筛网可将筛分范围扩大至 5 μm 以下，而冲板筛网可将筛分范围扩大至 125 mm 以上。

筛网孔径参照美国标准(ASTM E 11 - 87)和英国标准(BS 410)要求，美国标准的孔径是 $\sqrt[4]{2}$。起初，孔径的确定以 75 μm 为参考值，但目前的国际标准(ISO)以 45 μm 为参考值。

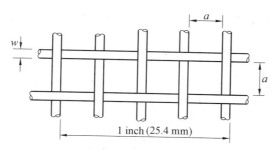

图 2.45　丝网编织的尺寸

筛分可以手动或使用机器,可以在干燥或潮湿状态下进行。目前大多数筛分都是在干燥状态下进行的,筛分机的设计目的是将必要的摇动、旋转或振动运动传递给筛网上的材料。几个筛子堆叠在一起,孔径最大的筛网在顶部,孔径最小的筛网在底部,粉体放在最上面的筛子上。在堆叠的筛网底部放置一个封闭的器皿来收集细粉,在顶部的筛网上放置一个盖子来防止物料的流失。一组筛网通常由 4 到 6 个筛子组成,筛子的大小按 $\sqrt{2}$ 级排列。对堆叠的筛网进行固定时间的振动,测量每个筛上的粉料残留量。对于常规筛分,筛分一般进行 20 ~ 30 min。完整的过程描述请参考美国标准或英国标准。干粉筛分过程中,40 μm 以下粉体的团聚和筛孔的堵塞会引起严重的问题。为了缓解此类问题,可以使用脉冲空气射流来减少堵塞,或使用湿筛进行分离(其中颗粒分散在液体中)。当待测粉体已经悬浮在液体中时,需要用湿筛进行分离。

将颗粒充分分离成其真实尺寸需要相当长的时间。因为筛分时间较长,大多数筛分操作得到的粒度分布都是近似的。然而,这种近似的尺寸表征对于传统陶瓷工业中原材料的选择或验证是非常有用的。对筛分产生的各种组分进行称重,得到了基于质量的颗粒粒度分布。对于细长的颗粒,该方法通常倾向于测量更长方向的颗粒尺寸。对于粒径小于 1 μm 的特种陶瓷粉体,筛分是不可行的。此外,它不能用于清洁粉体,因为筛子上的金属杂质会造成污染。

3. 沉积

在黏性液体中以足够小的速度下落的球形颗粒,很快就会达到一个恒定的速度,称为终端速度,在这个速度下,颗粒的有效质量由液体对其施加的摩擦力来平衡。质点上的摩擦力 F 由 Stokes 定律给出:

$$F = 6\pi\eta av \tag{2.82}$$

式中,η 为液体黏度;a 为颗粒半径;v 为末速度。使 F 与颗粒的有效质量相等,得到

$$x = \left[\frac{18\eta v}{(d_s - d_L)g}\right]^{\frac{1}{2}} \tag{2.83}$$

其中,x 为球体直径;g 为重力加速度;d_s 和 d_L 分别为颗粒密度和液体密度。式(2.83)通常称为 Stokes 方程,但不要与 Stokes 定律相混淆(式(2.82))。因此,可以根据 Stokes 方程,由测量的沉降速率确定球体直径。当测试非球形的颗粒形状时,所测得的颗粒尺寸称为 Stokes 直径(x_{STK})或等效球形直径。

由式(2.83)确定粒径具有有效性范围。Stokes 定律适用于层流或流线流。假设颗

粒之间没有碰撞或相互作用,从层流到湍流的过渡存在某一临界速度 v_c,即

$$v_c = \frac{N_R \eta}{d_1 x} \tag{2.84}$$

其中,N_R 是一个无量纲数,称为雷诺数。当层流值为 0.2 时,层流向湍流过渡,因此有

$$\frac{vdLx}{\eta} < 0.2 \quad (\text{层流}) \tag{2.85a}$$

$$\frac{vdLx}{\eta} > 0.2 \quad (\text{湍流}) \tag{2.85b}$$

将式(2.83)中的 v 代入式(2.85)可以得到层流的最大粒径。对于室温下分散在水中的 Al_2O_3 颗粒,$x_{max} \approx 100\ \mu m$。

对于在重力作用下沉降的足够小的颗粒,与液体分子碰撞产生的布朗运动可能会使颗粒发生可测量的位移。这种效应限制了 1 μm 左右的颗粒在水中的重力沉降。通过离心悬浮液可以实现更快的沉降,从而将尺寸范围扩大到 0.1 μm。

在沉淀法中,粉体为透明液柱顶部的薄层(有时称为双层或线起动技术),也可以均匀分散在液体中(均相悬浮技术)。粒度分布是通过测量悬浮液浓度(或密度)随时间、悬浮液高度的变化来确定的。一束光或一束 X 射线通过含有悬浮体的玻璃单元投射到已知的高度,所发射光束的强度由位于另一侧的光电管或 X 射线检测器测量。由式(2.83)可知,速度较大的颗粒先沉降,然后依次沉降较小的颗粒。透射光束的强度 I 根据公式增大:

$$I = I_0 \exp(-KACy) \tag{2.86}$$

其中,I_0 为入射光束的强度;K 为消光系数常数;A 为单位质量颗粒的投影面积;C 为颗粒质量的浓度;y 为通过悬浮体的光路长度。根据式(2.83),粒度分布(如更细的累积质量百分数 CMPF 相对于 stokes 直径的关系)可以由测量的强度比(I/I_0)进行反推得到。

4. 电感测区技术(粒子计数器)

在粒子计数器中,使悬浮在电解液中的颗粒通过电极浸没在一侧的窄孔中,进而测量颗粒的数量和大小,如图 2.46 所示。当一个颗粒通过孔板时,它会取代等体积的电解质,并引起电阻的变化,其大小与颗粒的体积成正比。电阻的变化被转换成电压脉冲,电压脉冲经过放大和计数,产生悬浮颗粒粒径分布的数据。这种技术能够测量颗粒的数量和体积,颗粒的粒度分布将包括 CNPF(或 CNPL)与体积直径 x_V。

颗粒形状对数据的影响尚存疑问。其粗糙度和材料的性质对颗粒形状分析几乎没有影响,但是有相当多的证据表明测量的尺寸参数对应于颗粒

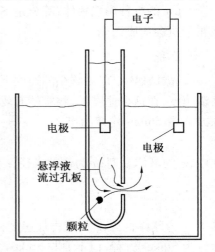

图 2.46　电感测区仪(粒子计数器)

总包络线的尺寸。这项技术适用的致密颗粒大小为 1 ~ 100 μm,随着孔数的增加,范围可以扩展到 0.5 ~ 400 μm。当颗粒尺寸接近孔口直径时最敏感,但大颗粒堵塞孔口是一

个复杂的问题。该技术最初应用于血细胞计数,现已成为陶瓷粉体粒度分析中较为流行的一种方法。

5. 光散射

一束强度为 I_0 的光从烟雾一端进入,从另一端射出的强度 I 小于 I_0。在这种情况下,大部分原因不是烟雾颗粒的吸收(即实际的光消失),事实上,一些光被烟雾颗粒散射到一边,从而从直射光束中消失。在昏暗的房间里,通过观察光柱的侧面,可以很容易地探测到相当大的散射光强度。

对于分散在液体或气体中的微粒系统,反射光强的测量为测定微粒大小数据提供了一种通用而有效的技术。大颗粒倾向于将光线反射回光源,就像本页"背散射"光线反射到读者的眼睛一样。然而,当颗粒的尺寸向光的波长方向减小时,光有更大的趋势向正向散射,即与入射光束方向成小角度(图 2.47)。通过测量这种正向散射光的强度与对应的散射角,便可以根据衍射理论推导出颗粒大小。一般理论具有一定的复杂性,一般认为有三种情况,每种情况对应于一种理论:

①$x \ll \lambda$,Rayleigh 散射理论;

②$x \approx \lambda$,米氏散射理论;

③$x \gg \lambda$,Fraunhofer 衍射理论。

1871 年,Rayleigh 对小颗粒散射进行了第一次定量研究。理论表明,I_s 与颗粒体积的平方成正比。对于较大的颗粒($x \geqslant \lambda$),应用 Fraunhofer 衍射理论,I_s 的分布类似于单缝衍射,其中散射颗粒的大小代替了缝的宽度。在 Fraunhofer 理论中,I_s 与狭缝宽度的平方成正比,因此对于颗粒的散射,I_s 与颗粒的投影面积成正比。根据衍射理论,散射角 θ 与粒径成反比:

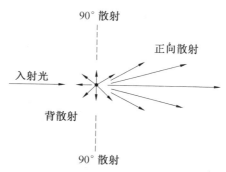

图 2.47 小颗粒正向散射光示意图

$$\sin \theta \approx \frac{1.22\lambda}{x} \qquad (2.87)$$

较小的颗粒散射少量的光,但是根据式(2.87)可知,它们的散射光角度较大。

近年来,由于激光可以提供强的单色光源(如 He − Ne 激光波长为 0.63 μm),且计算机数据分析的成本降低,光散射法已成为一种重要的粒径测量技术。这种方法可以在干燥状态下或者制成稀释悬浮液对粉体进行分析,测量可以准确而迅速地进行。根据夫琅和费衍射理论,仪器的可靠尺寸范围是 2 ~ 100 μm,而使用特殊的光收集系统和米氏散射理论,可以将范围扩展到 0.1 ~ 1 000 μm。

由于与液体分子的碰撞而分散,小于 1 μm 的颗粒在液体中会进行布朗运动。随着温度的升高(碰撞分子动量的增加)和粒径的减小(颗粒一侧与另一侧不匹配的碰撞概率增大,较小的颗粒对不平衡碰撞的响应增强),运动增强。布朗运动导致入射光的散射和平均强度的波动。可以根据光探测器(通常与入射光成直角)记录这些波动,并根据 Stokes −Einstein 方程确定粒径数据:

$$a = \frac{kT}{3\pi\eta D}$$ (2.88)

式中，a 为颗粒半径（假设为球形）；k 为玻耳兹曼常数；T 为绝对温度；η 为液体黏度；D 为扩散系数。这种技术被称为动态光散射或光相关光谱，可用于 5 nm ~ 1 μm 的粒径测量。

6. X 射线衍射线线宽法

X 射线衍射线线宽法为 0.1 μm 以下的颗粒尺寸测量提供了一种便捷的方法。随着晶体尺寸的减小，衍射峰的宽度（或衍射斑的尺寸）增大。衍射峰线宽的近似表达式由 Scherrer 方程给出：

$$x = \frac{C\lambda}{\beta\cos\theta}$$ (2.89)

式中，x 为晶体尺寸；C 为数值常数（约为 0.9）；λ 为 X 射线的波长；β 是峰半高宽（FWHM），以弧度为单位；θ 为峰值的衍射角。

有效线宽是由于仪器和材料残余应力引起的线宽校正后的实测线宽。通过使用具有校准加宽的单晶，可以最精确地确定由于仪器因素而导致的扩展。残余应力来自于样品的冷却或加热过程，由于热膨胀的不均匀或各向异性，样品中的压缩应力或拉伸应力会被滞留在材料中。根据应力的大小和符号，峰值会随着 $\tan\theta$ 的增大而变宽。由于晶体尺寸 x（式（2.89））随着 $\frac{1}{\cos\theta}$ 而变化，残余应力会导致衍射峰有一定宽度。大多数现代衍射仪都配备有计算机软件，通过线展宽技术可以迅速和准确地测定晶体的尺寸。

我们使用术语晶体尺寸来描述 X 射线衍射线线宽法得到的尺寸，这是因为该技术提供了一种测量晶体尺寸的方法，不论颗粒是单晶、多晶还是团聚体。如果主要颗粒由单晶组成，则 X 射线衍射线线宽法确定的晶体尺寸将与电子显微镜等其他方法确定的颗粒尺寸相等。对于多晶原生颗粒或团聚体，该方法比其他方法测定的尺寸要小得多。

2.4.5　表面积

粉体的表面积是很重要的性质，当对颗粒形状和是否存在气孔做出某些假设后，表面积也可用来确定平均粒径。测量表面积的原理是气体吸附现象。吸附在本书中是指气体（吸附物）在固体（吸附剂）自由表面上的冷凝，应与吸收相区别，即气体分子渗透到吸收物中。吸附通常分为以下两类：

① 物理吸附：固体和气体分子之间的物理作用力引起的吸附（性质类似于导致蒸气凝结成液体的弱范德瓦耳斯力）。

② 化学吸附或化学反应：吸附的气体会与表面形成强的化学键。

本节主要讨论物理吸附，这种吸附类型是常用表面积测量技术的基础。

测定表面积时，测量不同气体压力 p 下固定质量固体在固定温度下吸附的气体量。通常，已知体积的气体与粉体接触，气体吸附量根据气体定律并通过气体压力的下降而确定。图 2.48 中绘制了气体吸附量与 p（或 p/p_0，如果气体压力低于饱和蒸气压）的关系图（即等温吸附线 p_0）。等温线中的大多数可以分为五类：Brunauer 等人提出的原始分类的类型 Ⅰ ~ Ⅴ，称为 Brunauer、Emmett 和 Teller（BET）分类，或者简称 Brunauer 分类。

Ⅵ型等温线又称阶梯等温线,是一种比较少见的等温线,但具有特殊的理论意义。在绝大多数情况下,非多孔固体对气体的吸附会产生Ⅱ型等温线。根据这一等温线,可以确定固体的单层容量值,其定义为在固体的单位质量表面形成单层覆盖所需的气体量。根据单层容量,可以计算出固体的比表面积。

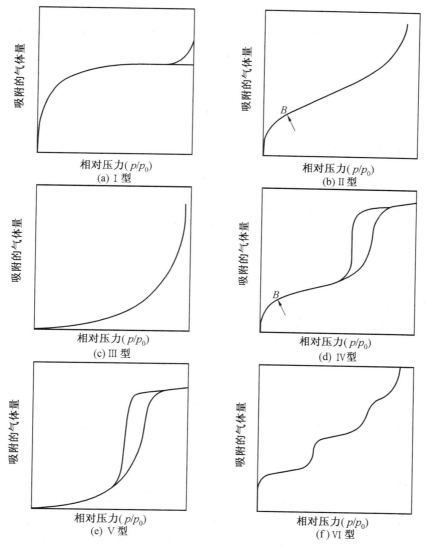

图 2.48 Ⅰ ~ Ⅴ 五类吸附等温线与 Ⅵ 型阶梯等温线

Langmuir 在近一个世纪前提出了吸附动力学模型。若固体表面为吸附位点阵列,假设一种动态平衡状态,在这种状态下,未占据表面的气体分子的凝结速率等于占据表面的气体分子的蒸发速率,因此可分析得出:

$$\frac{V}{V_m} = \frac{bp}{1 + bp} \tag{2.90}$$

其中,V 为气体压力 p 下单位质量固体吸附的气体体积;V_m 为形成单层所需气体体积;b 为经验常数。式(2.90)为单层吸附常见的 Langmuir 吸附方程,符合 Ⅰ 型等温线。

Brunauer 等采用 Langmuir 机理,引入若干简化假设,推导出描述多层吸附(Ⅱ 型等温线)的方程,为表面积测量奠定了基础。这个方程称为 BET 方程,可以用以下形式表示:

$$\frac{p/p_0}{V(1-p-p_0)} = \frac{1}{V_m c} + \frac{c-1}{V_m c}\frac{p}{p_0} \tag{2.91}$$

其中,c 是常数;其他项如前所述。当应用于实验数据时,方程(2.91)左侧相对于 p/p_0 的曲线应该是一条斜率为 s、截距为 i 的直线,即

$$\begin{cases} s = \dfrac{c-1}{V_m c} \\ i = \dfrac{1}{V_m c} \end{cases} \tag{2.92}$$

因此可以得到单层体积 V_m:

$$V_m = \frac{1}{s+i} \tag{2.93}$$

我们可以使用 V_m 来计算固体的比表面积,有

$$S_w = \frac{N_A \sigma V_m}{V_0} \tag{2.94}$$

其中,符号以其最常用的单位表示,其定义如下:

S_w:比表面积,m^2/g;

N_A:阿伏伽德罗常数,$N_A = 6.023 \times 10^{23}\ mol^{-1}$;

σ:吸附气体分子的面积,$\sigma = 16.2 \times 10^{-20}\ m^2$;

V:对于氮单层体积,cm^3/g;

V_0:STP 下 1 mol 气体的体积,$V_0 = 22\ 400\ cm^3/mol$。

将这些值代入式(2.94),对于氮气吸附,有

$$S_w = 4.35 V_m \tag{2.95}$$

假设粉体未凝聚,且颗粒呈球形且致密,则可由方程估算出颗粒大小:

$$x = \frac{6}{S_w d_S} \tag{2.96}$$

其中,d_S 是固体的密度。

BET 方程通常在相对压力(p/p_0)为 0.05 ~ 0.3 时有效,但是在相对压力低于 0.2 时,BET 曲线会偏离线性变化。可以用作吸附剂的气体有很多种,但标准方法是利用氮气,通过在液氮沸点(77 K)的温度下吸附氮气来进行测量。在 Ⅱ 型等温线表面积测定中,使用广泛的吸附剂气体的分子面积为 $\sigma = 16.2 \times 10^{-20}\ m^2$。氩是一种很好的替代品,因为它在化学上是惰性的,它由球对称的单原子分子组成,沸点高于液氮,它的吸附相对容易测量。

2.4.6 颗粒孔隙度

根据合成方法的不同,部分粉体可能是由具有高度多孔性的一级颗粒凝聚而成。通常有必要定量地表征团聚体的孔隙度和孔径分布。对于开孔(即孔隙不是完全与外部表

面隔离的),有两种表征方法:气体吸附法(或称为毛细管冷凝法)和压汞法。较为重要的孔隙特征是孔隙尺寸,主要为直径、半径和宽度。根据孔隙大小(直线或宽度)进行分类,见表2.12,该方法在适用范围方面存在重叠。在中孔范围内,气体冷凝法较适用;而在大孔范围内,水银孔隙度法效果更好。

表 2.12　气孔分类

孔隙类型	尺寸 /nm
微孔	< 2
中孔	2 ~ 50
大孔	> 50

1. 气体吸附

在较低的气体压力(p/p_0 < 0.3)下,吸附气体将在固体表面产生多层覆盖,这是BET方法的基础。在较高的压力下,气体可以在多孔固体的毛细管中凝结成液体,这种凝结可用于确定孔隙大小和孔隙大小分布。当发生冷凝时,等温线(图2.48)在吸附分支和解吸分支之间存在滞后环,这是 Ⅳ 型等温线的特征。

假设圆柱形毛细管半径为 r,发生冷凝时毛细管内的相对气体压力由开尔文方程计算:

$$\ln \frac{p}{p_0} = \frac{-2\gamma_{LV} V_L \cos\theta}{RTr} \tag{2.97}$$

其中,p 是在一个半径为 r 的弯液面上的气体压力;p_0 是平面液体的饱和气体压力;γ_{LV} 是液 – 气界面的表面张力;V_L 是液体的摩尔体积;θ 是液体与孔壁的接触角;R 是气体常数;T 是绝对温度。

从开尔文方程可以得出,弯液面上的蒸气压 p 必须小于 p_0。因此,蒸气与液体的毛细管冷凝应发生在孔隙内部,压力 p 由孔隙半径 r 决定,且小于 p_0。

将开尔文方程应用于 Ⅳ 型等温线的毛细管冷凝部分来测定孔径分布,必须用氮气作为吸附气体。这在很大程度上反映了氮在表面积测量中的广泛应用,从而可以从相同的等温线上获得表面积和孔径分布。如果吸附在固体外表面的气体体积小于吸附在孔隙中的气体体积,则吸附的气体体积 V_g 在转化为液体(凝聚)体积 V_c 时,可得到孔隙体积。V_g 与 V_c 的关系为

$$V_c = \frac{M_w V_g}{\rho_L V_0} \tag{2.98}$$

其中,M_w 为吸附物的分子量;ρ_L 是饱和蒸气压下的上皮化气体密度;V_0 是 STP(22 400 cm³)下的气体摩尔体积。氮气的相关数据为:M_w = 28 g,ρ_L = 0.808 g/cm³,则

$$V_c = 1.547 \times 10^{-3} V_g \tag{2.99}$$

对于液氮沸点处(77 K)的氮气吸附,γ_{LV} = 8.72 × 10⁻³ N/m,V_L = 34.68 × 10⁻⁶ m³,设 θ 为 0°,则式(2.97)可转换为

$$r = \frac{-4.05 \times 10^{-1}}{\log_2(p/p_0)} \tag{2.100}$$

其中,p/p_0 的典型值为 0.5 ~ 0.95。因此,气体吸附适宜于孔径为 1 ~ 20 nm 范围内的孔。

对于等温线上的任何相对压力 p_i/p_0,V_{ci} 给出孔隙半径值相等的孔隙累积体积,其中 V_{ci} 和 r_i 由式(2.99)及式(2.100)确定。孔径分布曲线 $v(r)$ 与 r 的关系是通过对累积孔径体积曲线作关于 r 的微分得到的,即 $v(r) = \mathrm{d}V_c/\mathrm{d}r$。毛细管冷凝发生时,这一分析没有考虑到孔壁已经被气体吸附层所覆盖。因此,毛细管冷凝不直接发生在孔壁,而是发生在孔隙内部。因此,孔隙大小的计算值不包括气体吸附层。

如前所述,Ⅳ 型等温线的一个特征是具有滞后环。环路的确切形状因吸附系统的不同而不同。从图 2.49 可以看出,在任意给定的相对压力下,沿解吸分支的吸附量始终大于沿吸附分支的吸附量。墨水瓶孔是一端封闭、另一端窄颈的圆柱形孔(图 2.50(a)),在解释滞后现象中起着重要作用。由此不难看出,环路的吸附分支对应于体孔半径的值,解吸分支对应于颈孔半径的值。将孔隙表示为窄颈瓶是单一化的,在实践中,还有可能是一系列相互关联的孔隙空间(图 2.50(b)),而不是离散的瓶颈。

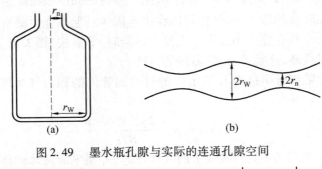

图 2.49　墨水瓶孔隙与实际的连通孔隙空间

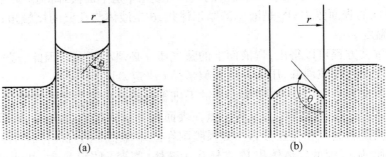

图 2.50　润湿液体与非润湿液体的毛细管上升现象

2. 水银孔隙度测定法

在陶瓷中,由于孔隙尺寸多数较大,因此水银孔隙度测定法比气体吸附法应用更为广泛。该技术是基于毛细管上升现象(图 2.50)。湿润毛细管壁的液体(接触角 < 90°)将沿毛细管壁向上流动,而不湿润毛细管壁(接触角 > 90°)的液体的液位会降低。对于非润湿液体,必须施加压力,迫使液体沿毛细管向上流到储层的水平。对于曲率半径为 r_1 和 r_2 两个正交方向的毛细管,这个压力由 Young 和 Laplace 方程给出:

$$p = -\gamma_{\mathrm{LV}}\left(\frac{1}{r_1} + \frac{1}{r_2}\right)\cos\theta \tag{2.101}$$

其中,γ_{LV} 是液 – 气界面的表面张力。对于半径为 r 的圆柱形毛细管,式(2.101)为

$$p = \frac{-2\gamma_{LV}\cos\theta}{r} \tag{2.102}$$

对于汞，γ_{LV} 和 θ 各自略有不同，取决于其纯度和样品表面的类型。一般取 γ_{LV} 的平均值为 0.480 N/m，θ 的平均值为 140°。p 的单位为 MPa，r 的单位为 μm，则式（2.102）为

$$r = \frac{0.735}{p} \tag{2.103}$$

在压汞法中，样品座部分填充粉体，然后抽真空，再填充水银。进入样品的汞的体积 V_m 是根据关于施加压力 p 的函数来测量的。图 2.51 为该数据模型的一个例子。假设孔隙为圆柱形，累计孔隙体积 V_{mi} 为在施加任意压力值 p_i 处的半径等于或大于 r_i 的所有孔隙的累积体积。这个词的含义与气体吸附相反，在气体吸附中，累积孔隙体积是半径小于或等于 r_i 的孔隙的体积。因此，在压汞法中，累积孔隙体积随 r 增大而减小，而在气体吸附法中，累积孔隙体积随 r 增大而增大。在这两种技术中，孔径分布 $v(r)$ 是通过对累积孔径体积曲线作相对于 r 的微分得到的。孔径分布也可以直接从 V_m 与 p 的数据中得到：

$$v(r) = \frac{\mathrm{d}V_m}{\mathrm{d}p}\frac{p}{r} \tag{2.104}$$

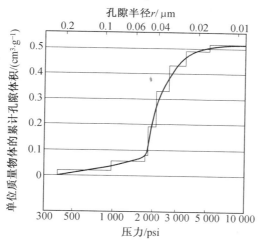

图 2.51　压汞法中单位质量物体的累计孔隙体积随压力的变化

（1 psi = 6.9 kPa）

水银孔隙度计可以测量 5 nm ~ 200 m 的孔隙，当逐渐接近最小测量值时，结果变得越来越不准确。需要注意的是，式（2.102）假设孔隙截面为圆形，实际情况并非如此。此外，对于墨水瓶孔（图 2.49）或瓶颈收缩的大孔，式（2.102）给出了瓶颈尺寸的度量，但并不能真正反映实际的孔隙大小。这些类型的孔隙也会产生滞后现象，因为它们以颈部尺寸压力特征来填充，但以体积更大的孔隙尺寸压力特征来排空。本方法假设水银和多孔试样的压缩率与施加的压力无关，但在孔隙尺寸范围的较低端，在相当高的压力下，情况并非如此。

3. 比重瓶测定法

比重瓶测定法可用来测定颗粒中的孤立孔隙度 d_a，即

$$d_a = \frac{固体质量}{固体体积 + 孤立孔隙体积} \qquad (2.105)$$

在实际应用中,测量粒子的表观密度 d_a。如果 d_t 是粒子的理论密度(即无孔固体的密度),孤立孔隙度等于 $1 - d_a/d_t$。通常,d_t 可从物理和化学数据手册中获得。对于晶体材料,d_t 也可以从 X 射线衍射确定的晶体结构和晶格尺寸中得到。

对于较粗的粉体(粒径 > 10 μm),使用液体比重计。将校准的瓶子称重(质量 m_0),加入粉体(总质量 m_1);然后加入已知密度的液体 d_L(总质量 m_2);称量装有液体的比重瓶(质量 m_3)。则粒子 d_a 的表观密度为

$$d_a = \frac{m_1 - m_0}{(m_3 - m_0) - (m_2 - m_1)}(d_L - d_{air}) + d_{air} \qquad (2.106)$$

其中,d_{air} 是空气密度。注意液体对颗粒表面应有良好的润湿作用,并通过煮沸液体的方法去除残留的空气。

氦气比重法通常用于粒度为 10 μm 以下的粉体。氦分子微小的体积使它能够穿过非常细的孔。固体所占的体积是由排出的气体的体积来计算的,根据所使用粉体的质量和所测气体体积计算表观密度。

第3章　陶瓷粉体的成型

本章介绍了常用的陶瓷粉体固结／成型方法。由于坯体的微观结构对烧结过程有显著影响,如果坯体的堆积密度发生严重变化,烧结后的坯体通常会存在异质性等问题,这将限制产品的性能。粉体颗粒在坯体中的均匀填充是固结步骤的理想目标。由于堆积密度控制了烧成过程中的收缩量,因此达到较高的堆积密度也是有重要作用的。几何颗粒填充的概念有助于我们理解固结粉体的结构是如何形成的。一个很重要的考量是调整固结过程的参数可以在多大程度上控制填料的均匀性和提高坯体的密度。

用球形、细小、单分散颗粒的完全稳定的胶体悬浮液生产具有均匀微观结构的坯体尚未被应用到需要大规模生产、考虑制造成本的工业生产中。然而,胶体技术在低成本的注浆成型和带式成型方法中,以及在较不常用的电泳沉积和溶胶－凝胶方法中能够发挥重要作用。

干燥或半干燥粉体在模具中机械压实是陶瓷工业中应用最广泛的成型工艺之一。一般情况下,由于颗粒与模具壁之间以及颗粒自身之间的摩擦,所施加的压力不会均匀传递。应力的变化导致坯体的密度发生变化,从而对填料的均匀程度造成了相当大的限制。虽然等静压法可以显著降低密度的不均匀分布,但机械压实对坯体微观组织的控制远不如铸造法。

通过压模嘴或模具对陶瓷粉体和填料的混合物进行塑性变形的塑性成型方法,为陶瓷坯体的大批量生产提供了一条方便的途径。挤压成型在传统陶瓷工业中应用广泛,在先进陶瓷工业中应用较少。注塑成型是近年来研究的热点,但在工业陶瓷的成型方面还没有取得重大进展。

常用陶瓷成型方法的原料和坯体形状见表3.1。使用的具体方法将取决于每一种情况下坯体的形状和大小以及制造成本。最近,人们对一种被称为固体自由成型的成型方法产生了相当大的兴趣,这种方法是用计算机辅助技术来成型的。

表 3.1　常用陶瓷成型方法的原料和坯体形状

成型方法	进料	坯体形状
干压或半干压及模压成型	粉体或自由流动颗粒	小且简单的形状
等静压法	粉体或易碎颗粒	大而复杂的形状
注浆成型	低黏结剂含量的自流浆	薄而复杂的形状
流延成型	高黏结剂含量的自流浆	薄片
塑性坯料挤压变形	粉体和黏结剂溶液的湿混合物	截面均匀的细长形状
注射成型	粉体和固体黏结剂的颗粒混合物	小而复杂的形状

　　填料(本质上通常为聚合物)在坯体的生产中起重要作用。在许多情况下,填料的选择对成型过程至关重要,但在烧结前,填料必须从坯体中去除。

　　对于使用大量填料的带式成型和注塑成型等固结技术,去除黏结剂可能是整个制造过程中具有重要影响的步骤之一。

3.1　颗粒的堆积排列

　　颗粒的排列一般分为两类:常规(或有序)排列和随机排列。陶瓷成型方法中通常会产生随机排列的粉体颗粒,但有时也会有常规排列的粉体颗粒,其排布方式与晶体结构相似。可以从多个角度来表征颗粒的排列,但其中两个应用最广泛的是堆积密度和配位数。

　　① 堆积密度,也称为堆积分数或固体部分含量,定义为

$$堆积密度 = \frac{固体体积}{堆积排列总体积(固体 + 空隙)} \tag{3.1}$$

　　② 配位数,即与任何给定粒子接触的粒子数。

　　堆积密度是一种很容易测量的参数,可以很好地体现粉体的排布结构。

3.1.1　单一尺寸球规整堆积排列

　　读者应该比较熟悉晶体中原子的排列,以及常见的规则、重复的三维模型,如简单立方、体心立方、面心立方和密排六方结构。这些纯金属常用晶体结构的堆积密度和配位数见表 3.2。

表 3.2　纯金属常用晶体结构的堆积密度和配位数

晶体结构	堆积密度	配位数
简单立方	0.524	6
体心立方	0.680	8
面心立方	0.740	12
密排六方	0.740	12

　　为了建立粉体颗粒的三维堆积模型,我们可以分步构建:先在二维平面中将球体排布形成层;再将各层叠加在一起成为三维模型。图 3.1 所示为两种单层球体的规则排列方式,其中行之间形成的夹角有 90°(即正方形)和 60°(即简单的菱形或三角形)两种值。虽然在这两个值之间会有不同交角的其他类型的层,但是这里只考虑正方形和简单的菱形。将每种类型的层叠在一起可以形成六种堆积方式,但仔细分析就会发现,忽略空间取向的差异,正方形层的两种堆叠方式与简单菱形层的两种堆叠方式是相同的,因此只有四种不同的常规堆积方式,如图 3.2 所示。这些方式的堆积密度和配位数见表 3.3。

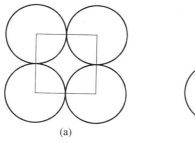 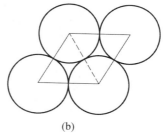

(a)   (b)

图 3.1   两种单层球体的规则排列方式

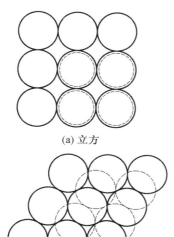 

(a) 立方   (b) 斜方

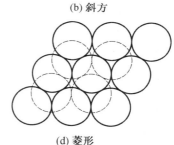

(c) 正方楔形   (d) 菱形

图 3.2   单一粒径球体的四种堆积方式

表 3.3   单一粒径球体常规堆积的堆积密度及配位数

堆积方式	堆积密度	配位数
立方	0.524	6
斜方	0.605	8
正方楔形	0.698	10
菱形	0.740	12

    菱形堆积方式是最稳定的,具有最高的堆积密度。但即使采用相当特殊的固结工艺,这种致密的堆积也只能在坯体的很小区域(称为域)内实现。这些区域通过无序的边界彼此分离,就像多晶材料的晶粒显微组织一样。如图 3.3 所示,坯体烧结时可能出现的一个问题:域边界处出现裂纹样空隙。常用的陶瓷成型方法在坯体中的堆积排列更加随机。

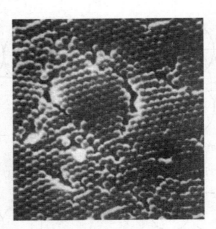

图 3.3　周期性填充的多层聚合物球的部分致密化

3.1.2　颗粒的随机堆积排列

如果粉体被倒进一个容器中,然后通过振动使其中颗粒稳定下来,若是堆积排列达到最高堆积密度(或最小孔隙率)的状态,称为密集随机堆积;若只是将粉体倒入容器中,其中颗粒没有重新排列或沉降达到能量较低的状态,此时产生的堆积排列称为松散随机堆积。在这两个极限之间可能存在无数种堆积方式。粉体在浇注和振动后的堆积密度通常分别称为浇注密度和振实密度。

1.单粒度颗粒

可以利用容器中球形颗粒的振动情况来研究单一粒径颗粒的致密随机填充问题。堆积密度的上限始终为 0.635 ~ 0.640,其计算机模拟结果为 0.637。预测单一尺寸颗粒的最大堆积密度与尺寸无关,并通过实验验证了该预测。对于单一尺寸颗粒的松散随机填充,理论模拟和实验给出的堆积密度为 0.57 ~ 0.61。

在单一粒径颗粒密集随机堆积的情况下,计算表明堆积密度的波动在距离任意给定颗粒球体中心三倍直径距离以外变得微弱。由于在如此小的尺度上存在密度波动,在生坯烧结过程中实现均匀致密化。因此,从制造的角度来看,对于这种只能在非常小的区域内实现晶体状颗粒原料致密化的生产,可能根本没有实际生产意义。

用于陶瓷工业生产的粉体很少有球形颗粒,颗粒的表面也很少光滑。具有粗糙表面纹理或形状的颗粒由于颗粒间摩擦的增加而发生团聚,非球形颗粒会使堆积密度降低。图 3.4 为随机填充的单粒度颗粒的堆积密度与相对圆度的关系。当需要较高的堆积密度时,通常需要制成球形颗粒。

然而如果颗粒具有规则的几何形状,使用非球形颗粒并不总是会导致堆积密度的降低,球体和具有简单等轴形状的颗粒(如立方体)可获得最高的堆积密度和各向同性结构。各向异性颗粒在有序的情况下可以达到较高的堆积密度,而在随机填充中,堆积密度很低。表 3.4 所示为不同颗粒形状的堆积密度。

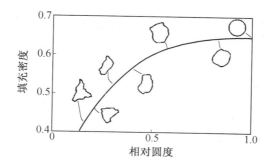

图 3.4 随机填充的单粒度颗粒的堆积密度与相对圆度的关系

表 3.4 不同颗粒形状的堆积密度

颗粒形状	长径比	堆积密度
球	1	0.64
多维数据集	1	0.75
矩形	2：5：10	0.51
板	1：4：4	0.67
板	1：8：8	0.59
油缸	5	0.52
油缸	15	0.28
油缸	60	0.09
磁盘	0.5	0.63
四面体	1	0.5

2. 球体的二元混合物

通过填充比原结构小的球体来增加随机致密填充体中球体排列的堆积密度（图 3.5(a)）。对于这种二元球体混合物的随机填充,堆积密度是球体直径与大（或小）球体在混合物中比例的函数。

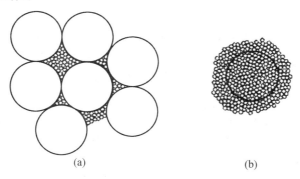

(a)   (b)

图 3.5 使堆积密度增加的两种方法

通过在隙孔中填充大量的微细球体,可以最大限度地提高二元混合物的堆积密度。

以随机密集填充的大(粗)球集合体为初始情况,当我们添加微细球体时,混合物的堆积密度沿图3.6中的CR线增加。当大球体之间的间隙被细球体随机填充至致密时,将达到一个临界值。进一步增加微细球体只会扩大大球的排列,导致堆积密度降低。假设随机致密填充体堆积密度为0.637,则大球体骨架中孔隙体积分数为1 - 0.637,即0.363。在二元混合物的最大堆积密度下,填充间隙孔的是大量的细小球体,堆积密度为随机分布。因此,最大堆积密度为0.637 + 0.363 × 0.637 = 0.868。大球和小球的体积分数分别为0.637 和 0.868 - 0.637。因此,大球体在二元混合物中的比例(质量或体积)为0.637 ÷ 0.868 = 0.734。

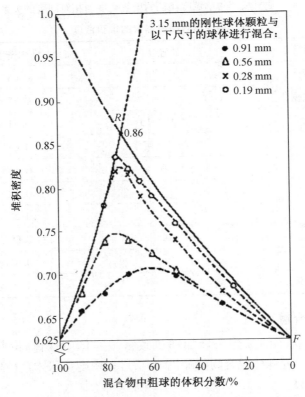

图3.6　在二元填充的情况下球体堆积密度与混合物组成的函数关系

　　另一种方法是用大球体代替部分细球及其间隙孔,增加随机致密填充体中细球集合体的堆积密度(图3.5(b))。在这种情况下,混合物的堆积密度将沿图3.6中的FR线增加。两曲线CR和FR在R处的交点表示最优填充状态。图3.6还显示了由不同粒径比的球形刚性颗粒组成的二元混合物的实验数据(对于单一粒径球体的致密随机填充,McGeary假设堆积密度为0.625)。随着大球体直径与小球体直径之比的增大,数据越来越接近理论曲线。图3.7更清楚地说明了这一点,它显示了二元混合物随机密集填充时的堆积密度。堆积密度随着粒径比的增加而有所增大,当粒径比增大到15时,堆积密度基本不变了。当粒径比约为7时,堆积密度表现出明显的变化,对应的情况是一个小颗粒刚好填满大颗粒之间的空隙。

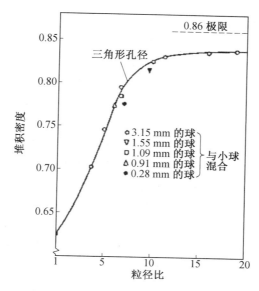

图 3.7　粒径比对二元混合粉体最大堆积密度的影响

　　球体二元混合物的填充也通常用固体单位体积所占的表观体积(固相和孔隙的总体积)来表示。表观体积定义为

$$V_a = \frac{1}{1 - P} \tag{3.2}$$

其中，P 为空隙的体积分数(即孔隙率)。

　　如图 3.8 所示，曲线 CRF 为二元混合物填充的理论曲线，其中大球体的尺寸远大于小球体的尺寸。

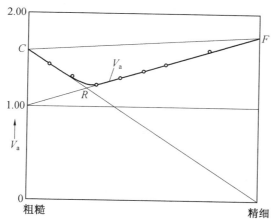

图 3.8　按单位体积固相所占表观体积绘制的球体二元填充图

　　我们不用大量的微小球体填充大球体之间的空隙，而是用另一种方法，即在每个孔中插入一个直径尽可能大的球体。计算机模拟表明单一粒度且随机密集填充的二元混合物的最大堆积密度是 0.763。这个值小于之前用大量的细球体填充空隙得到的最大堆积密度(0.868)，但它可能是一个更真实的填充粉体混合物堆积密度的上限值。

3. 非球形粒子的二元混合物

不同粒径的非球形颗粒的混合也会导致堆积密度的增加,但堆积密度一般低于球形颗粒的密度。颗粒表面粗糙度、形状不规则度和纵横比越大,堆积密度越低。与球形颗粒的情况一样,非球形颗粒混合物的堆积密度随着两种粉体粒径比的增加而增加,并且依赖于组成(即大颗粒和小颗粒的比例)。有最大堆积密度的组成物对颗粒形状很敏感。

用 Milewski 方法对圆柱形杆和球形颗粒组成的混合物填料进行实验研究。研究结果为陶瓷基复合材料制备中控制短单晶纤维、晶须(如碳化硅和氮化硅)和粉体(如氧化铝)的堆积情况提供了有益的见解。填充均匀性和高致密度仍然是我们对陶瓷复合材料的基本要求。我们需要使晶须均匀分布,并消除复合材料中的大空隙。

如图 3.9 所示,实验表明短纤维的堆积密度非常低,堆积密度随着长径比的增大而减小。高长径比(50 ~ 100)的晶须容易缠结,形成束状或松散团块,导致陶瓷复合材料中晶须的分布较差,而且晶须之间的空隙较大。因此,高长径比晶须没有应用于陶瓷复合材料的生产。在 Milewski 的实验中,圆柱形杆和球形颗粒的填充结果见表3.5。参数 R 表示粒子的直径与杆的直径之比。晶须体积分数低、长径比低且比基体粉体的粒径小,可以促进混合料的高效填充。

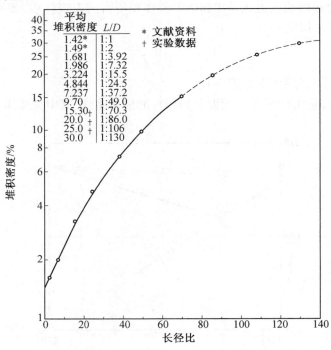

图 3.9　不同长径比(L/D)纤维的填充曲线

对于晶须增强陶瓷复合材料,理论模型和实验研究都表明,晶须长径比大于 15 时,其力学性能几乎没有提高。长径比小于 20 的晶须容易流动,表现出接近粉体的行为。因此,制备陶瓷复合材料的合适晶须长径比为 15 ~ 20。然而,大多数商用晶须的长径比比这个值大。生产中通常采用球磨机来降低长径比。为了更精确地控制长径比,可以对晶须进行球磨和分离处理,来生产特定长径比的晶须。晶须与基体粉体的良好混合是通过数小时的球磨或胶体分散技术实现的。

表 3.5 纤维球填料在纤维占比分别为 25%、50% 和 75% 时复合材料的堆积密度

纤维 L/D	纤维 占比/%	R 值									
		0	0.11	0.45	0.94	1.95	3.71	6.96	14.30	17.40	∞
3.91	25	68.5	68.5	65.4	61.7	61.0	64.5	70.0	74.6	76.4	82.0
	50	76.4	74.6	67.2	61.7	60.2	64.1	67.5	72.5	74.5	75.7
	75	78.2	69.5	64.5	61.0	59.5	62.5	64.4	66.7	67.2	67.1
7.31	25	68.5	68.5	64.5	61.0	58.5	59.9	64.5	73.5	74.6	80.6
	50	76.4	71.4	67.5	58.8	55.5	56.6	58.8	65.4	67.1	67.1
	75	66.3	61.7	60.0	55.0	52.8	53.5	54.6	57.2	58.2	57.4
15.52	25	68.5	66.7	63.7	59.9	54.6	50.3	50.5	54.1	57.5	65.0
	50	61.7	55.6	51.8	50.7	45.5	42.0	42.4	44.3	44.3	48.1
	75	41.0	40.4	37.9	38.2	37.3	35.7	35.5	36.0	36.8	38.2
24.50	25	68.5	66.5[a]	61.5[a]	55.5[a]	47.5	45.5	40.2	42.7	44.7	50.5
	50	40.0	39.0[a]	38.0[a]	36.0[a]	34.0[a]	32.7	30.3	31.8	31.8	33.5
	75	26.4	26.3[a]	26.2[a]	25.8[a]	25.5[a]	25.2	24.3	25.0	25.6	26.2
37.10	25	50.0	48.0[a]	45.0[a]	42.0[a]	39.4	37.7	33.8	33.1	39.2	41.3
	50	25.7						22.6	22.6	22.6	25.6
	75										

注:a 为估计值。

4. 三元及多元混合物

加入三元混合物、四元混合物等方法可以进一步提高球体的堆积密度。例如,如果二元混合物(堆积密度为 0.868)的每个间隙孔中填充了大量的高密度随机填料的极细球体,则其最大堆积密度为 0.952。采用相同的方法,四元混合物的最大堆积密度为 0.983。按照这种填充方案,McGeary 的实验得到了振动压实的三元混合料,其堆积密度为 0.90,四元混合料的堆积密度为 0.95。

在实际应用中,除了三元混合物外,其他多元混合物对堆积密度几乎没有影响,这是因为无法定位到更细颗粒的理想位置而使堆积密度最大化。随着混合料中尺寸类型数量的增加,可能会出现其他实际问题。如前所述,最优填充的粒径比至少为 7。三元混合物中细小、中型和大型粒子的尺寸通常为 1 μm、7 μm 和 49 μm,但生产尺寸差别如此之大的特种陶瓷粉体是很困难的。

虽然三元或四元混合物的重要程度不及粒径分布较广的粉体,但坯体的填料均匀性问题仍然需要认真考虑。这种方法的成功要满足两个条件。首先,必须通过机械或胶体方法使粉体组分均匀混合;其次,混合物必须成型以产生均匀的生坯。这样最终可以得到

一个小气孔均匀分布，大气孔被消除的坯体。

5. 粒径连续分布

大多数用于陶瓷制造的粉体在最小和最大尺寸之间具有连续的粒度分布。对于粒径离散的混合物，只要颗粒的粒径相差很大，堆积密度就会随着混合物中组分的增加而增大。将这一概念推广到连续分布，可知宽粒径分布比窄粒径分布具有更高的堆积密度。

最佳堆积密度的粒径分布问题已引起人们的广泛关注。图 3.10 所示为粒径呈对数正态分布的颗粒填充结果。随着分布标准偏差 S 的增大（即随着粒径分布的增大而增大），粒径分布较广的情况可以达到较高的数值。图 3.10 中的数据可以用下式中的方程近似，即

$$堆积密度 = a - \frac{b}{S} \tag{3.3}$$

其中，a 和 b 是与给定粉体有关的常数。对于球形的铅玻璃珠（球度 F = 1），$a = 0.96$，等于 Bierwagen 和 Saunders 的预测值。此外还存在颗粒形状效应，如下列数据所示，对于越不规则的颗粒，其堆积密度越小。

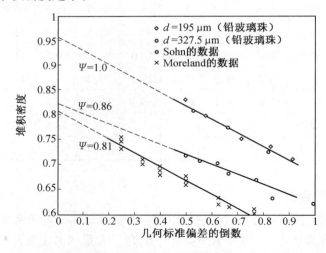

图 3.10　堆积密度与对数正态分布粒子标准差的倒数关系图

Furnas 使用了大小相差 1.414 倍的离散颗粒（筛分产生），当相邻两个组分的体积分数相差 1.1 倍时，得到了最佳堆积密度。尽管是基于离散粒度分布，但 Furnas 的工作提供了粒度分布曲线形状的初步估计，从而给出了最佳的填充。大约在同一时间，Andreasen 开发了一种基于连续粒径分布的颗粒填充方法。在这种方法中，当粒径分布可以用一个通常称为 Andreasen 方程的幂律方程来描述时，即为最优填充：

$$W = \left(\frac{D}{D_{L}}\right)^{n} \tag{3.4}$$

其中，W 是比粒径；D 为细的粒子的累积质量分数；D_{L} 是分布中最大的粒径；n 是拟合实验粒径分布的经验常数。

通过对许多粒径分布的实验研究，Andreasen 得出结论，当 n 的值为 1/3 ~ 1/2 时，堆

积密度最高。

Andreasen方程假设D_L以下的粒子都存在,包括无限小的粒子。Dinger 和 Funk 对方程进行了修正,考虑了最小粒径D_S有限分布的更真实情况:

$$W = \frac{D^n - D_S^n}{D_L^n - D_S^n} \qquad (3.5)$$

其中,指数n和 Andreasen 方程中的指数n相同。

混合具有连续粒径分布的粉体可以提高堆积密度。一般来说,两种粒径分布应该相差很大,较小粉体的粒径分布应该比较大粉体宽。对于堆积密度已经很高的较宽粒径分布,其与一种分布混合后几乎没有变化。

如果粉体具有宽的粒径分布,坯体可以达到很高的堆积密度。然而,堆积密度本身是预测烧结过程中致密化行为和微观结构演化的一个次要参数。对于特种陶瓷来说,一个更重要的考虑因素是填料的均匀性,或者说,是坯体中密度发生波动的空间尺度。计算机模拟表明,随着粒径分布宽度的增大,发生密度波动的尺度也增大(图3.11)。正是这种密度波动的增加导致了烧结阶段的许多问题。

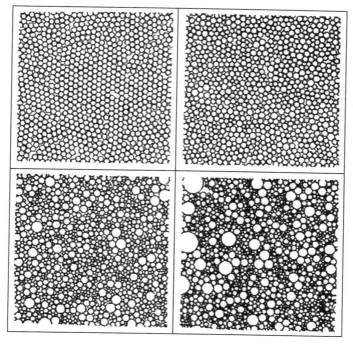

图3.11　多尺寸球的四种典型填料方式

具有宽粒径分布的粉体能按照所需来分级。一种方法是使用胶体技术来分散粉体,并通过沉降去除硬团聚体和大颗粒。然后,将上清液移入其他容器并筛分成各种大小的颗粒。尽管在许多情况下,这种方法的工业生产成本可能较高,但从图3.12可以看出,该方法可以显著改善粉体的填充均匀性。未分级粉体中有较大的团聚体,产生的区域填料非常不均匀;而分级粉体具有较高的堆积密度,填料均匀。

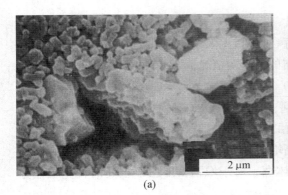
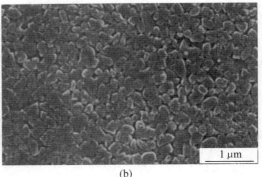

图 3.12   氧化铝粉体和经水中沉降分级后的粉体

3.2   添加剂及陶瓷成型

在陶瓷成型过程中使用的某些添加剂,有时使用量仅为总质量的千分之一,但对于控制原料的特性、达到所需的形状和控制坯体的填充均匀性来说,却可以产生至关重要的作用。在带式铸造、注塑等方法中,选择合适的添加剂是成型过程中最重要的步骤之一。添加剂的组成可以是有机的,也可以是无机的。有机添加剂可以是合成的,也可以是天然的,由于它们在烧结前几乎可以被完全去除(例如通过热解),残留添加剂可以使最终产物的微观结构缺陷在很大程度上被消除,因此,在特种陶瓷的成型中有更大的用途。有机添加剂也可以由多种成分合成,它们可以提供大量的化学物质。

在专业领域,无机添加剂一般不能在成型后去除;在生产应用中,特别是在传统陶瓷工业中,残留物对最终产物的性能没有不利影响。

添加剂具有多种特殊的功能,可分为四大类:溶剂、分散剂(也称为反凝剂)、黏结剂、增塑剂。有些成型方法可能还需要使用其他添加剂,如润滑剂和润湿剂。在成型过程中可以制定特定工艺中添加剂选择的化学原理和实用指南。然而,由于可利用的化学物质种类繁多,且化学结构和过程机理的知识还不完全,通常没有简单的方法为给定的体系选择添加剂。大多数有效的添加剂都是通过反复实验的方法找到的。

在陶瓷加工中使用的有机添加剂是本节的主题,文中描述了其化学原理和应用,综合讨论了有机黏结剂和助剂的一些应用和作用原理。

3.2.1   溶剂

液体有两大功能:
① 在成型过程中为粉体提供流动介质。
② 作为添加剂溶解在将要加入的粉体中,从而提供一种使添加剂均匀分散在粉体中的方法。

溶剂的选择主要涉及水和有机液体之间的选择。有机溶剂的气压普遍高于水,蒸发潜热较低,沸点较低,表面张力较低,这在很大程度上是由于水分子的氢键较强(表 3.6)。几种常见的有机溶剂的黏度也比水低。对于一个给定的体系,液体的实际选择通常需要从以下几个方面综合考虑:①溶解其他添加剂的能力;②蒸发率;③湿粉的能力;④黏度;⑤对粉体的反应性;⑥安全;⑦成本。

表3.6　液体在20 ℃ 的物理性质(适用)

液体	密度/(g·cm⁻³)	介电常数	表面张力/(10⁻³ N·m⁻³)	黏度/(10⁻³Pa·s)	汽化潜热/(kJ·g⁻¹)	沸点/℃	燃点/℃
水	1.0	80	73	1.0	2.26	100.0	
甲醇	0.789	33	23	0.6	1.10	64.6	18
乙醇	0.789	24	23	1.2	0.86	78.4	20
异丙醇	0.785	18	22	2.4	0.58	82.3	21
丙酮	0.781	21	25	0.3	0.55	56.0	− 17
甲基乙基酮	0.805	18	25	0.4	0.44	80	− 1
甲苯	0.867	2.4	29	0.6	0.35	111	3
二甲苯(邻位)	0.881	2	28	0.7	0.33	140	32
三氯乙烯	1.456	3	25	0.4	0.24	87	
正己烷	0.659	1.9	18	0.3	0.35	68.7	− 23
环己酮	0.947	18	35	0.8	0.43	155	46
溶剂油	0.752					179 ~ 210	57

一般来说,如果这些化学物质具有类似的官能团,那么它们在液体中的溶解度就会提高,比如含有 —OH 基团的聚乙烯醇和水,或具有类似极性的分子(聚乙烯醇和乙醇)。蒸发速率是工业带式成型中的一个重要因素,在工业带式生产过程中,需要对带进行连续的成型、干燥、剥离、卷取等工序。快速干燥溶剂(如甲苯和甲基乙基酮)通常用于带式成型(特别是厚带)。薄带有时要用水。液体的蒸发速率是由其蒸发潜热决定的,沸点可以作为大致参考。为了控制溶解性和蒸发速率,有时会在带式成型中使用不同溶剂的混合物。

将接触角为 0° 的情况定义为固体被液体润湿,有

$$\cos \theta = \frac{\gamma_{SV} - \gamma_{SL}}{\gamma_{LV}} \tag{3.6}$$

其中,γ_{SV}、γ_{SL}、γ_{LV} 分别为固 - 气、固 - 液和液 - 气界面的表面张力。根据上式,在实际生产中,可以通过将 γ_{LV} 降低(如果 γ_{SL} 不变)来得到良好的润湿性(低接触角)。我们常通过使用有机溶剂(使 γ_{LV} 降低)或通过向水中添加表面活性剂(或润湿剂)来降低其表面张力。润湿不足会导致磨碎过程中液体起泡、悬浮黏度增加等不良影响。水的表面张力较大,使得气泡更难以逃逸到表面,因此与有机液体(如甲苯)相比,以水为基体的浆料在碾磨过程中更容易起泡。困住的气泡会使坯体产生缺陷。通过上述方法减小 γ_{LV} 可以缓解这个问题。

水具有较高的黏度,易在氧化物粉体表面与羟基形成氢键,这往往会加剧颗粒浓度对悬浮黏度的影响。其结果与使用有机溶剂(如甲苯)相比,如果使悬浮液的黏度保持在可接受范围内,固体的体积分数便需要减小。对于以水为基体的浆料,之前已经有了一些方

法来改善这种情况，但是相对而言，还是有机液体更容易实现重复生产。

许多粉体（如 $BaTiO_3$、AlN 和 Si_3N_4）的表面都可能受到水的化学侵蚀，导致其成分和性质发生变化。对于这些粉体，建议使用有机溶剂，因为减少化学物质在水中侵蚀的方法（如涂较薄的保护涂层）目前价格昂贵且效果不是很好；另一种防止 AlN 在水介质中化学侵蚀的方法是将 pH 控制在 6 左右，但尚不清楚该方法是否可以广泛应用。

考虑到安全性、成本和废物处理等问题，水比有机溶剂有更明显的优势。尽管上面讲了水的缺点，但有机溶剂的毒性和处理问题使我们更多地使用水溶剂。两个主要的安全问题是易燃性和毒性。一个常用的可燃性指标是燃点，在燃点温度会产生大量的蒸气，有时一个已经存在的火苗就能够引起火灾。带式成型常用的甲苯、甲基乙酮等有机溶剂的燃点很低（表 3.6），因此必须采取预防措施，避免发生爆炸。许多用于陶瓷成型的有机液体是有毒的。人类如何安全接触这些化学品和废物处理等问题都很重要。三氯乙烯或三氯乙烯与乙醇的混合物对多种有机添加剂都具有良好的溶解性，在带式成型工业中得到了广泛的应用，但其具有可燃性。而另两种广泛用于带式成型的溶剂 —— 三氯乙烯和二甲苯也有可能是致癌物质。

3.2.2　分散剂

分散剂也称为反絮凝剂，通过增加颗粒间的斥力来稳定浆体，防止絮凝。虽然每次添加的分散剂含量很小，但它可以发挥关键作用。控制胶体悬浮液稳定的原理为静电稳定、动力学稳定和溶剂化稳定。本节主要介绍分散剂的主要类型以及它们发挥作用的相关原理。

分散剂的化学成分范围很广，根据分散剂的化学结构，将分散剂分为以下三类：
① 简单离子和分子；
② 具有功能性基团（首端或末端）的短链聚合物，通常称为表面活性剂；
③ 低到中等分子量的聚合物。

1. 简单无机离子和分子

由简单离子和分子组成的分散剂可以在水溶剂中发挥作用。它们是由溶解的无机化合物（如盐、酸和碱）电离形成的，通常称为电解质。例如，用于黏土的硅酸钠（Na_2SiO_3）、焦磷酸四钠（$Na_4P_2O_7$）、六偏磷酸钠（$Na_6P_6O_{18}$）、碳酸钠（Na_2CO_3）和用于氧化物的盐酸（HCl）。

当添加分散剂后，颗粒表面会吸附离子，从而在颗粒表面形成一层离子层，这样整个体系便可以借由离子之间的静电斥力来达到稳定。粒子之间的排斥力由离子的化合价和半径来决定，所以离子的化合价和半径可以影响体系的稳定性。价高的离子的分散效果更差，而对于价电子相同的离子，半径较小的离子更差。对于单价阳离子，分散效果为 $Li^+ < Na^+ < K^+ < NH_4^+$；对于二价阳离子，分散效果为 $Mg^{2+} < Ca^{2+} < Sr^{2+} < Ba^{2+}$，这个序列称为 Hofmeister 序列。对于普通阴离子，分散效果为 $SO_4^{2-} < Cl^- < NO_3^-$。

水玻璃是黏土最有效的分散剂之一。如图 3.13 所示，黏土颗粒表面常常会出现二价钙离子（或 Mg^{2+}），而如果用一价钠离子代替二价钙离子，可以减少表面电荷的屏蔽，从而增强黏土颗粒之间的排斥力。对于必须满足特定性能要求的特种陶瓷，无机分散剂的使用可能会留下残余离子(如钠或磷酸盐),即使在非常小的浓度下也会导致烧结过程中液相的形成,从而使微观结构控制更加困难。

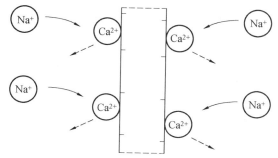

图 3.13 硅酸钠稳定黏土颗粒的示意图

2. 具有功能性头基的短链聚合物(表面活性剂)

表面活性剂包含一个短链的有机尾部(包含 50 ~ 100 个碳原子)和一个非离子或离子性质的功能性头基(图 3.14(a))。对于非离子表面活性剂,头基可能是极性的,但不会电离产生电荷,因此非离子表面活性剂在有机溶剂中通常是有效果的。粒子表面的吸附是由于范德瓦耳斯引力或更强的配位键,如图 3.14(b) 所示。使用路易斯酸碱概念,具有未共用电子对的表面活性剂官能团中的原子(如 N 或 O)可以作为路易斯碱,可以与具有不完整电子壳层的粒子(路易斯酸) 表面上的原子(如 Al)形成配位键。稳定化最可能在空间斥力的作用下发生在有机溶剂中伸出的有机尾端或胶束之间,如图 3.14(c) 和 3.14(d) 所示。图 3.15 所示为一些常见的非离子表面活性剂。此外,鲱鱼鱼油是一种广泛使用的分散剂,用来分散 Al_2O_3、$BaTiO_3$ 和其他几种氧化物。它由几种短链脂肪酸组成,烷基链上含有一些 CBC 双键,官能团末端为羧酸(—COOH)。聚异丁烯丁二酰胺(OLOA - 1200)是有机溶剂中常用于分散碳颗粒的溶剂。

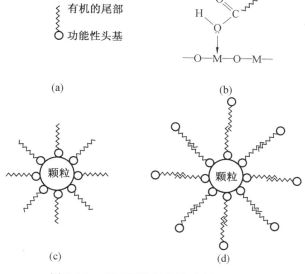

图 3.14 表面活性剂分子示意图

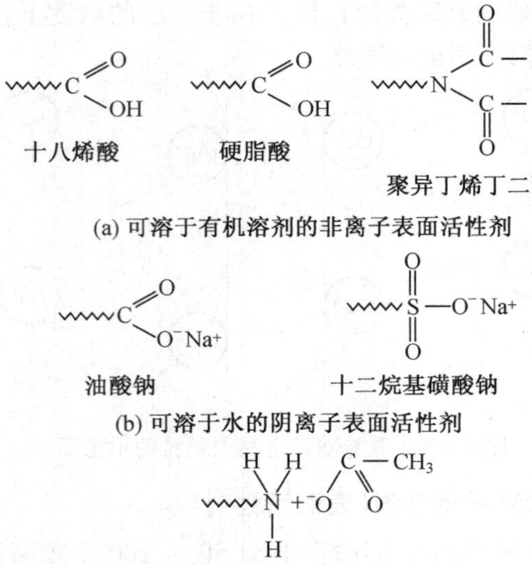

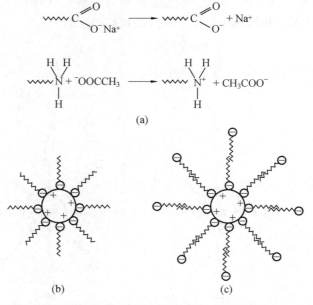

（a）可溶于有机溶剂的非离子表面活性剂

（b）可溶于水的阴离子表面活性剂

图 3.15　一些常见的表面活性剂

　　当官能团头基离子化后形成带负电的基团,或阳离子形成带正电的头部基团时,离子表面活性剂被认为是阴离子,如图 3.16(a)所示。它们可以在水溶剂中发挥作用。通常,带负电荷的氧是在阴离子表面活性剂的解离作用下形成的。表面活性剂的吸附通常是通过与带正电荷粒子表面产生静电吸引来实现的。悬浮液的稳定主要是通过吸附表面活性剂分子(图 3.16(b))或胶束(图 3.16(c))所产生的负电荷之间的静电斥力来实现的。阳离子表面活性剂通常由带正电的氮离子组成。除了表面活性剂和颗粒表面电荷的符号相反外,吸附和稳定的机理与阴离子表面活性剂类似。

图 3.16　阴离子表面活性剂和阳离子表面活性剂

3. 中低分子量聚合物

这些分散剂的分子量在几百到几千之间,也可分为非离子型和离子型。常见的非离子型聚合物分散剂有聚环氧乙烷(PEO)、聚乙二醇(PEG)、聚乙烯基吡咯烷酮(PVP)、聚乙烯醇(PVA)、聚苯乙烯(PS)和 PEO/PS 的嵌段共聚物。由于分子量较高,许多聚合物作为黏结剂是非常有效的。

当链段中含有 —OH 基团或极性基团时,分散剂可以在水中发挥作用;否则,它们只能在有机溶剂中发挥作用。在有机或水溶液中,聚合物的吸附可以通过较弱的范德瓦耳斯键实现,也可以通过配位键实现(图3.14(b))。在水溶液中,氢键也能产生非常有效的吸附。由于非离子型聚合物分散剂不带电荷,因此它们通过空间斥力来稳定。

离子聚合物分散剂由携带电离基团的链段组成,也称为聚电解质,可以在水溶液中发挥作用。在解离时,链段中的离子化基团可以产生负电荷(阴离子聚合物)或正电荷(阳离子聚合物)。图 3.17 所示为一些常用作分散剂的阴离子和阳离子聚合物。聚丙烯酸的钠盐或铵盐已成功地应用于几种以水为基体的氧化物粉体的浆料中,并得到了越来越广泛的应用。对于特种陶瓷,不建议使用这些酸的钠盐,因为残留的钠离子即使在非常小的浓度下,也会给烧结过程中的微观结构控制带来问题。阳离子聚合物的一个例子是聚乙烯亚胺,它在酸性条件下带正电,但在碱性条件下仍然是未解离的弱碱。

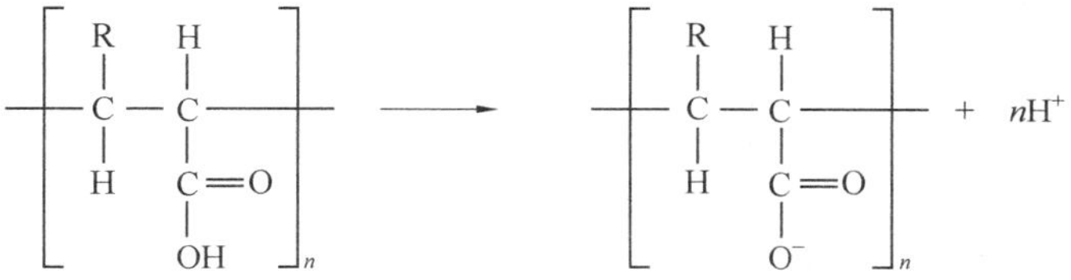

(a) 聚丙烯酸,R=H; 聚甲基丙烯酸,R=CH$_3$

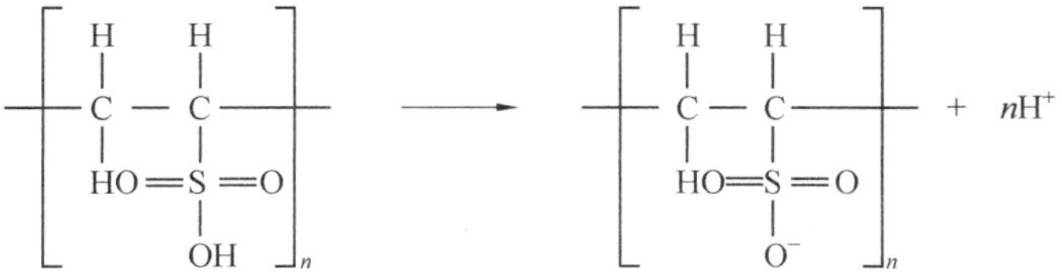

(b) 聚丙烯基磺酸

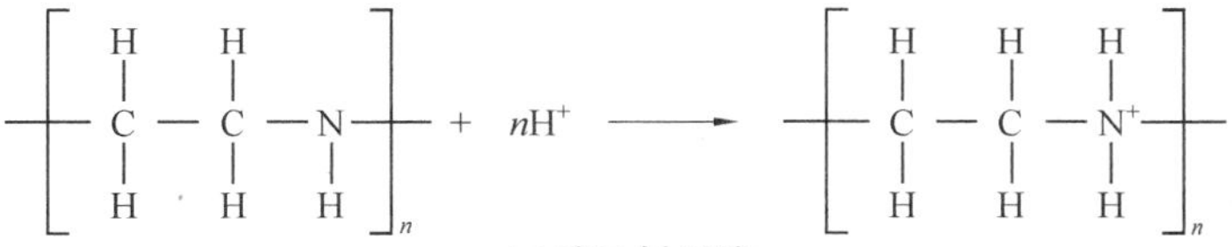

(c) 聚乙烯亚胺

图 3.17　常用作分散剂的阴离子和阳离子聚合物

3.2.3　黏结剂

黏结剂通常是长链聚合物,主要功能是通过在粒子之间形成桥梁,使坯体强度提高。在一些成型方法(如注塑成型)中,它们也为进料材料提供塑性,以辅助成型过程。大量的有机化合物可以用作黏结剂,其中一些可以溶于水,而一些则只溶于有机液体。几种常用合成黏结剂的单体化学式如图 3.18 所示。它们包括乙烯基、丙烯酸和环氧乙烷(乙二醇)。乙烯基有一个线性主链,在这个主链中,侧基连着其他每个 C 原子。丙烯具有相同

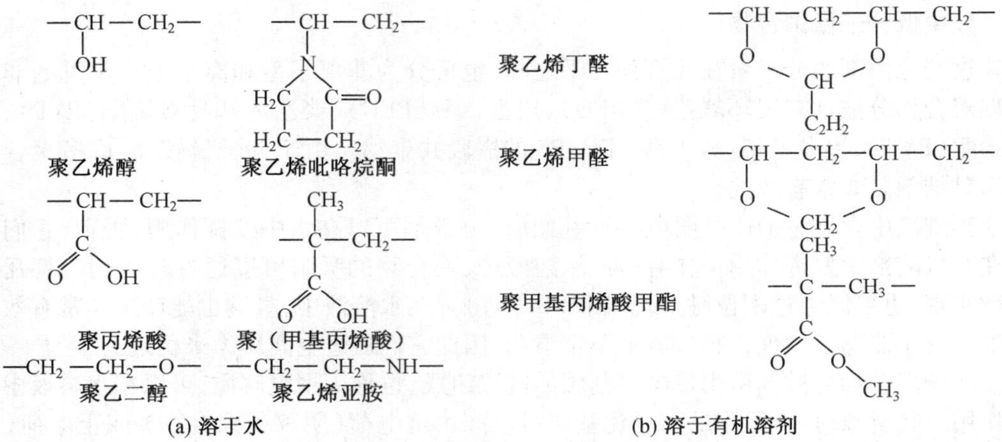

(a) 溶于水

(b) 溶于有机溶剂

图 3.18 几种常用合成黏结剂的单体化学式

的主链结构,但可能有一个或两个侧基连在主链 C 原子上。纤维素衍生物是一类天然的黏结剂。聚合物分子由环状单体单元组成,该单体单元具有改性的葡萄糖结构(图 3.19)。聚合物的改性是通过侧基 R 的变化而发生的。取代度(DS)是对单体进行修饰的位点数。取代首先发生在 C(5) 位点,然后是 C(2) 位点,最后是 C(3) 位点。图 3.20 所示为一些常见纤维素衍生物的 R 基团。

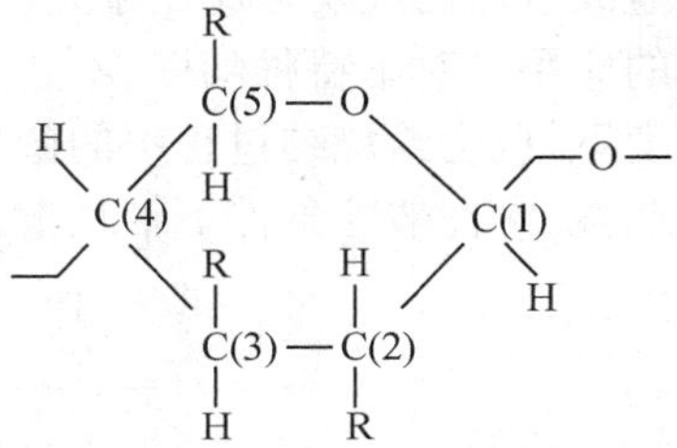

图 3.19 改性后的 α - 葡萄糖结构

黏结剂	R 基团	取代度(DS)
甲基纤维素	—CH₂— O — CH₃	2
羟丙基甲基纤维素	—CH₂— O — CH₂— CH — CH₃ 　　　　　　　　　　OH	2
羟甲基纤维素钠	—CH₂— O — C₂H₄— O — C₂H₄— OH —CH₂— O — C₂H₄— OH —CH₂— O — CH₂— C(=O)ONa	0.9~1.0
淀粉和糊精	—CH₂— OH	
海藻酸钠	—C(=O)ONa	
海藻酸铵	—C(=O)ONH₃	
溶于有机溶剂: 乙基纤维素	—CH₂— O — CH₂— CH₃	

图 3.20 部分纤维素衍生物的侧基公式

对于给定的成型过程,黏结剂的选择需要考虑以下几个因素:① 黏结剂烧损特性;② 分子质量;③ 玻璃化转变温度;④ 与分散剂的相容性;⑤ 对溶剂黏度的影响;⑥ 在溶剂中的溶解度;⑦ 成本。很明显低成本是工业的一个关键考虑因素。

在烧结前,必须尽可能彻底地除去黏结剂以及用于帮助形成坯体的其他添加剂(通常是通过热解)。黏结剂的浓度通常比其他添加剂的浓度大得多,因此在选择黏结剂时,燃尽特性是最重要的。燃尽特性主要取决于黏结剂的化学性质和气氛(氧化还原或非氧化还原)。

一般来说,提高黏结剂的强度需要较高的分子量。然而,玻璃化转变温度 T_g(即聚合物从橡胶态过渡到玻璃态的温度)必须相对较低(如接近室温),以使黏结剂在成型过程中发生变形。T_g 的降低实质上涉及降低聚合物链的运动阻力。这可以通过使用刚性较低的侧基、极性较低的侧基或较低分子量的聚合物来实现,最常见的方法是通过使用增塑剂来减少链之间的分子间键。如果在成型过程中使用分散剂,则黏结剂应与分散剂相容。一般来说,黏结剂不应将分散剂从颗粒表面移开,对于氧化物来说,这通常意味着黏结剂分子的极性应小于分散剂。

黏结剂是影响溶剂流变性的一个关键因素。有机黏结剂增加了液体的黏度,改变了液体的流动特性,有些甚至能导致形成凝胶。在浇注方法(如带式浇注)中,随着黏结剂浓度的增加,溶剂的黏度不应迅速增加,因为这将限制粉体的加入量,而粉体可以被加入到悬浮液中,使悬浮液达到一定的黏度。另一方面,可以用挤压的方法使溶剂黏度快速增加。因此,通常可以添加少量黏结剂来获得良好的强度。

根据有效增加溶液黏度的程度,黏结剂通常被粗略地分为低黏度、中黏度和高黏度等级。Onoda 提出的方案如图 3.21 所示,根据该方案,可以对几种水溶性黏结剂进行分类,分类的结果见表 3.7。黏结剂的等级在很大程度上取决于聚合物链的结构。溶液中的聚合物分子具有卷曲构象。较小的卷曲对液体分子的黏性阻力较小,导致黏度随黏结剂浓度的增加而减小。线性链有良好的弹性,链中的键可以很容易地旋转(例如乙烯基、丙烯酸和聚环氧乙烷),因此通常认为线性链可以形成更小的卷曲,而且它的黏度等级应该低于由环形分子或更大、更硬的侧基组成的链(例如一些纤维素黏结剂)。虽然表 3.7 所示的黏结剂的分子量并不准确,但黏度等级似乎与这一推论是一致的。

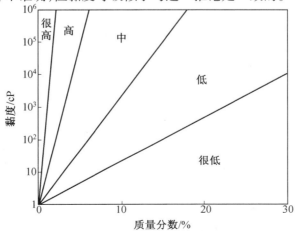

图 3.21　基于黏度 - 质量分数关系的黏度分级标准(1 cP = 1 mPa·s)

表 3.7 某些水溶性黏结剂的黏度等级

黏结剂	黏度等级					电化学类型			
	很低	低	中	高	很高	非离子	阴离子	阳离子	可生物降解
阿拉伯树胶	●						●		●
木质素磺酸盐	●						●		●
木质素液体	●						●		●
糖浆	●					●			●
糊精	●	●				●			●
聚乙烯吡咯烷酮	●					●			
聚乙烯醇		●				●			
聚环氧乙烷		●	●			●			
淀粉		●	●			●			●
丙烯酸		●	●				●		
聚乙烯亚胺(PEI)		●	●					●	
甲基纤维素		●	●	●		●			●
羧甲基纤维素钠			●	●			●		●
羟丙基甲基纤维素		●	●	●	●	●			●
羟乙基纤维素		●	●	●	●	●			●
海藻酸钠			●	●			●		●
海藻酸铵			●	●			●		●
聚丙烯酰胺				●	●	●			
赛洛葡聚糖				●		●			●
爱尔兰苔藓				●			●		●
黄原胶				●					
阳离子半乳糖胺			●					●	●
黄芪胶			●			●			●
槐豆胶			●			●			●
卡拉亚胶			●			●			●
瓜尔胶			●			●	●	●	

在大多数成型方法中(注塑成型是一个例外),黏结剂通常作为溶质加入,所以它在液体中的溶解度是影响溶液性质的一个重要因素。分子的主干由共价键键合的原子组成,如碳、氧、氮。侧基连在主干上且沿着分子长度间隔出现。

侧基的化学性质在一定程度上决定了可以溶解黏结剂的液体种类。如前所述,如果黏结剂具有相似的官能团或类似的分子极性,则其在液体中的溶解度会有所增强。

硅酸钠是一种无机黏结剂,在一些传统陶瓷的成型中有着广泛的应用,其性能不受Na 和 Si 残基的影响。黏结剂混合物中 Na_2O 与 SiO_2 的摩尔比为 2～4,水解形成细二氧化硅颗粒,使其凝胶化,并在陶瓷颗粒之间形成牢固的结合相。

3.2.4 增塑剂

增塑剂通常是分子量低于黏结剂的有机物。增塑剂的主要作用是使黏结剂在干燥状态下软化(即降低黏结剂的玻璃化转化温度 T_g),从而增加坯体的柔韧性(如浇注形成的胶带)。对于将黏结剂作为溶液的成型过程,增塑剂必须和黏结剂溶解在同一液体中。在干燥状态下,将黏结剂和增塑剂均匀混合。增塑剂分子进入黏结剂的聚合物链之间,从而破坏链间的排列结构,并减少相邻链之间形成的范德瓦耳斯力。这会导致黏结剂软化,也会降低其强度。表 3.8 列出了一些常用的增塑剂。

表 3.8 陶瓷加工中常用的增塑剂

增塑剂	熔点 / ℃	沸点 / ℃	分子质量 /($g \cdot mol^{-1}$)
水	0	100	18
乙二醇	−13	197	62
二甘醇	−8	245	106
三甘醇	−7	288	150
四乙二醇	−5	327	194
聚乙二醇	−10	>330	300
甘油	18	290	92
邻苯二甲酸二丁酯	−35	340	278
邻苯二甲酸二甲酯	1	284	194

3.2.5 其他添加剂

在给定的成型过程中,添加剂的数量应保持在最低限度,因为随着添加剂数量的增加,添加剂之间可能发生不利的相互作用。然而,少量的特殊添加剂有时会有特殊的功能。如前所述,润湿剂在表面活性剂之前添加,用来降低液体(特别是水)的表面张力,从而改善液体对颗粒的润湿能力。润滑剂广泛应用于模具压实、挤压和注塑中,以减少颗粒本身或颗粒与模具壁之间的摩擦。在外部压力的作用下,颗粒更容易重新排列,使得堆积密度更高、更均匀。常见的润滑剂有硬脂酸盐、硬脂酸和各种蜡质物质。环己酮等均质剂有时用于带式成型,以增加组分的互溶性,从而改善混合物的均匀性。

3.3　陶瓷的成型

　　常用陶瓷成型方法见表3.1。现在我们将描述每种方法中的关键因素,以及如何通过调控这些因素来优化坯体的微观结构。

3.3.1　干压和半干压式成型

　　对于干粉压块,一般对模具施加单轴压力和等静压压力进行压块,干式粉体中水的质量分数一般小于2%,半干式粉体中水的质量分数一般为5%～20%。模具压实是陶瓷工业中应用最广泛的操作之一。它可以制造形状相对简单的坯体,生产速度快且有较准确的尺寸。干粉在压实过程中的团聚和压力的不均匀传递导致坯体内部不同区域的堆积密度有显著变化。为了减少密度变化,模压一般用于生产形状相对简单的坯体(如瓷盘),其高径比为0.5～1.0。等静压法可以使堆积密度具有较好的均匀性,可用于生产形状复杂、高径比大得多的坯体。由于坯体在形状和表面质量上都有不规则之处,因此通常需要对坯体进行大量的加工。

1. 模压成型

　　在模压成型中,粉体或颗粒状材料在刚性模具中同时进行单轴压实和成型。整个过程包括三个步骤:模具的充填、粉体的压实和粉体的排出。压实有三种主要方式,它们是根据模具和冲头的相对运动来定义的。在单作用模式下,上冲头移动,但下冲头和模具是固定的;而在双作用模式下,两个冲头都移动,但模具是固定的;在浮动模具模式下,上冲头和模具移动,但下冲头是固定的。双作用方式具有更好的填料均匀性,在工业上得到了广泛的应用。

　　(1)进料。

　　实验室中常用的进料为粉体与少量黏结剂(体积分数小于5%)的混合物。在工业实践中,当需要较高的模具填充效率、快速的冲压速度和稳定的坯体性能时,进料材料的流动性能就成为一个重要的因素。粉体不能太细,因为这样的粉体很难紧凑均匀流动,因此常常需要使其团聚,通常用浆液喷雾干燥的方法。浆液喷雾干燥通常用到分散剂(如聚丙烯酸铵)、黏结剂(如聚乙烯醇)、增塑剂(如聚乙二醇)和润滑剂(如硬脂酸铵)。图3.22所示为喷雾干燥法制得的 Al_2O_3 粉体。

　　影响颗粒特性的因素有很多。其中包括初始粉体的粒度分布、浆料的絮凝程度、添加剂的种类以及喷雾干燥条件。颗粒的主要特性如下:

　　①粒度、粒度分布和形状。在商业设备中通过喷雾干燥制备的颗粒具有近似球形的形状,粒度范围为50～400 μm,平均尺寸的范围为100～200 μm。

　　②颗粒堆积。喷雾干燥前,颗粒堆积密度由粉体的粒度分布、浆料的颗粒浓度和胶体稳定性决定。颗粒堆积密度一般为45%～55%。

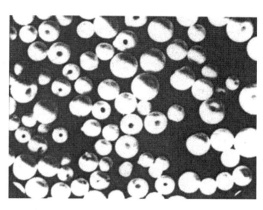

图 3.22 喷雾干燥法制得的 Al_2O_3 粉体（放大倍数为 50 倍）

③ 颗粒填料均匀性。颗粒填料在颗粒中的均匀性取决于悬浮体的胶体稳定性和喷雾干燥过程中的干燥步骤。颗粒通常是预先从部分絮凝的浆液中分离出来的，所以颗粒的填充不是很均匀。此外，如果黏结剂在喷雾干燥过程中与颗粒表面分离，颗粒的外部区域将具有较低的堆积密度。

④ 硬度。颗粒的硬度由颗粒堆积密度和浆料配方中所用黏结剂的性质控制。高的颗粒堆积密度或硬黏结剂（如玻璃化温度高）会导致硬颗粒的形成。而较低的堆积密度或软黏结剂会导致软颗粒形成。

⑤ 表面摩擦。颗粒表面光滑会减少颗粒本身和颗粒与模具壁之间的摩擦。

（2）模具填充。

宽粒度分布、球形和光滑表面使填充过程中颗粒的流动性有所提高。除了颗粒的流动性还必须考虑模具的填充均匀性，因为它会影响坯体的填充均匀性。除了填充方法和模具几何形状外，模具填充均匀性还取决于颗粒大小与模具直径的比值。较窄的模具导致坯体具有较低的总体堆积密度，因为模具壁附近的堆积密度较低。模拟结果表明，当模具直径大于颗粒直径约 250 倍时，模具壁的影响不显著。假设颗粒松散随机堆积（堆积密度为 60%），对于堆积密度为 45% ～ 55% 的颗粒，充型过程中实际颗粒堆积密度为25% ～ 35%。

（3）压实。

在模具填充后，颗粒体系结构包含与颗粒尺寸相当的大空隙和小于颗粒大小的小空隙（图 3.23）。该系统的压实可分为两个阶段。压实的第一阶段是通过颗粒的重新排列来减小大空隙，而第二阶段是通过颗粒的变形来减小小空隙。

颗粒体系的压实程度取决于粉体中团聚体的数量和类型。对于具有单峰孔隙的一级颗粒体系，压实主要包括一个阶段，即在施加的压力作用下进行滑动和重新排列（在较高的压力下会出现一些裂缝），这样可以减少孔隙。如果粉体中含有低密度、较弱的团聚体，则可以观察到压实具有两个阶段：第一阶段的重排和滑动可以减小较大的空隙，然后团聚体发生破裂；第二阶段的重排和滑动可以减小较小的空隙。对于粉体或颗粒，颗粒也会发生弹性压缩，弹性压缩会影响从模具中取出的致密物，并会在坯体中产生类似裂纹的缺陷。

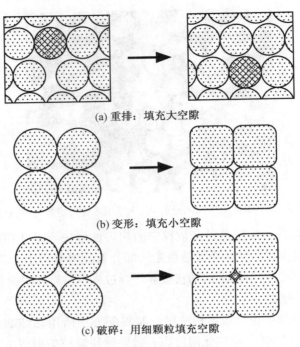

(a) 重排：填充大空隙

(b) 变形：填充小空隙

(c) 破碎：用细颗粒填充空隙

图 3.23　颗粒压实阶段示意图

　　密度变化是所施加压力的函数,常用来表征压实行为。数据是易于测量的,并可用于工艺优化和质量控制。当绘制密度与压力关系图时,颗粒的压实数据通常显示为由断点分隔的两条直线(图 3.24)。压实是通过低压线性区域的重排和高压线性区域的变形来实现的。断点随颗粒硬度(或强度)的变化而变化。由一级颗粒组成的粉体呈单线状,而团聚粉体可呈两条线,其断点由团聚体的强度决定。压实过程是一个复杂的多体问题,建立预测模型的理论分析比较困难。针对这一困难,建立了几个经验方程来解释实验数据。但没有一个方法是普遍适用的。其中,有一个方程相对简单,同时保留了其他方程的优势:

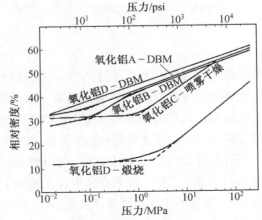

图 3.24　细 Al_2O_3 粉体和喷雾干燥颗粒的压实行为

$$p = \alpha + \beta \ln\left(\frac{1}{1-\rho}\right) \tag{3.7}$$

其中,p 是应用压力;ρ 是相对密度;α 和 β 是常数,取决于初始密度和材料的性质。虽然经验表达式仅仅可以用于进行曲线拟合,但它可以帮助我们理解压实过程。

粉体在转化为颗粒时,其行为发生了显著的变化,因此需要分别考虑影响颗粒性质和压实的关键因素。

① 影响颗粒压实的因素。

压实过程中存在的一个严重问题是,由于粉体与模具壁之间存在摩擦,所施加的压力不能均匀地传递给粉体。压力梯度在粉体中会产生密度梯度。对粉体施加单轴压力 P_z 会在模具壁上产生径向应力 P_r 和剪切(或切向)应力 τ。径向应力和剪切应力随模具距离的变化而变化,因此压实件中产生的应力是不均匀的。Strijbos 等利用径向压力系数(等于 P_r/P_z)和粉壁摩擦系数(等于 τ/P_r)的测量设备,对模具压实过程中产生的应力进行了广泛的研究。研究的参数包括平均粉体粒径 d_p、模具壁的粗糙度 R_w、粉体的硬度 H_p、模具壁的硬度 H_w 以及润滑剂的使用。

对于氧化铁粉(维氏硬度约为 600)和碳化钨、硬化和非硬化工具钢的壁(维氏硬度分别为 1 300、600、200),图 3.25 所示为三种 H_p/H_w 值下摩擦系数 f_{dyn} 对 d_p/R_w 函数关系的一些数据。对于粗糙度小于壁面的颗粒,f_{dyn} 高达 0.6。在摩擦系数仪中,一层细颗粒黏附在模具壁上,使静止的粉体致密物与运动的壁面之间没有直接接触。在这种情况下,R_w 和 H_w 对 f_{dyn} 没有影响,f_{dyn} 值反映了粉体颗粒间的摩擦状态。失效发生在粉体内部而不是在模具壁上。对于粗糙度大于壁面的颗粒,f_{dyn} 为 0.2 ~ 0.4,与粉体参数和模具壁面参数有关。低的 f_{dyn} 反映了颗粒与相对光滑壁之间的摩擦状态。在这种情况下,失效发生在粉体与模具壁界面处。颗粒尺寸对摩擦系数的影响如图 3.26 所示。高摩擦系数、低均匀性、大团聚倾向是细粉压实过程中密度梯度较大的主要原因。

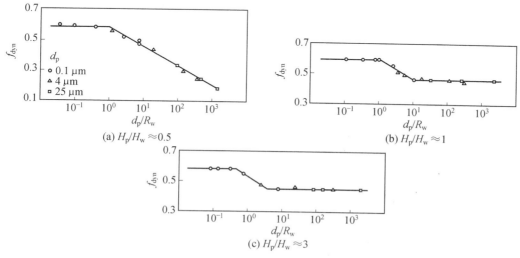

图 3.25 动态粉体 - 壁面摩擦系数随粉体粒径与壁面粗糙度之比的变化关系

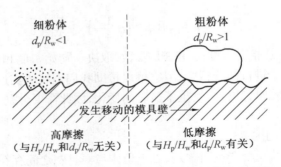

图 3.26　固定式粉体与移动壁面之间的滑动摩擦

　　粉体与粗糙壁面之间的摩擦系数也取决于壁面凹槽的方向。如果凹槽在粉体和模具壁之间相对运动的方向上,摩擦系数就会降低。模具壁润滑剂(如硬脂酸)的作用相当复杂。对于细颗粒($d_p/R_w < 1$),摩擦系数随着润滑层厚度的增加而逐渐减小,当润滑层厚度大于颗粒尺寸时,摩擦系数的减小幅度相当显著。对于粗颗粒($d_p/R_w > 1$),润滑剂的存在只会导致模具壁摩擦力的微小降低,而且几乎与润滑层的厚度无关。

　　粉体压实物的密度变化可以通过如下几种技术来表征:显微镜、显微硬度、X 射线断层扫描、X 射线照相、超声和核磁共振。图 3.27 所示为在单轴压实模式下通过模压生产的圆柱形锰铁氧体粉体致密物(直径为 14 mm)的截面密度变化。模具壁摩擦引起的上下角密度差非常明显。

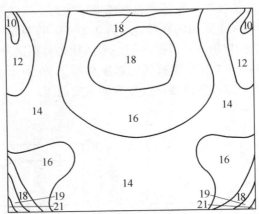

图 3.27　单轴压实模式下通过模压生产的圆柱形锰铁氧体粉体致密物的截面密度变化

　　粒度分布对压实性能也有影响。粒度分布较宽的粉体致密密度与施加压力的关系图的斜率大于粒径分布较窄的粉体(图 3.28),说明这样的变形过程更容易发生。如前所述(图 3.24),粉体中团聚体的类型和数量影响其压实行为。粒子形状的影响有时很难预测。通常我们需要的几何形状是球面(或等轴)形状,但是如果表面光滑的扁平粒子对齐排列,则可以得到更高的致密度。

　　② 影响颗粒压实度的因素。

　　影响压实的关键颗粒特性是硬度,硬度由颗粒的堆积方式和颗粒中黏结剂的类型、粒度以及粒度分布所决定。如前所述,压实过程可分为两个阶段:低压下颗粒的重新排列和高压下颗粒的变形。理论上,硬颗粒很容易重新排列,但如果太硬,颗粒则难以变形,从而使坯体产生较大孔隙。这些大孔隙在烧结过程中难以去除,这限制了最终密度,并使烧结体产生微观组织缺陷(图3.29)。理论上,软颗粒在压力下容易变形,但如果太软,则颗粒在低压下无法充分重新排列,这样便难以消除模具充填后出现的较大缺陷,从而形成一个密度梯度大的致密颗粒。在烧结过程中,密度梯度会被放大,导致产物的最终密度有限,并会出现开裂现象。因此,对理想颗粒的要求是在压实过程中可以重新排列和变形。

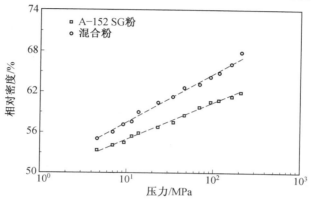

图 3.28   具有不同最大颗粒堆积密度的粉体的密度与压力的关系

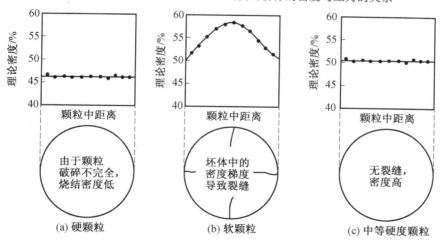

图 3.29   硬、软及中等硬度的 Al_2O_3 颗粒不规则充型后单轴压实实验的定性结果

颗粒硬度还取决于颗粒的堆积方式和黏结剂的性能。由于颗粒的堆积方式取决于喷雾干燥中所用浆料的性质,所以控制颗粒硬度实际上需要了解悬浮液特性与颗粒特性之间的关系。理论上,颗粒浓度高的稳定胶体悬浮液会产生硬颗粒,其具有致密的颗粒堆积方式。因此,喷雾干燥需要部分絮凝的浆液来降低颗粒堆积密度。

颗粒密度对压实行为的影响如图3.30所示。由于充填过程中颗粒本身的堆积密度相同,因此在任何压力下,由高密度颗粒形成的陶瓷具有更高的生坯密度。相比之下,低密度颗粒产生的陶瓷密度较低。当陶瓷密度小于颗粒密度时,说明陶瓷中存在较大的粒间孔隙。但在12 MPa以上的任何压力下,陶瓷密度均高于颗粒密度,说明致密物中较大的粒间孔隙已经被消除了。

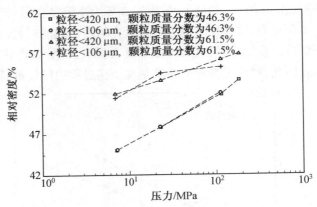

图3.30　不同粉体的相对密度与压力的关系

有机黏结剂的硬度由玻璃化转变温度 T_g 决定。如果压实温度(通常是室温)远低于 T_g,则黏结剂坚硬易碎,颗粒不易变形。另一方面,如果压实温度远高于 T_g,则黏结剂是柔软的、有弹性的。如果黏结剂太软,则在较低压力下重新排列效率不高,产生密度梯度。对于喷雾干燥中常用的黏结剂(聚乙烯醇)来说,水是一种很好的增塑剂,所以颗粒的硬度会随着大气湿度的变化而变化。

颗粒大小的分布影响填料和压实性能。如果颗粒大小比模具直径小得多,则其对陶瓷密度的影响不显著(图3.30)。尺寸分布越宽,模具填充后的堆积密度越高,而尺寸分布越窄,冲压后的致密密度越高。黏结剂在颗粒表面的偏析和颗粒中的宏观缺陷(如孔洞)会使陶瓷中的填料具有异质性,这些异质性通常表现为烧结体的微观结构缺陷。

(4)粉体压块的脱模。

如前所述,粉体在压实过程中会经历弹性压缩。当施加的压力被释放时,储存的弹性能将导致压缩体发生膨胀。这种膨胀称为回弹、应变恢复或应变松弛。回弹几乎是在压力释放的瞬间发生的。回弹量取决于几个因素,包括粉体、有机添加剂、施加的压力、压缩速度和粉体的透气性。一般来说,有机添加剂的含量越高,施加的压力越大。虽然可以允许发生少量的应变恢复,这样可使压块与冲头分离,但过多的应变恢复可能会导致缺陷。由于压块与模具壁之间的摩擦,粉体压块从模具中脱模时会受到阻力。在压实过程中,为了减少模具壁摩擦,可以添加一定的润滑剂。添加润滑剂还有一个好处,就是可以减少脱模所需的压力。

(5)粉体压块的缺陷。

模具压实完成后,要求坯体无宏观缺陷,而且其密度梯度尽可能低。密度梯度会导致烧结体中形成裂纹样空隙,也会导致烧结体在烧结过程中产生裂纹和翘曲。密度梯度也容易导致陶瓷件在脱模的过程中形成缺陷。密度梯度的大小可以通过几个因素控制。均匀的模具填充可以减少粉体在压实过程中的内部移动量。使用润滑剂可以减少颗粒之间的内摩擦和颗粒与模壁面摩擦,这样可以使密度梯度有显著的改善。随着压实件的长径比(L/D)的增加,颗粒与模具壁面摩擦引起的应力梯度(以及密度梯度)增大。若需要较低的密度梯度,对于单轴压实方式,L/D应小于0.5;对于双轴压实方式,L/D应小于1。

图3.31所示为模压成形压件的常见缺陷。它们是由回弹作用和模具壁的摩擦引起的。使用黏结剂可以提高压件强度,降低施加的压力可以减少回弹的程度,使用润滑剂可以减少模具壁的摩擦,也可以显著减少缺陷的形成。

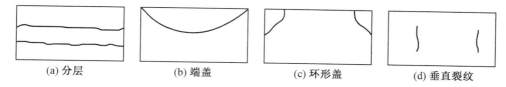

|(a) 分层|(b) 端盖|(c) 环形盖|(d) 垂直裂纹|

图3.31　干或半干粉体模具压实典型缺陷示意图

2. 等静压成型

等静压是指对弹性橡胶包套中的粉体施加均匀的静水压力。等静压有湿等静压和干等静压两种方式(图3.32)。湿等静压是在柔性橡胶模具中填充粉体,然后将粉体浸入充满油的压力容器中进行压制。冲压完成后,模具从压力容器中取出,回收坯体。湿等静压适用于复杂形状和大尺寸的物体。干等静压时,模具固定在压力容器内,不需要拆卸。压力施加在位于很厚的橡胶模具和刚性芯之间的粉体上。压力释放后,粉体从模具中取出。干等静压比湿等静压更容易自动化。通过压缩金属芯以及板和空心管周围的陶瓷粉体混合物,来制造火花塞绝缘体。与模具压实相比,等静压压实产物的缺陷要少得多,但压实后压力释放过快仍会发生分层和回弹断裂。

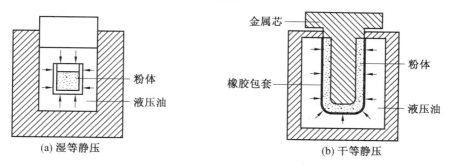

(a) 湿等静压　　　　　　　　　　　　(b) 干等静压

图3.32　两种等静压方式

3.3.2　铸造成型方法

常用的铸造成型方法有注浆成型、压力注浆成型和带式成型。它们是以胶体系统为基础的。在胶体系统中,液体的去除可以用来固结悬浮在浆料中的颗粒。在注浆成型和压力注浆成型中,通过在压力梯度下让液体通过多孔介质,可以实现颗粒的固结。在带式成型中,固结是通过液体的蒸发来完成的。凝胶浇注法是近年来发展起来的一种方法,它是通过聚合和交联单体溶液来固结浆液中的颗粒,使其在液体蒸发之前形成凝胶。电泳沉积是将直流电场作用在胶体悬浮液上,并在电极上沉积陶瓷体的过程。

对坯体（铸件）的理想要求是颗粒堆积均匀并具有尽可能高的坯体密度。这要求浆料必须具有高颗粒浓度和流变特性，以便在成型过程中易于流动，并拥有足够高的浇注速率，以实现经济生产。若要以可控的方式获得浆体特性，需要了解：① 悬浮体中颗粒之间的胶体相互作用；② 控制悬浮体流变行为的因素。理解本章前面描述的颗粒堆积概念和在加工过程中使用有机添加剂的作用也是很重要的。

注浆成型方法生产的坯体颗粒堆积相当均匀，但通常仅限于生产相对较薄的制品。注浆成型为复杂形状的生产提供了一种途径，并在传统以黏土为基础的工业生产中得到了广泛应用，例如陶器和卫生洁具的制造。在过去的 50 年里，它广泛应用于特种陶瓷的生产。带式成型广泛应用于电子封装行业的薄板、基板和多层组件的生产。

1. 注浆成型法

Fries 和 Rand 最近对注浆成型进行了回顾，在此过程中，将浆料倒入有微孔的熟石膏模具中。该模具的多孔性产生了毛细管吸入压力，压力为 0.1 ~ 0.2 MPa，该压力可以将液体从浆料中吸进模具。在模具壁上形成的一层固结固体称为铸型（或沉积物）（图 3.33）。在形成足够厚度的铸型后，将剩余的浆料倒出，之后将模具和铸件干燥。通常情况下，铸件在干燥过程中会在模具中收缩，这样就可以很容易地脱模。完全干燥后加热铸件，烧掉黏结剂，这样就可以烧结成成品。表 3.9 给出了注浆成型成分示例。

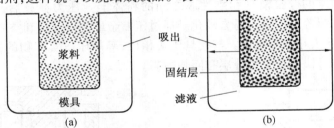

图 3.33　注浆成型系统示意图

表 3.9　注浆成型成分示例

白色器皿		氧化铝	
材料	体积分数 /%	材料	体积分数 /%
黏土、石英、长石水	45 ~ 50	氧化铝	40 ~ 50
水	50	水	50 ~ 60
硅酸钠、聚丙烯酸酯或木质素磺酸盐（分散剂）	< 0.5	聚丙烯酸铵（分散剂）	0.5 ~ 2
碳酸钙（絮凝剂（非必需））	< 0.1	海藻酸铵或甲基纤维素（黏结剂）	0 ~ 0.5

（1）注浆成型法力学。

早期的一些分析错误地将注浆成型力学视为扩散过程。注浆成型过程涉及液体通过多孔介质的流动，正如达西定律所述。一维方向上，达西定律可以写成

$$J = \frac{K(\mathrm{d}p/\mathrm{d}x)}{\eta_L} \tag{3.8}$$

其中,J 是液体的流量;K 是多孔介质的渗透率;$\mathrm{d}p/\mathrm{d}x$ 是液体中的压力梯度;η_L 是液体的黏度。

在注浆成型中,引起流动的压力梯度是由模具的毛细管吸入压力引起的。随着颗粒的固结,滤液(即液体)通过两种类型的多孔介质:固结层和模具(图 3.33)。许多学者采用 Adcock 和 McDowall 的模型并对过程进行了处理,该模型忽略模具对液体流动的阻力,并以液体流经多孔固结层的方式对工艺进行了处理。在这种情况下,成型件厚度随时间 t 增加的抛物线关系如下:

$$L_c^2 = \frac{2K_c p t}{\eta_L (V_c/V_s - 1)} \tag{3.9}$$

其中,K_c 是固结层的渗透率;p 是在固结层上的压差(假定为常数且等于模具的吸入压力);V_c 是固结层中固体的体积分数(假定为不可压缩),V_s 是浆料中固体的体积分数。固结速率随着时间的推移而减小,这就将注浆成型工艺限制在一定厚度的铸件内。在这个值之上进一步增加厚度是非常耗时的。

考虑到两种介质流动阻力的模型,毛细管吸入压力 p 为

$$p = \Delta p_c + \Delta p_m \tag{3.10}$$

其中,Δp_c 和 Δp_m 分别是铸件和模具中的液压差(图 3.34)。如果模具的 η_L、V_c、V_s、K_c、孔隙 p_m 和渗透率 k_m 不随时间变化,则压力差 Δp_c 和 Δp_m 呈线性变化。

在铸型和铸模中,液体的流量必须相同,所以在这种情况下有

$$J = \frac{K_c}{\eta_L L_c} \Delta p_c = \frac{K_m}{\eta_L L_m} \Delta p_m \tag{3.11}$$

其中,L_c 为铸件厚度;L_m 为液体饱和模具厚度。

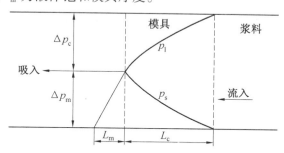

图 3.34　注浆成型过程中铸件和模具的液压分布

在适当的边界条件下,对式(3.11)进行积分,得到抛物线方程:

$$L_c^2 = \frac{2Hpt}{\eta_L} \tag{3.12}$$

其中,函数 H 依赖于铸模和模具的性质,其由下式给出:

$$H = \left[\left(\frac{V_c}{V_s} - 1 \right) \left(\frac{1}{K_c} + \frac{V_c/V_s - 1}{P_m K_m} \right) \right]^{-1} \tag{3.13}$$

当忽略模具内液体流动阻力时,式(3.12)和式(3.13)可以回到式(3.9)的形式。当式(3.13)中 $(V_c V_s - 1)/P_m K_m$ 项与 $1/K_c$ 项相比很小时,即当

$$\frac{K_c(V_c/V_s - 1)}{P_m K_m} \ll 1 \tag{3.14}$$

由式(3.14)可知,当模具孔隙率 P_m 较高、浆料中固体体积分数 V_s 较高、铸件渗透率与模具渗透率的比值 K_c/K_m 较高时,可以忽略模具的液压阻力。

(2)固结层渗透性的影响。

对于给定的体系,式(3.9)预测固结速率随固结层渗透率 K_c 的增加而增加,针对多孔介质渗透率提出了多种模型。其中应用最多的是卡曼 – 科泽尼方程,因为它的简单性和它有概括关键参数的能力,有

$$K = \frac{P^3}{\alpha(1-P)^2 S^2 \rho_s^2} \tag{3.15}$$

其中,P 为孔隙率;S 为比表面积(即固相单位质量);ρ_s 是固相的密度;α 是一个常数(对于很多系统 α 等于5),它定义了毛细管的形状和弯曲度。

对于由直径为 D 的单分散球形颗粒组成的铸件,渗透率可以表示为

$$K_c = \frac{D^2(1-V_c)^3}{180V_c^2} \tag{3.16}$$

很明显,为了增加 K_c,我们应该增加 D 或者减少 V_c。对于特种陶瓷来说,不应增加 D 值,因为这会导致烧结速率的快速下降。另一方面,改变 V_c 可以为控制固结速率提供一种有效的方法。如前所述,这可以通过控制浆体的胶体稳定性来实现。

(3)模具参数影响。

由式(3.9)和式(3.12)可知,固结速率随模具毛细吸力 p 的增大而增大。如果没有其他影响,p 的增加会导致特定厚度铸件的固结时间变短。毛细吸力的大小与铸型的孔径大小成反比,可以认为孔径的减小会导致铸型率的增加。然而,随着模具孔径的减小,模具 K_m 的渗透率也随之减小,因此需要有一个最佳的孔径来保证最大的浇注速率。

(4)浆料参数的影响。

浆料的胶体稳定性对铸件的微观组织影响最大。絮凝的浆液导致铸件具有相当高的孔隙率。此外,在这种情况下,铸件的有效压力(图3.34中的 p_s)从铸型界面开始非线性地迅速减小。高孔铸件的可压缩性和 p_s 的变化导致铸件的密度迅速降低,并在铸件的大部分区域形成一个几乎恒定的高孔隙率区域。坯体微观结构中的异质性阻碍了燃烧过程中的微观结构控制。一种不含团聚体且分散良好的浆料在静电或空间斥力的作用下会稳定,从而形成一种具有较好微观结构均匀性的致密铸件。在实际应用中,对于由分散良好的浆料形成的致密铸件,其渗透率较低,因此浇注速率较低。在工业操作中,低浇注速率是不经济的,因此在工业操作中浆料只部分分散。

由式(3.9)可知,与单颗粒分散相比,随着浆体固相浓度的增加,固结速率增大,可以认为 V_s 对铸件产生的坯体密度没有显著影响。而在粒度分布较广的情况下,V_s 对坯体密度的影响较为复杂。当 V_s 较低时,如果颗粒的沉降速率大于浇注速率,这会导致不同粒径的颗粒发生偏析,因此可以预期坯体密度会有所降低。对于较浓的悬浮液,沉降速率明显降低,如果细颗粒填满大颗粒之间的空隙,则可以达到较高的坯体密度。

其他参数(如粒径、粒度分布和颗粒形状)也会影响压缩性,从而影响铸件的堆积密

度。图 3.35 总结了颗粒尺寸、形状和分散程度对铸件孔隙率的影响。对于较粗大的颗粒（10~20 μm），胶体的影响微不足道，且颗粒的分散程度对填料的密度没有影响。对于由相同尺寸大球体形成的铸件，其堆积密度约为 0.60~0.65，该值接近致密且随机填充的铸件，而对于由不规则颗粒产生的铸件，其堆积密度较低。若粒径减少 10 μm，胶体效应控制填料的密度。在一种极端情况下，分散良好的浆料可以制备出堆积密度高的铸件，而在另一种极端情况下，絮凝的浆料制备出的铸件堆积密度较低。如上所述，如果不发生分离，有粒径分布的颗粒可以产生比单分散颗粒堆积密度更高的铸件。

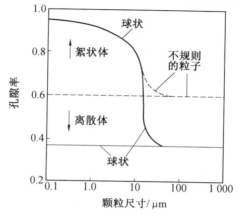

图 3.35　注浆成型中颗粒尺寸、形状和分散程度对铸件孔隙率的影响示意图

固结速度也会随滤液的黏度 η_L 的减小而加快。减小 η_L 是通过增加浆料的温度来实现的，或用不太实用的方法：使用一个黏度较低的液体。对于注浆成型，温度的升高提高了浆料的稳定性，并使铸件具有更高的堆积密度。这导致固结速率有所降低，因为铸件的渗透性 K_c 降低了。然而，温度对 η_L 的影响更大，所以总的结果是 η_L 会有所减小，从而使成型速率增加。

（5）注浆成型坯体的组织缺陷。

在注浆成型的坯体中，存在多种类型的组织缺陷。它们出现在浇注过程中，通常与浆料的性能有关。浆体中气泡引起的大空隙是常见的现象。通过提高颗粒的润湿性，适当地将浆料真空除气，防止浆料在浇注过程中发生湍流，可以避免上述问题的发生。伸长（非等轴的）颗粒可以优先沿某些方向（通常平行于模具表面）排列。大颗粒比小颗粒沉降快的偏析现象可以通过改善浆体的胶体稳定性来缓解。

2. 压力注浆成型

由式（3.9）可知，对于给定的浆体，随着过滤压力 p 的增加，生产给定厚度 L 的铸件所需的时间减少。因此，对浆料施加外部压力可以加快浇注速率，这是压力注浆成型的原理。而用于注浆成型的熟石膏模具较软，不能承受大于 0.5 MPa 的压力。因此，塑料或金属模具普遍用于压铸。

图 3.36 所示为实验室压力注浆成型装置。当液体被排出系统时，浆液中的颗粒在过滤器上形成一个固结层。与过滤器相比，固结层对液体流动的阻力要大得多。因此，压力注浆成型的动力学可以用式（3.9）来描述。

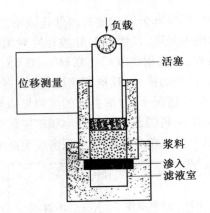

图 3.36 实验室压力注浆成型装置

Fennelly 和 Reed 研究了压力注浆成型的动力学和力学,而 Lange 和 Miller 研究了压铸的动力学和力学。在压力注浆成型中,浆体的胶体稳定性对铸件的微观组织影响最大。从图 3.37 可以看出,对于分散性好的浆料,得到的堆积密度最高,而且当施加的压力大到一定程度时,得到的堆积密度与压力无关。迄今为止,还没有建立包含重排过程的颗粒充填动力学模型。然而,在如此低的压力下,分散的浆料可以获得高堆积密度,这表明颗粒之间的排斥力有利于重新排列。对于絮凝的浆料,堆积密度与外加压力有关,相对密度与外加压力对数之间的近似线性关系与之前观察到的干粉模压压实趋势一致。

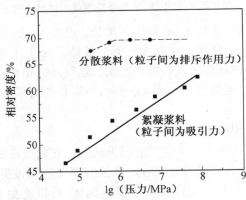

图 3.37 同一 Al_2O_3 粉体在不同压力下过滤得到的不同粉体的相对密度(通过将分散的(pH = 2)或絮凝的(pH = 8)固体体积分数为 20% 的浆料进行固结得到)

从分散的或絮凝的浆液中生产特种陶瓷的成型体存在很多问题。当最后一部分浆液在压力注浆成型过程中凝固时,整个成型件的压力梯度为零,所施加的总压力会转移到成型件上。当施加的压力消除时,成型件膨胀,即由于储存的弹性势能释放,应变开始恢复。然而,应变回复的性质不同于干粉的模压。干压成型件的应变回复与时间有关。这种随时间变化的应变回复现象是因为流体(液体或气体)流进致密物中,使颗粒网络发生扩展并释放空间的应变。应变回复的大小随固结压力的增大呈非线性增大,可以用赫兹弹性应力 – 应变关系来描述:

$$p = \beta \varepsilon^{\frac{3}{2}} \tag{3.17}$$

其中,p 是应力;ε 是应变;β 对于一个给定的微粒系统是常数。对于 Al_2O_3,在 50 ~ 100 MPa 范围内的中等低压下,应变回复可以相当大(2% ~ 3%)。这样的结果是压实件会发生开裂。通过降低固结压力或使用少量黏结剂(质量分数小于 2%),这种情况在一定程度上可以得到缓解。对于基于压力铸造的黏土基体,没有出现这些问题,可能是因为生坯具有显著的可塑性。

与注浆成型相比,压力注浆成型具有固结时间短、占地面积小、生产效率高的优点。但是,压力注浆成型模具的价格比较高。注浆成型仍是陶瓷的一种重要成型方法,但目前的趋势是越来越多地使用压力注浆成型,特别是将其用于制备特种陶瓷细粉。

3. 带式成型

带式成型过程有时也称为刮片过程,在该过程中,使用称为刮刀的刀片小心地将浆料铺展在覆盖有可移除的纸或塑料片的表面上。对于长带生产,刀片是静止的,带面是运动的(图 3.38),而对于实验室的短带生产,刀片拉过静止表面。通过蒸发溶剂来进行干燥,以产生黏附到载体表面的带,这种带由通过聚合物添加剂结合的颗粒组成。柔性坯体带可以存储在卷筒上或从载体表面剥离,并切割成所需的长度,以便后续操作。无论厚度低至 10 μm 还是 1 mm 的片／膜都可以用带式成型。图 3.39 所示为用带式成型制备掺镁 Al_2O_3 组件的步骤。

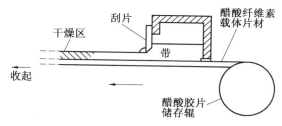

图 3.38 带式成型工艺示意图

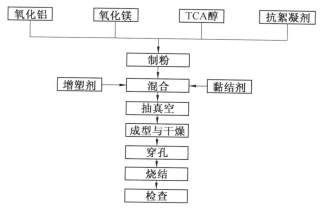

图 3.39 氧化铝基体材料带式成型工艺流程图

(1)浆料准备。

浆料的制备是带式成型过程中的关键步骤。在本章的前面已经描述了溶剂、分散剂、黏结剂、增塑剂和其他添加剂选择的影响因素。目前大多数的带式成型使用有机溶剂,但趋势是使用以水为基础的体系。在选择溶剂时需要考虑的其他因素包括要浇铸的带的厚度和要浇铸的表面。薄带由挥发性强的溶剂体系(如丙酮或甲基乙基酮)成型,而厚带(厚度 > 0.25 mm)则必须由挥发性较慢的干燥溶剂(如甲苯)成型。

　　分散剂可能是最重要的有机添加剂,因为它可以降低浆液的黏度,从而允许使用高浓度的颗粒。另一个重要的选择是黏结剂和增塑剂的组合,因为在带式成型浆液中颗粒的浓度很高。它必须使坯体带达到所需的强度和灵活性,也必须在带烧结之前将其去除。在氧化气氛中进行合理的高温,许多有机系统黏结剂可以被烧掉。然而一些陶瓷系统要求使用可在非氧化环境中去除的黏结剂 – 增塑剂系统。表 3.10 给出了典型的带式成型浆料配方。

　　粉体、溶剂、黏结剂、增塑剂、分散剂等添加剂用于氧化环境的非水配方。

表 3.10　铸件成分(质量分数)示例

配方情况	粉体	溶剂	黏结剂	增塑剂	分散剂	其他添加剂
用于氧化环境的非水配方	Al_2O_3(59.5)	乙醇(8.9)	PVB(2.4)	辛酯(2.2)	鱼油(1.0)	
	MgO(0.1)	TCE(23.2)		PEG(2.6)		
用于非氧化环境的非水配方	$BaTiO_3$(69.9)	MEK(7.0)乙醇(7.0)	丙烯酸质量分数为30%的 MEK 溶液(9.3)	PEG(2.8)邻苯二甲酸丁基苄酯(2.8)	鱼油(0.7)	环己酮(均质)(0.5)
水配方	Al_2O_3(69.0)	去离子水(14.4)	丙烯酸乳液(可交联)(6.9)	丙烯酸乳液(低 T_g)(9.0)	聚丙烯酸铵(0.6)	聚(氧化烯 – 二胺)(0.1)

　　(2)带式成型工艺。

　　如图 3.38 所示,带式成型设备的关键部件是刮刀组件。它由一个可调节的刮刀组成,该刮刀安装在一个带有储液器的容器中,用于定量输送浆料,这样在刀架下方便形成薄的浆料层。可在理论上分析浆液在带浇注过程中的流动行为,用以估计浇注参数对带厚度的影响。

　　假设在一个简单的成型装置中存在牛顿黏性浆体和层流(图 3.40),则干带的厚度 h_d 为

$$h_d = \frac{\alpha\beta}{2}\frac{\rho_w}{\rho_d}h_o\left(1 + \frac{h_o^2\Delta p}{6\eta UL}\right) \tag{3.18}$$

其中,$\alpha(<1)$ 和 $\beta(<1)$ 是修正参数;ρ_w 和 ρ_d 是浆料和干带的密度;h_o 和 L 分别为刮片的高度和厚度;Δp 为压差(由储层浆体高度决定);η 是浆料的黏度;U 是刮片相对于成型件表面的速度。

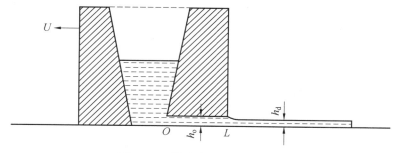

图 3.40　带式成型单元的截面

由式(3.18)可知,如果括号中的第二项远小于 1,则干带的厚度与刮刀高度 h_o 成正比。如果参数 η、U、L、Δp 保持在一定范围内,h_o 的值可以小于 200 μm。h_o 值越大,就越不符合这个简单的关系。对于较小的 η、U、L 值,效果会更为显著。锋利的刮片(L 值非常小)不适合用来做带式成型。虽然在带式成型中可以使用各种刀片设计和形状,但是最常使用的是平底刮刀,并且式(3.18)可以为这一操作提供一些理论支持。当带需要在较长的范围内必须保持一个均匀的厚度时,通常会使用双刮刀。

在实践中,浇注速度在很大程度上取决于浇注工艺的类型:连续或分批。对于一个连续的过程,浇注速度取决于浇注机的长度、带的厚度和溶剂的挥发性。典型的浇注速度可以从连续过程的 15 cm/min 到分批处理过程的 50 cm/min 不等。几种载体表面已被用于带式成型,从实验室机器上使用移动刮刀的玻璃板载体到连续工业机器上的聚酯和涂层聚酯载体。载体表面的类型取决于溶剂黏结剂系统与载体表面的相互作用以及干燥带的剥离程度。

通过溶剂的蒸发,表面发生干燥,并且胶带也会黏附在载体表面上,因此干燥过程中胶带的厚度会发生收缩。通常情况下,干燥带的厚度约为刮刀高度的一半,由体积分数约 50% 的陶瓷颗粒、体积分数为 30% 的有机添加剂和体积分数为 20% 的孔隙组成。虽然黏结剂烧掉后胶带的密度相对较低,但烧结后的胶带可以达到接近全密度。然而由于必须去除大量的有机添加剂,黏结剂的烧尽步骤很难进行。本章后面将讨论颗粒陶瓷的干燥和黏结剂的烧尽过程。

（3）坯体带的微观结构缺陷。

坯体带中主要的微观组织缺陷类型与前面提到的注浆成型体的缺陷类型相似。浆体内的气泡或干燥过程中液体的快速蒸发会造成大空隙,可通过适当地除气或控制干燥速度来避免。除非带厚大、干燥速度慢或者浆料的胶体稳定性差,否则由于不同粒径的颗粒沉降差异所导致的分离现象并不严重。由于浆料中黏结剂浓度较高,干燥过程中黏结剂在带表面的偏析会导致产生堆积密度梯度。颗粒或黏结剂偏析会使带在烧结过程中发生翘曲(甚至开裂)。如果浆体中的颗粒被拉长(等距),刮刀下的流动则会使颗粒沿流动方向优先排列。这种效应可用于生产显微结构一致的陶瓷。然而,由于在烧结过程中产生的各向异性收缩使其难以达到通常要求的小尺寸公差,因此在电子领域这种坯体带的应用较少。

4. 凝胶成型

凝胶成型是最近开发的一种工艺,它借鉴了传统陶瓷工业和高分子工业的思路。如

图 3.41 所示,将分散在单体溶液中的陶瓷颗粒浆体倒入模具中,并将单体进行聚合,使其固化,形成凝胶状的黏结相(即黏结剂)。黏结相从模具中取出时仍是湿的,通过液体蒸发进行干燥,然后加热烧尽有机添加剂,最后烧结。

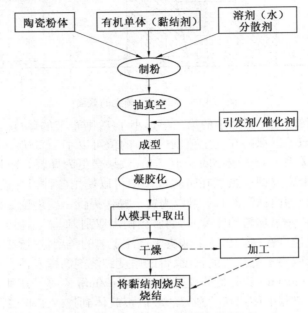

图 3.41　凝胶成型工艺流程图

凝胶成型通常使用水溶剂(也可以使用有机溶剂)、分散剂和类似于传统注浆成型的加工方法(如球磨),以达到成型通常需要的浆体性能:抗絮凝稳定性好、颗粒浓度高(凝胶铸造体积分数为 50%)、黏度低。该工艺的关键是在溶液中加入有机单体,使其发生原位聚合并形成强力交联凝胶。除了防止颗粒的分离或沉降,凝胶还能在干燥过程中为坯体提供强度,以承受毛细管应力,从而形成厚件或薄件。干燥体中仅有质量分数为 2% ~ 4% 的聚合物材料,该值与喷雾干燥颗粒形成的干压成型件和注浆成型件中有机添加剂的用量相当,因此,黏结剂的烧尽通常不是一个影响浆料性能的步骤。

(1) 单体和聚合。

单体溶液由溶剂(通常为水)、成链单体、支链(交联)单体和自由基引发剂组成。常用的成链剂有甲基丙烯酰胺(MAM)、羟甲基丙烯酰胺(HMAM)、n - 乙烯基吡咯烷酮(NVP)和甲氧基聚乙二醇单甲基丙烯酸酯(MPEGMA)。有时两种单体可以结合使用(例如,MAM 和 NVP,或 MPEGMA 和 HMAM)。常用的交联剂有亚甲基双糖胺(MBAM)和聚乙二醇二甲丙烯酸酯(PEGDMA)。最常用的自由基引发剂是过硫酸铵(APS),催化剂为四甲基乙二胺(TEMED)。

单体体系的选择取决于几个因素,如体系的反应性(包括反应温度)、凝胶的强度、刚度和韧性、坯体的强度和可加工性。MAM - MBAM 体系是常用的陶瓷体系之一,体系中溶液中单体质量分数为 10% ~ 20%,MAM 与 MBAM 的摩尔比为 2：6。另一种体系是MAM - PEGDMA,其中单体质量分数也为 10% ~ 20%,但 MAM 与 PEGDMA 的摩尔比为1：3。表 3.11 给出了凝胶成型用组合物示例。

凝胶的形成有两个阶段:起始和聚合。在起始阶段,黏度不变,不产生热量。在室温下加入引发剂可以在合理的时间(30 ~ 120 min)内使浆料和模具填充物脱气。通常在高温(40 ~ 80 ℃)下,短时间内聚合反应便可快速进行,从而产生凝胶。由于反应是放热的,因此可以通过监测系统的温度来跟踪反应的进行。

表 3.11　凝胶成型用组合物示例

陶瓷粉体[a]	分散剂	单体溶液[c]	引发剂
Al_2O_3	聚丙烯酸铵[b]	MAM – MBAM 或 MAM – PEGDMA	APS/TEMED
Si_3N_4	聚丙烯酸[b]	MAM – MBAM 或 MAM – PEGDMA	APS/TEMED
SiC	四甲基氢氧化铵 (pH > 11)	MAM – MBAM 或 MAM – PEGDMA	APS/TEMED

注:a 的体积分数约 50% ;

　　b 的体积分数为 0.5% ~ 2%;

　　c 的体积分数接近 50%(溶液中单体质量分数为 10% ~ 20%);MAM 与 MBAM 的摩尔比为 2 ~ 6;MAM 与 PEGDMA 的摩尔比为 1 ~ 3。

(2)模具材料。

凝胶成型常用的模具材料有铝、玻璃、聚氯乙烯、聚苯乙烯和聚乙烯。铝(特别是阳极氧化铝)广泛应用于可长期使用的模具中,而玻璃和高分子材料则可用于实验室实验。凝胶浇注系统可以与模具的表面接触而发生反应,因此模具表面通常涂有脱模剂(如聚合物加工业中使用的商用脱模剂)。

5. 电泳沉积

电泳沉积(EPD)过程如图 3.42 所示。直流电场使胶体悬浮液中的带电粒子向相反的带电电极移动并沉积。EPD 包括电泳和电极上的颗粒沉积。EPD 形成高密度堆积物需要稳定的悬浮体。不稳定悬浮液中的团聚粒子向相反的带电电极移动,形成低密度沉积。因此,了解悬浮液中的胶体相互作用对 EPD 十分重要。

EPD 是一种简单的成型技术,由于其沉积速率和范围受电控制,因此具有可控性。它最适合用于沉积涂层和薄物体的成型。

虽然电泳的基本原理相对简单,但是粒子在电极上的沉积机制一直有所争论,目前已经提出了几种机制来解释这种现象。最近的解释如图 3.43 所示。当带正电的氧化粒子及其周围的双层阴离子(电离层)向 EPD 电池的阴极移动时,电场和带正电粒子在液体中的运动导致

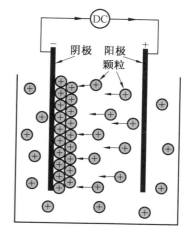

图 3.42　电泳沉积过程示意图

电离层发生变形:粒子前端的电离层变薄,尾端的电离层变厚。与远离电极的粒子相比,在粒子的前半部分,ζ 势更大;在后半部分,ζ 势更小。液体中的阳离子也随着带正电的粒子向阴极移动。尾层的阴离子往往与周围高浓度的阳离子发生反应,导致粒子尾层的双层结构变薄。下一个入射的粒子可以在前端表面产生一个薄薄的双层,并可以靠近到足以使范德瓦耳斯引力较为强烈的位置,最终在电极上凝固和沉积。

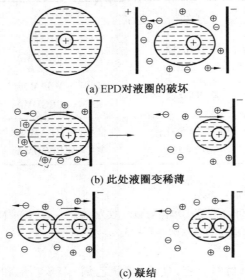

(a) EPD对液圈的破坏

(b) 此处液圈变稀薄

(c) 凝结

图 3.43　通过畸变与变薄机制,电泳层发生沉积的机理示意图

　　EPD 的动力学对控制沉积层厚度具有重要意义。这个系统有两种操作模式。在恒压 EPD 中,电极间的电压保持恒定。因为沉积需要的电场强度比电泳更高,所以随着沉积厚度的增加(从而电阻也增加),电场强度减小。粒子运动导致沉积速率降低。另一方面,恒流 EPD 通过增加电极间的总电位差来保持电场恒定,从而避免了恒压 EPD 中发生有限沉积。

　　假设悬浮液均匀,浓度变化仅由 EDP 引起,则电极上沉积的粒子质量 m 等于从悬浮液中移出的粒子质量,因此有

$$\frac{\mathrm{d}m}{\mathrm{d}t} = AvC \tag{3.19}$$

其中,A 为电极面积;v 为颗粒速度;C 为悬浮体中颗粒浓度;t 为沉积时间。对于高浓度悬浮液,粒子的速度由亥姆霍兹 - 斯莫鲁霍夫斯基(Helmholtz - Smoluchowski) 方程给出:

$$v = \frac{\varepsilon \varepsilon_0 \zeta E}{\eta} \tag{3.20}$$

其中,ε 是液体的介电常数;ε_0 是自由空间的介电常数;ζ 是粒子的电动电位;E 是施加的电场强度;η 是液体的黏度。如果 m_0 是悬浮粒子的初始质量,那么

$$m = m_0 - VC \tag{3.21}$$

其中,V 是悬浮液的体积。结合式(3.19)、式(3.20) 以及式(3.21) 给出的边界条件,可以得到

$$m = m_0(1 - e^{-\alpha t}) \tag{3.22}$$

$$\frac{dm}{dt} = m_0 \alpha e^{-\alpha t} \tag{3.23}$$

其中，$\alpha = Av/V$。由式（3.23）可知，沉积速率随时间呈指数递减，并由参数 α 控制。

3.3.3 塑性成型方法

对于一些陶瓷，可以采用可塑粉体 – 添加剂混合物的塑性变形进行成型。湿黏土 – 水混合物的挤压在传统陶瓷行业中广泛应用于制备具有规整截面的部件（如实心和空心的圆柱体和长方体）。对于一些具有特殊应用的氧化物陶瓷（如催化剂支架、电容管和电气绝缘体）的成型，该方法也是适用的。近年来，人们对填充颗粒的热塑性聚合物进行了多次挤压成型，制备出了具有纹理微结构或精细结构的材料。陶瓷 – 聚合物混合料的注射成型是一种潜在的实用方法，可以大批量生产形状复杂且尺寸较小的陶瓷制品。然而，该方法尚未成为重要的陶瓷成型工艺，主要原因有两个：

（1）与其他常用成型方法相比，这种方法的模具成本较高。

（2）烧结前去除高浓度黏结剂仍然是制作厚度大于 1 cm 的陶瓷的限制步骤。

挤出和注塑技术在陶瓷粉体成型中的应用得益于塑料工业发展的原理和技术。陶瓷粉体成型中使用的挤出机和成型机在塑料工业中也有使用，但是陶瓷系统需要对这些机器进行一些修改（例如，接触表面硬化）。

要想成功塑性成型，必须满足两个基本要求：

（1）混合物必须具有塑性流动的能力（在一定屈服应力以上），这样才能形成所需的形状。

（2）成型制品必须足够坚固，以抵抗在重力作用下或在与处理工艺相关应力下的变形。

添加剂的选择和混合物的配方是满足这些要求的关键步骤。

1. 挤压

在挤出过程中，通过活塞式挤出机或螺旋进料挤出机中的压模嘴将硬膏状粉体混合物压实成型。活塞挤出机设计简单，由筒体、活塞和模具组成。相比之下，螺旋进料挤出机较为复杂，如图 3.44 所示，挤出机筒体和螺杆的设计较引人关注。螺杆必须将粉体和其他添加剂混合均匀，并产生足够的压力来克服模具阻力，从而将混合物输送出去。通过利用挤出机螺杆的头部和模具，可以实现挤出体的成型。挤出机螺杆头将混合料的旋转流动变为轴向流动，从而进行挤压，并使混合料在模具内均匀流动。从挤出机中释放坯体时，模具必须使坯体产生所需的截面，使混合料在整个截面内均匀流动，而且其表面应光滑。

使进料有所需塑性性质的主要方法是：① 改变粉体 – 水体系的特性，这一方法通常用于黏土；② 向粉体中添加黏结剂溶液，这一方法通常用于特种陶瓷。当黏土颗粒与适量的水（质量分数为 15% ～ 30%，取决于黏土的类型）混合时，会产生理想的塑性特性。塑性取决于两个主要因素：① 由粒子表面电荷所导致的粒子之间的键合；② 因水的存在而产生的表面张力效应。表面电荷和表面张力对较粗陶瓷粉体的影响不大，但在与粗陶

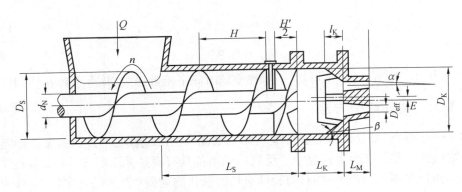

图 3.44　螺杆挤压机的结构示意图

(1 bar = 0.1 MPa)

瓷粉体具有化学相容性的前提下,可以通过添加细颗粒(如黏土或薄水铝石)来使塑性有所增加。

特种陶瓷粉体在与水混合时,不具备黏土 – 水体系中所要求的塑性特性。为了达到这一目的,它们与含有少量有机黏结剂的黏性溶液混合,以提供所需的塑料特性。溶剂通常是水,但非水溶剂(如醇、矿物酒精)也可以使用。由于挤出体还必须具有足够的坯体强度,因此黏结剂一般选用中黏度到高黏度的等级,如甲基纤维素、羟乙基纤维素、聚丙烯酰亚胺或聚乙烯醇。甲基纤维素的热凝胶化特性也为陶瓷挤压提供了便利。

表 3.12 给出了用于挤压的组合物的例子。短尾端系通常用少量添加剂(如 $MgCl_2$、$AlCl_3$ 或 $MgSO_4$)进行絮凝。此外润滑剂(如硬脂酸盐、硅酮或石油)通常用于减少模具壁摩擦。

表 3.12　挤压白瓷氧化铝中使用的组合物示例

白色器皿		氧化铝	
材料	体积分数 /%	材料	体积分数 /%
高岭土	16	氧化铝	45 ~ 50
球黏土	16	水	40 ~ 45
石英	16	聚丙烯酸铵(分散剂)	1 ~ 2
长石	16	甲基纤维素(黏结剂)	5
水	36	甘油(增塑剂)	1
氯化钙(絮凝剂)	≥ 1	硬脂酸铵(润滑剂)	1

(1) 挤压力学。

挤出机的流动方式会影响型材的质量。浓缩陶瓷悬浮体的流变学可分为四类:理想塑性、宾厄姆流变、剪切减薄和剪切增厚。速度剖面的一个特征是带有中心塞的差动流动(图 3.45)。随中心塞半径的增大,原料在挤出机中的速度恒定;但随中心塞与管壁之间半径的增大,原料在挤出机中的速度减小。在更极端的情况下,当物料通过挤出机的速度与管的半径无关时,就会发生滑移或堵塞。

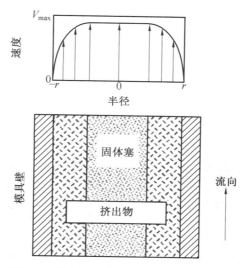

图 3.45 挤压过程中常见的中心塞差动流动

（2）挤压缺陷。

挤压体中会出现多种缺陷。常见的宏观缺陷有层压、撕裂和分离（图 3.46）。层压是由于螺旋钻周围的进料发生不完全再编织而形成的一种图案或裂纹,在螺杆进给挤出机中尤为明显。撕裂是在材料离开模具的过程中形成的表面裂纹,是由模具设计不良或混合物塑性低引起的。分离是指挤压过程中液体和固相混合物的分离,通常是由于混合不良造成的。此外,也可能有微观缺陷,如气孔（由于空气滞留）和夹杂物（由于污染）。

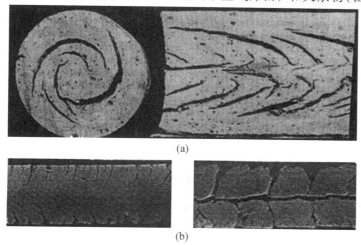

(a)

(b)

图 3.46 挤压过程中观察到的典型缺陷

2. 共挤压

最近发展了一种基于粉体填充的热塑性多聚体重复共挤压的方法来制备具有一定组织形貌或尺寸细小的陶瓷。共挤压形成的细尺度特征示意图如图 3.47 所示。通过活塞式挤出机挤压或分层,将颗粒体积分数为 50% 的陶瓷颗粒混合物（如氧化铝）、热塑性聚合物（如乙烯醋酸乙烯酯）和加工助剂（例如作为增塑剂的低分子量聚乙二醇）按要求排列成棒状进料材料(进给杆)。进给杆的挤压一般在100～150℃范围内,通过活塞式挤出机内的模具产生具有较小的横截面的挤出物(例如直径比进给杆直径小5倍),并且相应地减小了结构特征的尺寸。第一次挤压后产生的材料被切割成合适的长度,重新组装成新的进给杆。经过多次挤压,得到具有所需的小尺寸结构的挤压制品。

共挤压成功的一个要求是控制进料材料的流变特性和挤出参数,以生产结构特征均匀的挤出物。最终挤出后,将挤出物压实成所需形状,加热分解黏结剂等添加剂,烧结成最终制品。

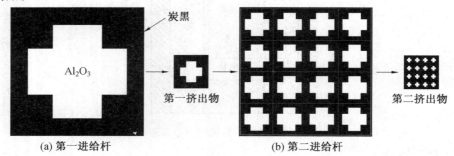

图3.47　共挤压形成的细尺度特征示意图

3. 注塑

陶瓷制品的注塑生产包括以下几个步骤:粉体和黏结剂的选择,将粉体与黏结剂混合,以颗粒的形式得到均匀的进料,对坯体进行注塑,在较低的温度下去除黏结剂(脱脂),最后在较高的温度下烧结得到致密的最终制品。脱脂步骤的一些工艺与其他成型方法(如带式成型)类似,本章后面将会讨论。本节介绍粉体与黏结剂的选择、进料的制备以及坯体的注射成型等关键因素。

(1)粉体特征。

当成型步骤与脱脂、烧结等其他工艺步骤相结合时,注塑成型所需的粉体特性通常与粉体加工相同。粒径小有利于脱脂时的形状保持,而且也有利于烧结,但粉体／黏结剂混合物的黏度较高,黏结剂从塑件中去除的速度较慢。如果粒度分布较宽,则堆积密度高,坯体强度高,烧结收缩率低。另一方面,黏结剂的去除率较低,体系易偏析,烧结过程中的组织变化不均匀。球形(或同轴)的形状可以使堆积密度更高,粉状黏结剂混合物的黏度更低,成型过程中的流动得到改善,但也会产生较低的坯体强度,导致在黏结剂去除过程中产生塌陷。一般来说,对于等轴、无结块、平均粒径小于10 μm、粒度分布窄或宽、堆积密度大于60%的粉体,通常可适用于大多数陶瓷注射成型。

(2)黏结剂系统。

虽然黏结剂在整个制造过程中发挥作用的时间较短,但对黏结剂的精心选择对注塑成型的成功至关重要。黏结剂必须为进料提供所需的流变性能,使粉体能够形成所需的形状,然后必须在烧制前从型材上完全去除,而不破坏颗粒填料或与粉体发生任何化学反应。因此,一个好的黏结剂必须具有理想的流变、化学和脱脂特性。此外它必须具有许多适合制造的品质,如环境安全、成本低。

实际上,单个黏结剂不能提供所有需要的特性,黏结剂系统通常由至少三个部分组成:主黏结剂、副黏结剂和加工助剂。主黏结剂控制注塑过程中进料材料的流变性,使其无缺陷,并控制坯体的强度和脱脂性能。采用副黏结剂对进料的流动特性进行改性,使模具具有良好的填充性能。在脱脂阶段,它还可以扩大脱脂条件的范围。去除少量黏结剂(通过溶解或热解)会形成孔隙网络,通过孔隙网络,可以更容易地去除主要黏结剂的分解产物。加工助剂可包括以下一种或全部的低浓度溶液:用于降低热塑性黏结剂的玻璃化转变温度的增塑剂;用于改善颗粒表面与聚合物熔体之间润湿性的表面活性剂;以及用于减少颗粒间和模壁摩擦的润滑剂。

陶瓷注射成型中使用的黏结剂体系很多,根据黏结剂的主要相组成可分为五类:① 热塑性化合物;② 热固性化合物;③ 水基体系;④ 胶凝体系;⑤ 无机物。其中,热塑性化合物是最广泛使用的,包括大多数常见的商用聚合物,如聚苯乙烯、聚乙烯、聚丙烯、聚醋酸乙烯酯和聚甲基丙烯酸甲酯。表 3.13 列出了热塑性黏结剂系统所用材料的例子。

粉体与黏结剂的配比是注塑成型成功的关键参数。在混合物中黏结剂太少会导致高黏度并形成滞留气穴,这两种情况都使成型困难。另一方面,过多的黏结剂会导致塑件微观结构产生异质性,并在黏结剂烧坏时发生塌陷。

表 3.13   陶瓷注射成型用热塑性黏结剂体系

主要黏结剂	次要黏结剂	增塑剂	其他添加剂
聚丙烯	微晶蜡	邻苯二甲酸二甲酯	硬脂酸
聚乙烯	石蜡	邻苯二甲酸二乙酯	油酸
聚苯乙烯	巴西棕榈蜡	邻苯二甲酸二丁酯	鱼油
聚醋酸乙烯酯		邻苯二甲酸二辛酯	有机硅烷
聚甲基丙烯酸甲酯			有机钛酸盐

如果 f_m 是颗粒的最大堆积密度(定义为颗粒接触时不能发生流动的体积分数),那么实际注射成型中使用的颗粒体积分数 f 比 f_m 低 5% ~ 10%。混合物的其余部分由黏结剂和其他添加剂组成。这意味着对于分散良好的粉体,在成型过程中,颗粒可以通过一层较薄的聚合物(50 nm 厚)与相邻的颗粒分离,这是实现混合物的流动所必需的。因此,掺入黏结剂中的颗粒体积分数 f 取决于粒度分布、颗粒形状,对于粒径小于 1 μm 的颗粒,还取决于粒度。对于大于 1 μm 的等轴颗粒,f 为 0.60 ~ 0.75。

对于可以加入混合物中的粉体,合适的体积分数取决于黏度,成型操作中,这种黏度是在预期的条件范围内使用毛细管流变仪测量的。相对黏度(混合物的黏度除以未填充聚合物的黏度)与颗粒浓度的数据可由下式很好地拟合:

$$\eta_r = \frac{1 - 0.25 f/f_m}{1 - f/f_m} \tag{3.24}$$

粉体团聚体的不均匀混合和不完全击穿会影响黏度,这会给成型过程带来严重的问题。使用高剪切应力混合器可以消除混合过程中的残余团聚体。在混合步骤之后,冷却的混合物在切割机中破碎成颗粒(直径几毫米),形成供成型的原料。表 3.14 给出了陶瓷注射成型进料成分组成示例。

表 3.14　陶瓷注射成型进料成分组成示例

组分	成分(质量分数)/%	
粉体	1 μm Al$_2$O$_3$	20 μm Si
主要黏结剂	石蜡	聚丙烯
少量黏结剂	—	微晶蜡
其他添加剂	油酸	硬脂酸

（3）成型。

与塑料的注塑成型相比，填充颗粒聚合物具有较高的密度、黏度、导热系数和弹性模量，这使得对陶瓷成型过程的控制变得更加困难。对于较高的模量、较快的冷却速率（由于较高的导热系数）和填充颗粒聚合物较低的断裂韧性，在凝固过程中残余应力会进一步扩展，从而使模塑件容易发生开裂。有相关研究曾对陶瓷注塑成型的残余应力进行模拟，但这些研究通常只通过改变一个过程变量来优化成型过程。

图 3.48 所示为注塑机的工作原理以及影响注塑机工作的一些参数。将颗粒状的进料送入机器，通过螺杆或柱塞输送到注射腔内加热产生黏性物质，再加压注入模具腔内。当型腔被填满后，模具冷却，取出坯体。由图 3.48（b）可以明显看出，通过一个机器便可以改变多个过程变量。这些过程变量使得工艺的优化变成很难的任务。一般来说，对于形状复杂的小物件，注塑成型是最好的选择。

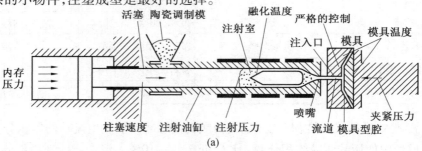

(a)

基本变量	机器变量
材料温度	融化温度 注射压力 柱塞速度 模具几何形状 模具温度
流速（剪切速率）	柱塞速度 模具几何形状 注射压力
空腔压力	注射压力 融化温度 柱塞速度 模具几何形状
冷却速度	融化温度 模具温度

(b)

图 3.48　柱塞注塑机识别主要机器变量示意图

3.3.4 固体自由成型

固体自由成型(SFF)是用于描述加工技术的术语,该技术直接通过计算机辅助设计(CAD)文件生产具有所需几何复杂性的零件,而无须使用模具等传统工具。该技术也可称为快速成型、桌面制造和层制造。近 10 ～ 15 年来,SFF 技术得到了快速的发展和应用。

SFF 技术并不是要取代传统的制造技术。但它有一个关键的好处是,可以用于评估设计、有限测试和改进制造过程的对象的硬质原型。SFF 技术的一个关键方面是只在需要的地方逐层沉积材料,因此,该方法也为生产具有独特结构特征的小型且具有复杂形状的部件提供了极大的灵活性,这是其他陶瓷成型方法无法实现的。

SFF 的基本原理如图 3.49 所示。物理组件是通过 CAD 制作建模的。接下来,模型被转换成计算机分析的格式,计算机将模型分割成横截面。在计算机辅助制造的步骤中,利用合适的设备和材料,系统地再现了截面,生成实际的三维原型。

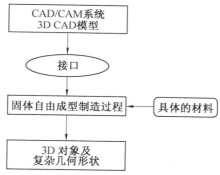

图 3.49 固体自由成型的基本原理

SFF 可以采用多种技术,以液体、粉体和层压板为原材料。比较成熟的技术有:① 立体平版印刷;②分层实体制造;③熔融沉积成型;④选择性激光烧结。这些技术通常用于制造塑料部件,但在最近几年,它们已迅速扩展到陶瓷(和金属)部件的生产。其他基于喷墨印刷和高浓悬浮液挤压的技术也在研究中。

陶瓷 SFF 技术提供了将浓缩悬浮液、粉体和颗粒填充聚合物等常见材料组装成具有复杂形状物体的方法。因此,之前讨论的常见成型方法(如注浆成型、带式成型和挤压等)的许多加工问题(如颗粒填料、聚合物添加剂、胶体相互作用和流变行为)也适用于陶瓷的 SFF。本章后面将讨论的干燥和去除黏结剂,也是一些方法的关键步骤。

1. 立体平版印刷

立体平版印刷原理图如图 3.50 所示。将一束激光束打在单体溶液中高度浓缩的陶瓷颗粒悬浮液的表面,该单体固化后形成的一层聚合物层将颗粒结合在一起。当第一层完成时,将支撑平台降低到与层厚相等的深度,悬浮体在聚合层上流动。将激光扫描到新表面形成第二层,并重复这一过程,直到组件完成。陶瓷组件是在去除黏结剂和烧结后得到的。

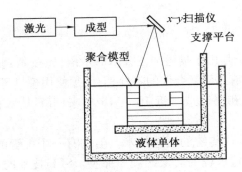

图 3.50 立体平版印刷原理图

为了得到致密的陶瓷,坯体和起始悬浮液必须具有许多特性:例如,悬浮物必须含有高浓度粒子(体积分数为 50%)来生产堆积密度高、黏度低的坯体以便于立体平版在印刷过程中可以流动。因此,低黏度的单体溶液和有效的分散剂可以控制颗粒之间的胶体相互作用(从而控制悬浮体的黏度),这是成功加工的重要要求。固化层深度也是立体凹版印刷的一个重要参数。对于目前可用的设备,需要 100 μm 的单层厚度以实现层压和黏合。单体溶液中陶瓷颗粒的存在增强了光子散射,导致光子通过溶液的平均传输长度减小。因此,最大化单体溶液的固化深度(例如,通过使用适当的单体和光引发剂)对于达到要求的层厚是非常重要的。

2. 分层实体制造

在分层实体制造(LOM)中,各层薄板按照计算机生成的模型依次黏结并被激光切割(图 3.51)。有一种工艺是 LOM 的一种改进形式,被称为计算机辅助叠片工程材料制造(CAM - LEM),这种工艺可以直接通过带式成型生产复杂形状的陶瓷。在 CAM - LEM 中,用激光从带式成型薄板上切下单个薄片,然后堆叠起来组装物体。将切片分层并去除黏结剂后,将坯体烧结成陶瓷组件。

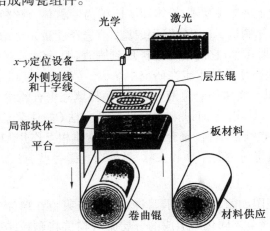

图 3.51 分层实体制造示意图

3. 熔融沉积成型

熔融沉积成型(FDM)是一种通过喷嘴挤压聚合物 - 蜡的长丝来构建可塑体的技术

（图3.52）。该技术有一种改进工艺，被称为熔融沉积陶瓷（FDC），已经被用来开发利用填充微粒的聚合物细丝制造陶瓷组件。在FDC中使用的陶瓷－聚合物混合物与前面描述的用于陶瓷注塑成型的混合物类似。首先将混合物挤压成直径约2mm的细丝，然后将细丝送入计算机控制的挤出头。通过喷嘴将可塑体混合物挤压成一层一层的物体。后续的加工步骤遵循注塑成型坯体中的描述。

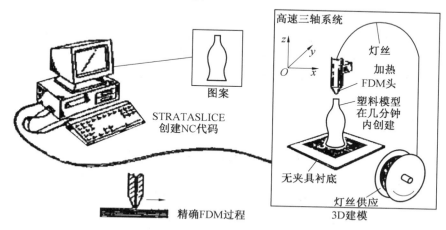

图3.52 熔融沉积成型过程示意图

4. 选择性激光烧结

在选择性激光烧结（SLS）中，组件是通过在一层薄薄的粉体材料上用激光束扫描而一层一层地建立起来的。对于聚合物和一些金属来说，激光束与粉体的相互作用会将温度提高到熔点，从而导致颗粒黏合并熔合到它们自身以及前一层上，形成固体物体。由于在激光扫描的短时间内，固体扩散输运不明显，因此晶体陶瓷不能直接由SLS形成。另一种方法是使用聚合物黏结剂，将黏结剂与陶瓷粉体混合，为SLS成型提供黏结的原料。去除黏结剂后，可以将坯体烧结成致密物。

5. 印刷成型技术

在一种被称为3D打印（3DP）的技术中，复杂形状的零件是通过一层层薄薄的陶瓷粉体连续沉积，然后用喷墨打印黏结剂溶液将粉体固定在适当的位置，并有选择地定义零件的几何形状而形成的。薄层粉可以由辊压实，然后从分散良好的悬浮液（如通过喷嘴直径为$100 \sim 200~\mu m$）中沉积，干燥后得到更均匀的颗粒填料和更高的堆积密度。在用黏结剂溶液固定粉体后，进行加热以除去多余的液体（水）。一个单层完成，连续的浆料和黏结剂重复沉积，直到该部分完成。然后黏结剂被固化，形成足够的强度，多余的粉体被重新分散在液体中用以回收。最后，将成型零件中的黏结剂加热分解，烧结成陶瓷制品。3DP流程有三个关键方面：首先，悬浮体的胶体性质和沉积层的干燥情况控制着沉积粉体层的结构；其次，必须要优化黏结剂溶液与粉体层的相互作用，以控制印刷件的形状均匀性；最后，回收打印部分的多余粉体，在这一步中，粉体的再分散性质由悬浮液的化学和胶体性质控制。

另一种印刷技术称为直接陶瓷喷墨印刷（DCIJP），陶瓷粉体包含在通过打印机喷嘴浇铸的油墨中。油墨本质上是一种分散良好、浓度较高且悬浮在液体中的粉体(体积分数约 30% 的颗粒)。通常,喷嘴直径为 50 μm,并且悬浮液以直径为 100 μm 的液滴形式沉积。DCIJP 成功成型的关键取决于适当的油墨的制备。除了常见的对粉体的要求(例如粒度细、粒度分布窄、聚集程度不大),可以使用聚合物添加剂(分散剂、黏结剂,如有必要可加增塑剂)来控制胶体。悬浮体的流变特性是油墨的关键因素。另外,液滴的干燥会影响沉积物的结构。

自动注浆成型是一种通过窄孔挤压高浓陶瓷悬浮体的方法。孔板开口的范围从零点几毫米到几毫米不等,而典型的悬浮液含有体积分数为 50% ~ 65% 的颗粒、体积分数为 35% ~ 50% 的溶剂(通常是水)和体积分数为 1% ~ 5% 的有机添加剂。在这个过程中,每一层都是在前一层充分干燥后依次沉积的。悬浮体的流变特性和对沉积层干燥的控制是成型好坏的关键。

3.4   颗粒陶瓷的干燥

采用带式成型、挤压等常用成型方法生产的湿性颗粒陶瓷,在黏结剂烧尽及烧结前必须进行干燥。干燥也是固体自由成型技术的关键步骤,该技术涉及胶体悬浮液的逐层沉积。

3.4.1   颗粒层的干燥

对含有稀释的胶体颗粒(颗粒浓度为 10^{-4} mol/L) 液滴的干燥过程的研究表明,这些颗粒会产生较大的迁移,最终会形成一个环(图 3.53)。二氧化硅膜(40 μm 厚)在集中胶体悬浮液干燥沉积过程中成环。在干燥初期,膜外边缘的颗粒进行固结形成环状(图 3.54)。随着干燥的进行,液体流动到外部区域并保持饱和状态,这一过程由毛细管环的吸力压力驱动。液体中的颗粒沉积在饱和环与过饱和悬浮液的界面上。如图 3.54 所示,膜的干燥类似于注浆成型的固结。干燥过程结束后,在膜的中心通常会出现一个凹窝或凹陷,这反映了迁移过程中颗粒的消耗。在实际应用中,可以通过阻碍悬浮颗粒的运动、增加颗粒浓度或降低胶体稳定性来抑制膜的凹陷现象。

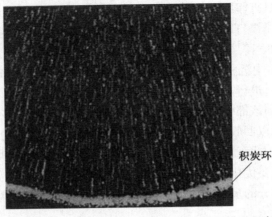

图 3.53   胶体颗粒在含有低浓度胶体颗粒的液滴干燥过程中的迁移

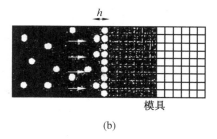

图 3.54　颗粒膜的干燥和注浆成型过程示意图
（箭头表示流体流动的方向）

　　刚性基体上沉积的薄膜在干燥过程中会产生双轴拉应力,因为它们不能在薄膜的平面上收缩。在干燥过程中,由于孔隙液体中的毛细管张力延伸至液体蒸发后暴露的干燥表面,从而形成双轴拉应力。液体中的毛细管张力会使薄膜收缩,但刚性衬底会阻止薄膜平面的收缩。

　　采用静电稳定无黏结剂悬浮液(粒径为 0.5 μm 的氧化铝粒子) 制备的膜,在膜厚大于一定临界值(50 μm) 时,无论干燥速度如何,均可观察到膜的自发开裂现象。临界裂纹厚度的存在可以用线性弹性断裂模型来解释,该模型指出,只有在过程中释放的应变能超过形成裂纹所需的能量时,受约束薄膜在应力作用下才会发生裂纹。临界裂解厚度取决于液体中的毛细管张力,随着颗粒尺寸的增大和表面张力的减小,临界裂解厚度增大。对于絮凝悬浮液,临界裂解厚度也增加,但代价是干燥膜中颗粒堆积密度较低。黏结剂的使用为提高临界开裂厚度提供了有效途径。

3.4.2　颗粒状固体的干燥

　　虽然凝胶和颗粒状固体之间存在着重要的区别,但是干燥的一般原则也适用于颗粒状固体。我们将简要概述一般原则在成型体或塑性制品干燥中的应用。成型体或挤压制品的含水量比凝胶少得多,因此干燥过程中的收缩也小得多。颗粒陶瓷的孔隙也较大,渗透性较高,因此颗粒状固体的干燥问题不像凝胶那样严重。然而,不适当的加工或成型操作在体内产生的不均匀性是影响固体质量的另一个问题。

1. 干燥的物理过程

　　成型体或挤压制品的干燥曲线与凝胶的干燥曲线具有相同的一般特征。蒸发速率为恒定速率周期(CRP),随后为下降速率周期(FRP)。在某些情况下,FRP 可以分为两个部分:第一下降速率期(FRP1) 和第二下降速率期(FRP2)。黏土基陶瓷和其他颗粒陶瓷的干燥曲线通常绘制为坯体含水量的函数,表示为固体(干燥基) 干重的百分比:

$$含水量 = \frac{(湿重 - 干重) \times 100\%}{干重} \tag{3.25}$$

成型体或挤压制品的含水量一般为 20% ~ 35% 。

　　在 CRP 中,蒸发速率与含水量无关。当蒸发开始时,就会形成一个干燥的表面区域,液体会延伸覆盖干燥区域。液体中会产生一种张力,这种张力被固相上的压缩应力所平衡。压缩应力使物体收缩,液体的弯月面留在表面。随着干燥过程的进行,这些颗粒会形成更致密的填料,从而使物体变得更硬。液体的弯月面变深,液面张力增大。最终,粒子被一层薄薄的结合水包围,接触和收缩停止。此时的含水率有时称为坯体半干状含水率。

当收缩停止时,进一步的蒸发推动弯月面进入坯体,蒸发速率下降。速率开始下降的点是临界含水率。在实际应用中,临界含水率与坯体半干状含水率近似相等。在FRP1中,液体仍然从表面蒸发。液体可以沿着连续的通道流向表面。最终,靠近坯体外部的液体会被隔离。流向表面的流体停止,液体主要通过蒸气的扩散而被除去。在这个阶段,干燥进入FRP2。

2. 开裂及翘曲

干燥过程中产生的开裂和翘曲是由液体压力梯度和加工或成型操作不当而在体内产生的不均匀应变分布而引起的。当液体开始延伸,覆盖到由于液体蒸发而产生的干燥区域时,液体中就会产生张力。如果液体中的张力 p 是均匀的,则固相中不存在应力。然而,对于 p 随厚度变化的情况,当 p 较高时,体块会收缩更多,不均匀应力会导致翘曲或开裂。

当蒸发速率非常高时,液体中的张力可达到最大值,体表面总应力由下式给出:

$$\sigma_{\mathrm{X}} \approx \frac{2\gamma_{\mathrm{LV}}\cos\theta}{a} \tag{3.26}$$

其中,γ_{LV} 为液体的表面张力;θ 是接触角;a 是孔隙半径。对于含水黏土混合物,颗粒大小为 $0.51~\mu\mathrm{m}$,假设 $\theta=0$,$\gamma_{\mathrm{LV}}=0.07~\mathrm{J/m^2}$,孔径等于颗粒大小的一半,可得 $\sigma_{\mathrm{X}}=0.5~\mathrm{MPa}$。未烧成的含少量黏结剂的颗粒陶瓷非常脆弱,这种应力足以引起裂纹。

此外,CRP 过程中体表面的边界条件为

$$\dot{V}_{\mathrm{E}} = \frac{K}{\eta_{\mathrm{L}}}\nabla p\,|_{\mathrm{surface}}$$

其中,$\dot{V}_{\mathrm{E}}$ 为蒸发率;K 为坯体的渗透率;η_{L} 为液体的黏度;∇p 是液体的压力梯度。高蒸发速率会导致高 ∇p。为了避免开裂或翘曲,坯体必须慢慢干燥。然而,"安全的"干燥速率可能非常慢,以至于需要很长的干燥时间。

为了提高安全干燥速率,可以采用以下几个方法。对于一个给定的 $\dot{V}_{\mathrm{E}}$,∇p 随 K 的增加和 η_{L} 的降低而降低,渗透率 K 随着颗粒(或孔隙)大小平方的增大而增大。一种方法是使用更大的颗粒或混合粗填料与颗粒。这种方法通常是不切实际的,因为它会导致烧结过程中的致密度有所降低。另一种方法,在高湿度干燥过程中(在稍高温度下(70 ℃)和高环境湿度的干燥气氛中)使 η_{L} 降低。提高温度会导致 η_{L} 降低(在70 ℃ 时减小2倍)和干燥速率增加。但是,增加环境湿度会抵消干燥速率的增加。以这种方式可以达到合理的干燥速率,同时保持较小的 ∇p。高湿度烘干机的操作顺序是先增加环境湿度,然后提高温度,干燥后降低湿度,再降低温度。

即使潮湿的坯体干燥均匀且在安全的干燥速率内,但由于加工或成型操作不当而产生的不均匀性仍可能导致开裂和翘曲。坯体含水率较高的部位(高于临界值)收缩幅度较大。由湿度梯度引起的收缩差是开裂和翘曲的常见原因。由先后沉降引起的粒度梯度也会导致不同的收缩。图3.55 所示为液体中压力梯度、水分梯度和先后沉降引起的差异收缩的影响。

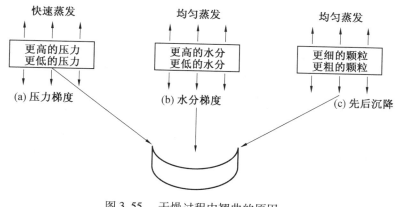

图 3.55 干燥过程中翘曲的原因

3.5 黏结剂的去除

有机添加剂和其他加工助剂(本节简称黏结剂)在烧结前必须从坯体中除去。这种去除黏结剂的过程通常称为脱脂。理想情况是,在不破坏颗粒充填且不在坯体中产生任何新的微观结构缺陷的情况下,完全去除黏结剂。残余污染物(如碳离子和无机离子)和缺陷(如裂纹和大孔洞)通常会对烧结过程中的微观结构演变产生不利影响,从而对所制坯体的性能产生不利影响。脱脂是陶瓷加工过程中的一个关键步骤,特别是在坯体中黏结剂含量较高的成型方法中。脱脂可以通过三种方法来完成:① 毛细管流萃取到多孔周围材料中;② 溶剂萃取;③ 热分解。目前最常用的方法是热分解(简称热脱脂)。

3.5.1 毛细管流动萃取

毛细管流动萃取法也称为芯吸,是将坯体在填充好的粉体床上或在吸收熔融黏结剂的多孔衬底上加热。通过毛细作用去除黏结剂的净时间 t 由下式给出:

$$t \approx \frac{5L^2 \eta V_s^2 D_w}{\gamma_{LV}(1 - V_s)^3 D(D - D_w)} \tag{3.26}$$

其中,L 为本体厚度;η 和 γ_{LV} 分别为熔融结合料的黏度和比表面能;V_s 为本体的颗粒堆积密度;D 为坯体的粒径;D_w 为基体粉体的粒径。D_w 和 L 的减小促进了毛细作用,从而可以快速去除黏结剂。由于黏结剂的黏度随着分子量的增加而增加,因此毛细作用通常对蜡有用,但不适用于高分子聚合物。黏结剂的用量按时间的平方根计算。然而,并不是所有的黏结剂都可以用毛细作用去除。当熔融黏结剂进入悬浮状态时(即当它们互相被孤立时),黏结剂去除停止。

3.5.2 溶剂萃取

溶剂萃取是将组分浸入能溶解至少一种黏结剂的液体中,为随后的黏结剂去除留下一个开放的孔隙结构。完全脱脂是可能的,但在实际生产中不会如此,因为完全脱脂后的粉体几乎没有强度。下式给出脱脂的时间 t：

$$t = \frac{L^2}{\alpha} \ln\left(\frac{V_B}{1 - V_s}\right) \exp\left(\frac{q}{kT}\right) \tag{3.28}$$

其中，L 是坯体的厚度；α 是一个取决于黏结剂的溶剂的溶解度的因素；V_B 是黏结剂被除去的部分；V_s 为坯体的颗粒堆积密度；q 为黏结剂在溶剂中溶解时的活化能；k 是玻耳兹曼常数；T 是绝对温度。

溶剂萃取的黏结剂系统由至少两种组分组成，一种可溶于溶剂，另一种不溶于溶剂，以便在萃取可溶性组分后将颗粒固定在原位。可溶组分必须至少占黏结剂体系体积分数的 30%，以便具有足够的互联性来进行萃取。溶剂与黏结剂的相互作用包括溶胀和溶解，因此需要选择一种好的溶剂进行萃取，以减少溶胀。

3.5.3 热脱脂

对于热脱脂，在氧化、非氧化气氛中或在部分真空下，黏结剂通过常压加热可以以蒸气的形式被除去。这个过程受到化学和物理因素的双重影响。化学上，黏结剂的组成决定了分解温度和分解产物。从物理上讲，黏结剂的去除是通过传热和传质两个过程来控制的。在实践中，黏结剂系统由至少两种组分的混合物组成，这两种组分在挥发性和化学分解方面有所不同。陶瓷粉体可以改变纯聚合物的分解情况。鉴于实际系统的复杂性，首先考虑由单黏结剂（如聚甲基丙烯酸甲酯或聚乙烯等热塑性聚合物）粉体压实剂组成的简化系统的热脱脂基本特征。随后，将概述与混合黏结剂的使用及其对粉体的影响有关的实际关键因素。

1. 阶段和机制

对于热塑性黏结剂，热脱脂可大致分为三个阶段。

第一阶段进行初始加热，从而使黏结剂软化（150 ~ 200 ℃）。化学分解和黏结剂的去除在这一阶段是可以忽略不计的，但是其他几个过程的发生，如收缩、变形和气泡的形成，会严重影响坯体形状和结构均匀性。在聚合物熔体表面张力的作用下，当颗粒试图达到更致密的填料时，收缩会发生在重新排列的过程中，收缩的幅度随着坯体中颗粒堆积密度的降低而增大。较低的颗粒堆积密度、较高的黏结剂含量和较低的熔体黏度都会增强变形程度。气泡的形成是由黏结剂的分解以及形成过程中残留的溶剂、溶解的空气或滞留在坯体内的气泡造成的，这是热脱脂过程中失效或缺陷形成的可能原因。

在第二阶段中，通常覆盖 200 ~ 400 ℃ 的温度范围，此时黏结剂是通过化学分解和蒸发去除的。熔融黏结剂的毛细管流动可以伴随蒸发过程。分解反应的性质取决于黏结剂的化学成分和气氛。在氮气或氩气等惰性气体环境中，聚乙烯等聚合物在主链上随机发生断链热降解，从而形成更小的片段（图 3.56(a)），这会导致聚合物黏度降低。随着热降解的继续，链段变得足够小（即它们的挥发性增加），从而蒸发会被促进。其他如聚甲基丙烯酸甲酯（甲基丙烯酸甲酯）的聚合物会发生解聚反应，从而产生高比例的挥发性单体（图 3.56(b)）。

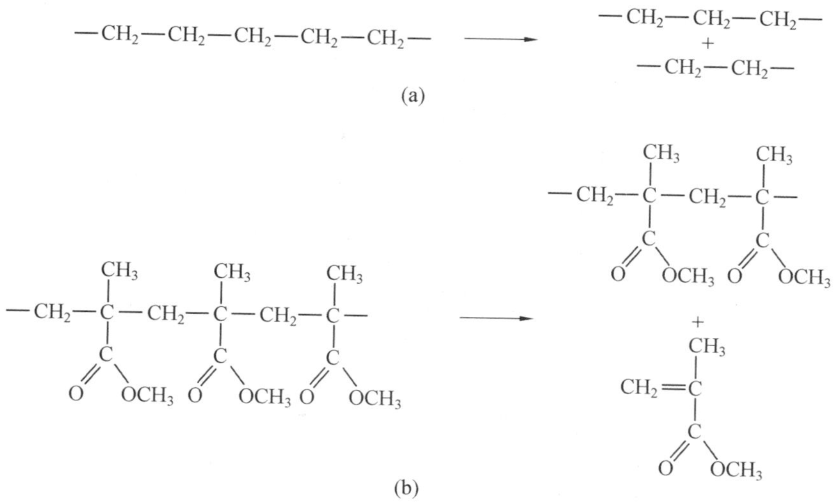

$$—CH_2—CH_2—CH_2—CH_2—CH_2— \longrightarrow \begin{array}{c} —CH_2—CH_2—CH_2— \\ + \\ —CH_2—CH_2— \end{array}$$

(a)

(b)

图 3.56　聚合物的热降解机理

在氧化性气氛中,除了热降解外,还会发生氧化降解。氧化降解通常通过自由基机制发生,产生的分解产物中含有大量挥发性低分子量化合物,如水、二氧化碳和一氧化碳。与热降解相比,氧化反应通常在较低的温度下发生,并使黏结剂被去除的速度增加。

最后,在第三阶段,剩余少量且仍在体内的黏结剂被蒸发和分解,且反应温度高于400 ℃。此阶段黏结剂的去除是由于坯体的多孔性,但必须小心选择气氛,以避免黏结剂残留过多。

2. 热脱脂模型

如上所述,对于高分子量热塑性黏结剂,通过热降解或氧化降解可以形成低分子量物质,进而热脱脂可以通过这些物质的蒸发来实现。低分子量的黏结剂只需要蒸发,不需要任何显著的降解。因此热脱脂有三种模型:① 蒸发;② 热降解后蒸发;③ 氧化降解后蒸发。然而,蒸发模型与热降解模型的区别仅仅在于挥发性物质的浓度。在蒸发模型中,黏结剂的挥发性物质存在一个初始浓度并且随着脱脂的进行,浓度有所降低。而在热降解模型中,挥发性物质的浓度最初为零,但随着黏结剂的降解,浓度有所增加,然后随着挥发性物质的蒸发,浓度有所减少。因此,热降解模型可以描述低分子量黏结剂蒸发的主要特征。

假设温度是均匀的,热降解会在熔融黏结剂中产生挥发性、低分子量的物质。黏结剂的去除是通过挥发性物质的蒸发来实现的。降解产物在表面的蒸发速率和在体内的输运速率决定了产物的浓度分布。例如,在坯体中心存在挥发性的物质,一定不能让温度超过这些物质的沸点,因为这将导致气孔的形成,从而导致微观结构产生缺陷。

热降解过程中黏结剂的去除具有类似于潮湿颗粒状材料的干燥过程。这一过程可用如下模型来描述,该模型有两个不同半径的连通孔隙(图 3.57(a))。尽管气孔有不同的半径(r_L 和 r_S),但最初液体从气孔中以相同的速率蒸发,因此弯月面的半径是相等的。液体中的毛细管张力由杨氏方程和拉普拉斯方程给出:

$$p = \frac{2\gamma_{LV}}{r_m} \tag{3.29}$$

其中，γ_{LV} 为液体的表面张力。如果弯月面半径不同，则式（3.29）给出的毛细管张力也不同，液体从一个孔流向另一个孔，直到弯月面的半径再次相等。

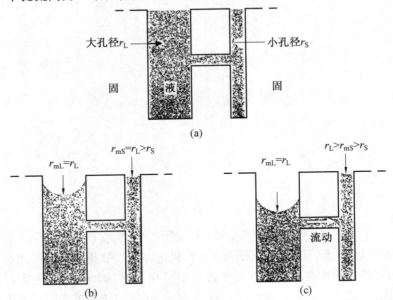

图 3.57　通过热降解去除黏结剂期间的液体蒸发和流动的示意图

　　随着表面蒸发的进行，弯月面的半径逐渐减小。由于弯月面半径的减小实际上是由粒子接触导致的，因此坯体实际上也没有发生收缩。当弯月面的半径等于大孔的半径时，$r_m = r_L$（图3.57（b））。这时进一步的蒸发会迫使液体退回到大孔隙中。然而，弯月面半径 r_m 在小孔隙中会继续减小，毛细管张力会从大孔隙中吸液（图3.57（c））。这样，大孔隙先清空，小孔隙仍然充满液体。大孔隙被清空后，小孔隙开始被清空。对于实际情况，在得到孔隙大小和形状分布后，这个原理可以使用。因此，预计在热降解过程中大量的液体会发生重新分布。此外预计液体蒸发前不会均匀地进入坯体内。相反，当液体从较大的孔隙进入较小的孔隙时，孔隙会首先向坯体的深处扩展。在黏结剂烧尽的研究中，会观察到这些孔隙扩展和液体再分配的趋势。

　　在氧化降解过程中，反应发生在聚合物－气体界面，随着降解的进行，聚合物－气体界面向坯体内收缩。如前所述，大多数脱脂发生在黏结剂熔化之后。气体反应产物可以通过渗透法在常压下去除，也可以通过多孔外层在真空下去除（图3.58）。

　　扩散或渗透的速率主要取决于气体分子的平均自由程。气体分子在扩散过程中主要与孔隙结构发生碰撞，而在渗透过程中主要与其他气体分子发生碰撞。对于图3.58所示的模型，假设黏结剂具有单组分、低分子量，那么当蒸气等温去除时，理论分析表明扩散控制过程的脱脂时间 t 为

$$t \approx \frac{L^2}{2D(1 - V_s)^2(p - p_0)} \frac{(M_w kT)^{1/2}}{V_M} \tag{3.30}$$

其中，L 是坯体的厚度；D 为粒子大小；V_s 是粒子堆积密度；p 是毛孔中的压力；p_0 是环境压力；M_w 是分子量；V_M 是蒸气的分子体积；k 是玻耳兹曼常数；T 是绝对温度。对于渗透过程

脱脂时间如下所示：

$$t \approx \frac{20L^2\eta}{D^2F} \frac{V_s^2}{(1-V_s)^3} \frac{p}{(p^2-p_0^2)} \quad (3.31)$$

其中，η 是蒸气的黏性；F 为黏结剂烧尽而引起的体积变化；其他参数定义同式(3.30)。

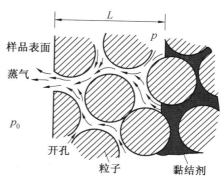

图 3.58　氧化降解热脱脂模型示意图

无论是扩散过程还是渗透过程，脱脂时间都随组分厚度的平方而变化。小粒径和高粒径堆积密度降低了黏结剂的去除率，但另一方面有利于后续的烧结步骤。因此，在烧结过程中，黏结剂的快速去除与高密度的实现之间存在着矛盾。工艺优化或烧结助剂的使用提高了致密化过程。式(3.30)和式(3.31)还表明，较低的环境压力或真空可以缩短黏结剂的去除时间。然而，真空不会导致氧化降解。此外，在真空中，温度控制和热量传输也很难。在较低的环境压力下使用氧化气体可以使其充分降解并且有良好的热传输。

3. 实际热脱脂

对于黏结剂体积分数小于 5% 的坯体，黏结剂的去除速度相对较快，但这一过程并不是整个制造过程中的关键步骤。热脱脂与带式成型、注塑成型和某些固体自由成型方法较为类似，由于通过这些过程形成的生坯都具有较高含量的黏结剂，因此脱脂便成为一个关键的加工步骤。

实际的黏结剂系统，特别是在注塑成型的情况下，至少由两种组分组成，而且这两种组分的挥发温度和分解方式有所不同。有效脱脂的关键是选择一个温度范围，在这个温度范围内，仅有特定的某一种物质会挥发，而组分内的其他物质几乎不会挥发。在这种情况下，在较低的温度下去除第一种黏结剂会形成一个多孔网络，通过这个网络，第二组分的分解产物可以更容易地重新移动。油和蜡的熔化温度低于大多数高分子量热塑性聚合物，它们在热塑性黏结剂混合物中是有用的小组分。

聚合物黏结剂在陶瓷坯体中的分解比纯黏结剂的分解更为复杂。在含有聚丁醛的情况下，图 3.59 所示的氧化物粉体可以发生催化反应，这会导致分解温度降低。例如，氧化铈(CeO_2)可使最大质量损失温度降低约 200 ℃。通常在纯状态下完全燃烧的黏结剂可能会留下少量的残渣，这些残渣很难从颗粒表面清除。对于给定的黏结剂组成，残留物的数量取决于几个因素，如粉体组成、气体气氛以及粉体表面的结构和化学成分。

在脱脂过程中，脱脂时间和缺陷的预防之间取得一定的平衡是十分必要的。通常，这是通过控制加热循环来实现的。非常慢的加热速度使热脱脂过程耗时，而快的加热速度导致气泡的形成、黏结剂的快速熔化以及主体的变形。一开始加热速度要慢(不到 1 ℃/min)，期间适当进行保温，直到气孔部分打开，加热速度才能提高。在某些情况下，使用溶剂萃取打开部分孔隙，然后进行热脱脂，这样可以提高脱脂步骤的效率。

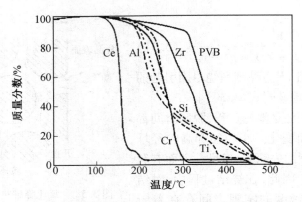

图 3.59 聚乙烯基丁醛质量分数为 2% 和各种氧化物质量分数为 98% 的薄膜的热重图

3.6 坯体组织及其表征

如前所述,坯体的微观结构对烧结过程中的微观结构演变有着重要的影响,因此一定程度的表征往往是必不可少的。对于由给定粉体形成的致密物,其重要的坯体特征是相对密度(或孔隙度)和孔径分布,这是衡量填料均匀性的两个指标。密度本身是预测粉体烧结特性的一个误导参数。

密度是由质量和体积来度量的。对于规则形状的物体,其表观体积可以从尺寸上测量。孔隙度和孔径分布通常用压汞法测量,对于非常细的孔隙,则用气体吸附法测量。断裂面的扫描电子显微镜(SEM)图像提供了对填料均匀性的指导,这种方法直观、易于操作但粗略。压汞法、气体吸附法和扫描电子显微镜等技术也是粉体表征的常用方法。

使用其他技术可以获得更多的信息。坯体先用环氧树脂浸渍,然后切片、抛光、观察,在 SEM 中可以观察到坯体微观结构的准三维信息,但该方法耗时,只能观察到抛光表面的特征。采用液体浸渍技术可以表征颗粒和坯体的内部结构。在该技术中,将试样浸入具有匹配折射率的液体中,在透射光下用光学显微镜观察,使其透明。该技术非常适合于观察低浓度的微观结构(尺寸为 1 μm 至数十微米)缺陷。

第4章　固相烧结和黏性烧结

烧结过程的基本类型包括：固相烧结、黏性烧结、液相烧结和玻璃化转变。本章着重分析固相烧结和黏性烧结的致密化过程，同时还将介绍烧结过程中粉体体系微观结构的变化过程。

由于传质方式的多样性及晶界的存在，多晶材料的烧结过程比非晶材料的复杂得多。固相烧结至少包括六种传质方式，在任何烧结过程中都可能存在一种以上，因此，人们通常难以分析烧结速率并确定实际的烧结机理。与固相烧结相反，黏性烧结的分析相对简单。通过黏性流动机理发生的传质，其物质流动的路径并不确定。物质传输方程是在能量平衡概念的基础上推导出来的，在非晶态材料的烧结过程中，物质通过黏性流动会发生能量耗散，但当物质在烧结过程中发生致密化时，其比表面积会有所减少，从而使物质获得部分能量，当达到能量平衡时，能量的耗散速率与增加速度相等，由此便可以推导出物质传统方程。基于该能量平衡模型，通常可以成功地描述玻璃等非晶态材料的烧结动力学。

根据烧结理论，我们能够描述整个烧结过程以及微观结构的演变（即晶粒尺寸、孔径、晶粒分布和孔径的变化）。但是，该过程非常复杂，开发出一套完善的理论非常困难。目前，有几种理论方法来分析烧结过程中的致密化过程，包括分析模型、比例定律和数值模拟。分析模型经常会受到质疑，因为模型中大幅简化的假设使得它们不适合定量地预测真实粉体体系的烧结行为。分析模型最多只能帮助我们对烧结过程进行定性的理解；尽管存在这些缺点，我们还是不应忽视分析模型在帮助我们理解烧结行为的过程中所发挥的作用；比例定律可以用来分析粉体体系的粒度对烧结的影响；数值模拟为深入了解烧结提供了强有力的工具，预计这些技术将在未来得到更广泛的应用。

4.1　烧结机理

多晶材料的烧结是通过物质沿着特定的路径进行扩散传输而发生的，传质路径不同，烧结机理也不同。物质从化学势较高的区域运输到化学势较低的区域。在多晶材料中至少存在六种不同的烧结机理，图4.1所示为固态晶体颗粒的六种不同的烧结机理。这六种机理均会导致颗粒间的黏结和颈部的生长，因此在烧结过程中粉体颗粒之间的结合强度会有所增加。然而，只有某些机理会导致收缩或致密化，我们通常会使用致密化和非致密化的机理进行区分。表面扩散、从颗粒表面到颈部的晶格扩散和蒸气运输（机理1、2和3）会导致颈部生长，但不会导致致密化，这三种机理被称为非致密化机理。晶界扩散和从晶界到孔隙的晶格扩散（机理4和5）是多晶陶瓷中最重要的致密化机理。从晶界到孔的扩散会导致颈部生长和致密化。位错的塑性流动（机理6）也会导致颈部生长和致密化，这些现象在金属粉体的烧结中更为常见。但我们不能简单地忽略非致密化机理，非致密化的发生会减小颈部表面的曲率（即烧结的驱动力），从而降低致密化的速率。

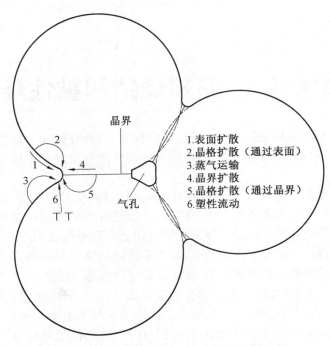

图 4.1 固态晶体颗粒的六种不同的烧结机理

除上述机理外,化合物中不同种类离子的扩散也会进一步增加烧结的复杂性。受化学计量数和电中性的约束,化合物中不同种类离子的通量是相互耦合在一起的,因此致密化速率是由最慢的扩散类型控制的。

对于玻璃等没有晶界的非晶态材料,颈部生长和致密化是由颗粒的黏性流动引起的。图 4.2 所示为通过黏性流动机理烧结两个玻璃球体的例子,其中物质流动的路径没有明确标明。后面将会看到,伴随黏性流动的几何变化也相当复杂,因此在推导物质传输方程时会做出较大的简化假设。对于球体的黏性烧结,图 4.3 为黏性烧结两种可能的流场示意图。虽然在实际的烧结过程中可能会出现左侧所示的形式,但最新的数值模拟结果与右侧的流场形式更为吻合。表 4.1 对多晶和非晶材料的固相烧结机理进行了总结。

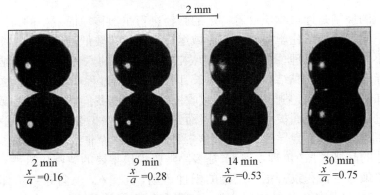

图 4.2 玻璃球体在 1 000 ℃ 下进行烧结

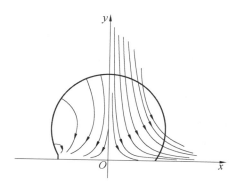

图 4.3 黏性烧结两种可能的流场示意图

表 4.1 多晶和非晶材料的固相烧结机理

固体类型	机理	物质来源	物质连接	致密化	非致密化
多晶	表面扩散	表面	颈部		√
	晶格扩散	表面	颈部		√
	蒸气运输	表面	颈部		√
	晶界扩散	晶界	颈部	√	
	晶格扩散	晶界	颈部	√	
	塑性流动	位错	颈部	√	
非晶	黏性流动	不确定	不确定	√	

4.2 晶界的影响

多晶材料和非晶材料的一个重要区别是多晶材料中存在晶界。晶界的存在决定了多晶材料中孔隙和晶粒的大致形状。假设多晶材料中某一个孔隙是由三个颗粒包围形成的,如图 4.4 所示。力必须在孔隙表面与晶界相交处保持平衡,通常由界面张力(即固 – 气界面张力和晶界张力)来表示的。与液体的表面张力类似,张力的产生是由于界面面积的增加而导致能量的增加。在界面交会处,固 – 气界面的张力 γ_{sv} 与该界面相切,而晶界中的张力 γ_{gb} 在晶界所在的平面上。由受力平衡可得

$$\gamma_{gb} = 2\gamma_{sv}\cos\frac{\psi}{2} \tag{4.1}$$

其中,ψ 是二面角。一些烧结模型考虑了二面角,但大多数模型假设 $\psi = 180°$ 且 $\gamma_{gb} = 0$。

在多晶材料的烧结过程中,自由表面积消除后形成了新的晶界面积,导致能量有所降低。假设一个粉体体系的颗粒是球形的,而且颗粒之间是点接

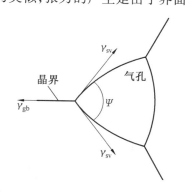

图 4.4 多晶固体中孔隙的平衡形状

触的(图4.5(a))。这样烧结过程中自由能降低的最大值可以表示为

$$\Delta E_{max} = - \Delta A_s \gamma_{sv} \tag{4.2}$$

其中,ΔA_s 是粉体的总自由表面积。当粉体致密化时,自由表面被晶界取代,如图4.5(b)所示。如果达到完全致密,则与致密化相关的自由能的变化为

$$\Delta E_d = - (\gamma_{sv} \Delta A_{sv} - \gamma_{gb} \Delta A_{gb}) \tag{4.3}$$

其中,ΔA_{gb} 是致密固体的晶界的总面积。在致密化过程中,大约两个自由表面合并成一个晶界,如图4.5所示,所以 $\Delta A_{gb} \approx \Delta A_s/2$。因此,由致密化引起的自由能的总变化为

$$\Delta E_d \approx - A_s \left(\gamma_{sv} - \frac{\gamma_{gb}}{2} \right) \tag{4.4}$$

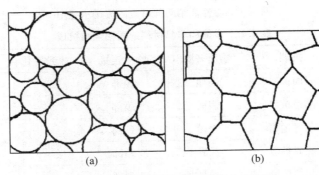

(a)   (b)

图4.5　多晶体系致密化过程中自由表面

对于大多数材料,γ_{sv} 比 γ_{gb} 大,所以 ΔE_d 通常是负值,因此会形成一个热力学驱动力来消除孔隙。式(4.4)给出的降低的自由能驱动了致密化过程。自由能减少的剩余部分可由下式给出:

$$\Delta E_g \approx - \frac{A_s \gamma_{gb}}{2} \tag{4.5}$$

因此,可以认为自由能的剩余部分驱动了晶粒生长。

晶界的存在还会导致另外一个结果,即晶粒生长。晶粒生长为粉体体系自由能的降低提供了一种替代方案。在烧结过程中,晶粒生长过程被称为粗化。一般来说,粗化与烧结同时发生,目前还不存在严格分析颗粒的三维排列、颗粒之间的相互作用、致密化和粗化(通过主动运输机理产生)相互作用的烧结理论。因此,常见的方法是先分别分析烧结和晶粒的生长过程,然后再探索它们相互作用的结果。

4.3　烧结过程的理论分析

表4.2总结了烧结过程理论分析的主要方法。分析模型的建立始于1945~1950年,这是对烧结过程定量建模分析的第一次尝试。虽然分析模型所假设的几何结构过于简单,而且该模型通常只涉及一种机理,但它为人们理解烧结机理提供了很大帮助,因此受到广泛的关注。由 Herring 提出的比例定律为理解烧结机理对粒径(即线性尺度)的影响以及不同机理作用下的相对速率如何受粒径影响提供了可靠的指导。数值模拟为阐明烧结机理提供了一种强有力的方法,该方法可以帮助我们很好地理解物质的运输方式、更真

实的粒子的几何形状以及多种烧结机制是如何同时发生并相互作用的,该方法在未来会得到越来越多的应用。拓扑模型能够对烧结的动力学进行有限的预测,可以帮助我们理解微观结构的演变。我们还将对统计模型、现象学方程和烧结图等进行简要介绍。

表 4.2　烧结过程理论分析的主要方法

方法	特点
比例定律	不依赖于特定的几何形状,研究在单一机理下粒径变化对烧结速率的影响
分析模型	几何结构过于简单化,研究单一机理下烧结速率与主要变量的关系式
数值模拟	研究物质输运方程的数值求解,适合分析复杂的几何结构和并发机制
拓扑模型	进行形态变化分析,更适合微观结构演变分析
统计模型	统计方法应用到了烧结分析,研究简化的几何结构,为半经验分析
现象学方程	根据经验或实验现象推导而得到烧结数据方程,但没有合理的物理基础

4.4　比例定律

由 Herring 提出的比例定律考虑了粒径变化对烧结过程中微观结构的影响。对于正在烧结的粉体,其最基本的尺度参数是粒径。比例定律试图回答这个重要的问题:粒径变化如何影响烧结速率?

比例定律不假设特定的初始几何模型,但对烧结过程做出了如下假设:① 特定粉体体系的粒径保持不变;② 不同粉体体系的几何变化保持相似;③ 粉体的组成相同。如果一个系统(系统 1)的所有特征(颗粒、孔隙等)的线性尺寸等于数值因子乘以另一系统(系统 2)中相应特征的线性尺寸,则两个系统被定义为几何相似:

$$（线性尺寸）_1 = \lambda（线性尺寸）_2 \tag{4.6}$$

其中,λ 是数值因子。因此,对于几何相似的两个系统,一个系统相当于是另一个系统的简单放大(图 4.6)。

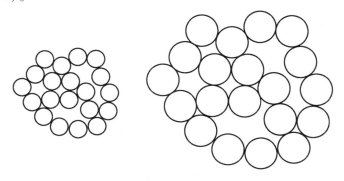

图 4.6　由随机排列的圆组成的两个几何上相似的系统

4.4.1   比例定律的推导

可用如下模型来描述比例定律,在这个模型中,有两个球彼此接触(图 4.7)。我们不限于这种几何形状,选择它仅仅是为了简化说明。假设在系统 1 中产生一定的微观结构变化(例如颗粒之间的颈部生长到一定尺寸 X_1)需要时间 Δt_1。那么,在系统 2 中产生几何相似的变化需要多长时间(Δt_2)? 对于几何相似的变化,两个系统的粒子初始半径和颈部半径的关系是

$$a_2 = \lambda a_1; \quad X_2 = \lambda X_1 \tag{4.7}$$

其中,a_1 和 a_2 分别是系统 1 和系统 2 中球体的半径。物质的扩散流动产生某种变化所需的时间可以表示为

$$\Delta t = \frac{V}{JA} \tag{4.8}$$

其中,V 为传输的物质体积;J 为通量;A 为传输物质的截面面积。因此,可以得出

$$\frac{\Delta t_2}{\Delta t_1} = \frac{V_2 J_1 A_1}{V_1 J_2 A_2} \tag{4.9}$$

通过体积扩散的物质传输可以通过式(4.9)来描述。

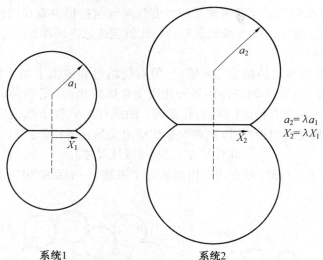

系统1   系统2

图 4.7   由两个接触的球体组成的几何相似系统

1. 晶格扩散的比例定律

对于半径为 a 的球体,传输物质的体积与 a^3 成比例。因此,V_2 与 $(\lambda a_1)^3$ 成正比或 $V_2 = \lambda^3 V_1$。对于晶格扩散,物质扩散的面积与 a^2 成正比。因此,A_2 与 $(\lambda a_1)^2$ 成正比或 $A_2 = \lambda^2 A_1$。通量 J 与化学势的梯度 $\nabla\mu$ 成正比。对于具有曲率半径 r 的曲面,μ 变为 $1/r$。因此,J 变为 $\nabla(1/r)$ 或 $1/r^2$。J_2 与 $1/(\lambda r)^2$ 成正比,因此,可以得出 $J_2 = J_1/\lambda^2$。因此,晶格扩散的参数如下:

$$V_2 = \lambda^3 V_1 \; ; \quad A_2 = \lambda^2 A_1 \; ; \quad J_2 = \frac{J_1}{\lambda^2} \tag{4.10}$$

将其代入式(4.9)可得

$$\frac{\Delta t_2}{\Delta t_1} = \lambda^3 = \left(\frac{a_2}{a_1} \right)^3 \tag{4.11}$$

根据式(4.11)可以得知,通过晶格扩散机理产生几何相似变化所花费的时间随着颗粒(或晶粒)尺寸的立方而改变。

通过类似于上述推导晶格扩散的比例定律的形式推导出其他传质机制的比例定律,比例定律的一般形式可以表示为

$$\frac{\Delta t_2}{\Delta t_1} = \lambda^m = \left(\frac{a_2}{a_1} \right)^m \tag{4.12}$$

其中,m 是取决于烧结机理的指数。表 4.3 给出了比例定律中的指数 m 值。

表 4.3　比例定律中的指数 m 值

烧结机理	m
表面扩散	4
晶格扩散	3
蒸气运输	2
晶界扩散	4
塑性流动	1
黏性流动	1

4.4.2　比例定律的适用性和局限性

比例定律的一个重要应用是针对不同的烧结机理,确定粉体体系的粒度对烧结速率的影响。这方面的理论是非常重要的,例如在陶瓷制备过程中,一些机理导致致密化,而另一些则没有。因此,若要制备高致密化陶瓷,就要使致密机理的速率超过非致密机理的速率。

1. 烧结机理的相对速率

为了确定不同机理的相对速率,将式(4.12)写成速率的形式。对于给定的变化,速率与时间成反比,式(4.12)可以写为

$$\frac{(\text{速率})_2}{(\text{速率})_1} = \lambda^{-m} \tag{4.13}$$

在一个给定的粉体体系中,假设晶界扩散和蒸气运输(蒸发 - 凝聚)是主要的传质机制。这两种机制的烧结速率随体系规模的不同而有所变化,如下式所述:

$$\text{速率}_{gb} \propto \lambda^{-4} \tag{4.14}$$

和

$$\text{速率}_{ec} \propto \lambda^{-2} \tag{4.15}$$

两种机制的烧结相对速率随线性尺寸（即粒径）的变化如图4.8所示。两条线的交点是任意的，但这不会影响结果的有效性。对于较小的 λ 值，随着粒径变小，与蒸气运输相比，通过晶界扩散的烧结相对速率更大。相反，当通过蒸气运输的烧结相对速率起支配作用时，λ 取较大值，即粒径较大。根据比例定律，当晶界扩散和蒸气运输是主要机制时，较小的粒径有利于致密化。当表面扩散和晶格扩散是主要机制时，可以使用类似的

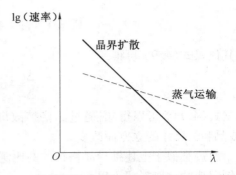

图4.8　晶界扩散和蒸气运输的烧结相对速率随线性尺寸的变化

方法来证明表面扩散也随着粒径的减小而增强。读者可以使用其他组合做练习，例如：晶格扩散与晶界扩散；表面扩散与晶界扩散。

2. 比例定律的局限性

比例定律使用一般的方法进行推导，并在推导中使用了简单的物理原理，因此这一方法克服了分析模型的一些局限性。因为这种方法没有对粉体体系的几何细节进行推导，所以该定律可以应用于在烧结过程中所有阶段的任何形状的颗粒。另一方面，我们必须记住有效使用这一定律的条件。推导中假定了每个粉体体系的粒度在烧结过程中不会改变，并且微观结构变化在两个系统中保持几何相似。这种几何相似的微观结构变化的要求是比例定律的关键限制，因为这种几何相似在真实的粉体体系中难以维持。比例定律还要求两个系统的化学成分相同，以使质量传递系数（如扩散系数）相同。

式（4.12）和式（4.13）中的指数 m 取决于烧结机制，因此 m 的测量可以提供一些机理的相关信息。在实践中，若干因素可能使特定的机理复杂化。如果同时出现一种以上的机理，测量得到的指数可能完全对应不上任何一个机理。除了难以保持几何相似的微观结构（在比例定律的推导中假设）之外，烧结机制可随粒度变化而变化。虽然在简单的金属系统（如镍线、铜球和银球）中比例定律得到了较好应用，但是这一定律似乎并不适用于 Al_2O_3 的烧结过程。对于具有较窄粒度分布的粉体，发现了较高的非整数值 m。m 值也随致密化程度的变化而变化，特别是在烧结的早期阶段。

4.5　分析模型

分析模型假设粉体体系是相对简单、理想化的几何形状，并且通过求解质量传递方程，可以为每种机理的烧结动力学提供解释。由于真正的坯体的微观结构在烧结过程中会发生连续而又急剧的变化，因此，很难找到能够充分代表整个过程的单一几何模型，同时又很难为解决质量传递方程提供一个简单的算法。为了解决这个问题，烧结过程在概念上被分成单独的阶段，并且对于每个阶段，假设理想化的几何形状与真实粉体系统的微观结构具有粗略的相似性。

4.5.1 烧结阶段

烧结过程可划分为三个连续的阶段,即初始阶段、中间阶段和最终阶段。在一些烧结分析中,还有一个额外的阶段(第0阶段),用以描述当颗粒第一次聚集在一起时,界面处的表面能量降低而产生的弹性变形,使颗粒之间发生瞬时接触。本节不考虑这个阶段。每个阶段代表一个时间间隔或一个特定密度,在这个时间间隔或密度上,微观结构被认为是合理定义的。对于多晶材料,图4.9所示为 Coble 提出的理想几何结构,用以表示三个阶段中颗粒的典型结构。对于非晶材料,初始阶段的几何模型与多晶体系相似。然而,非晶材料的中间阶段和最终阶段的模型与多晶的模型有很大的不同。

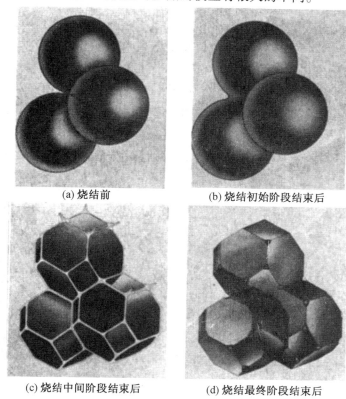

(a)烧结前   (b)烧结初始阶段结束后

(c)烧结中间阶段结束后   (d)烧结最终阶段结束后

图4.9　烧结过程中颗粒几何结构的衍变过程

1. 初始阶段

初始阶段是通过扩散、蒸气运输、塑性流动或黏性流动机理进行的,期间颗粒颈部快速生长。在这个阶段,表面曲率的巨大初始差异消除,对于致密化机理,收缩(或致密化)通常伴随着颈部生长。对于由球形颗粒组成的粉体体系,初始阶段表示为图4.9(a)与图4.9(b)之间的过渡。假设该阶段持续到颗粒之间的颈部半径达到颗粒半径的 0.40 ~ 0.50。对于初始相对密度为 0.50 ~ 0.60 的粉体体系,当致密化机理占主导时,其对应的线性收缩为 3% ~ 5%,相对密度增大至约 0.65。

2. 中间阶段

当孔隙达到其表面和界面张力所决定的平衡形状时,中间阶段开始(参见4.2节)。此时孔隙仍然是连续的。在理想化的烧结过程中,孔隙通常沿着晶粒边缘排列,形成线型结构,如图4.9(c)所示。致密化是孔隙简单地收缩以减少其横截面而发生的。最终,孔隙变得不稳定,开始收缩,并变成了孤立的孔隙,这一过程构成了最终阶段的开始。中间阶段通常覆盖烧结过程的主要部分,并且当相对密度为0.90时结束。

3. 最终阶段

最终阶段的微观组织可以以多种方式发展,后面将对此进行详细的讨论。简单来看,当气孔收缩并被孤立于晶粒之间时,最终阶段开始进行,得到图4.9(d)所示的理想结构。假设气孔不断收缩,孔隙可能会完全消失。在几个实际粉体体系的烧结过程中,几乎消除了所有的孔隙。与三个理想烧结阶段相关的一些主要参数见表4.4,真实粉体压块在初始阶段、中间阶段和最终阶段的微观组织(平面截面)如图4.10所示。

表 4.4　与多晶材料固相烧结阶段相关的参数

阶段	典型微观结构特点	致密度范围	理想化模型
初始阶段	颗粒颈部快速生长	最大至约0.65	两个相接触的大小相同的球体
中间阶段	具有连续孔隙的平衡孔隙形状	0.65 ~ 0.90	沿边缘有相同半径的圆柱形孔的四面体
最终阶段	具有孤立孔隙的平衡孔隙形状	> 0.90	在顶角处有单一的球形孔隙的四面体

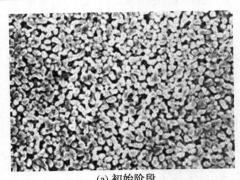

(a) 初始阶段

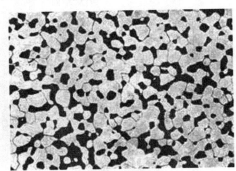

(b) 中间阶段

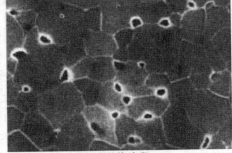

(c) 最终阶段

图 4.10　烧结初始阶段、中间阶段和最终阶段的真实微观结构

4.5.2 烧结过程建模

分析模型通常假设初始粉体压块中的颗粒是球形的,具有相同的尺寸,并且是均匀填充的。在这些假设下,粉体体系的一个单元(称为几何模型)可以被分离并进行分析。通过施加适当的边界条件,可以将粉体体系的其余部分视为连续体,而且这一连续体与隔离单元的宏观性质(如收缩率和致密化速率)相同。可以通过一个简单的方式推导出烧结动力学方程,即:对于假设的几何模型,可以在适当的边界条件下建立并求解质量传输方程来推导出烧结动力学方程。

4.5.3 初始阶段模型

1. 几何模型

初始阶段模型由两个大小相等且相接触的球体组成,因此称为双球模型。对于这个模型,两个球的几何形状是由机理决定的,其中致密化机理对应的几何形状如图4.11(a)所示,非致密化机理对应的几何形状如图4.11(b)所示。致密化机理的双球模型解释了球体的相互渗透(即收缩)以及颈部生长。假设颗粒之间形成的颈部横截面为半径是 X 的圆形,颈部纵截面的外表面圆弧半径为 r。假设颈部表面为圆形截面,这相当于假设晶界能为零。模型的主要几何参数是颈部表面的主曲率半径 r 和 X、颈部表面的面积 A 和传输到颈部的物质的体积 V。可以注意到的是,致密化模型的参数与非致密化模型的参数只相差一个很小的数值因子。

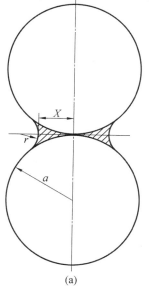
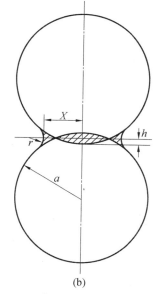

(a)   (b)

图4.11　用于推导晶体颗粒烧结初始阶段方程的双球模型的几何参数

(颈部曲率半径:(a) $r \approx \dfrac{X^2}{2a}$,(b) $r \approx \dfrac{X^2}{4a}$;颈部表面面积:(a) $A \approx \dfrac{\pi^2 X^3}{a}$,(b) $A \approx \dfrac{\pi^2 X^3}{2a}$;

传输至颈部的物质的体积:(a) $V \approx \dfrac{\pi X^4}{2a}$,(b) $V \approx \dfrac{\pi X^4}{8a}$)

2. 动力学方程

如第 1 章所述,物质的扩散传输可以根据原子通量来进行分析,或者等效地根据空位逆流来进行分析。在烧结理论的早期发展中,主要使用基于空位浓度梯度驱动空位逆流的方法。本节采用这种方法,但在本章后面我们将概述一种更普遍的基于化学势梯度驱动原子通量的方法。为了说明烧结初始阶段方程的推导,让我们从晶界扩散机理开始说明。

扩散至颈部的原子通量为

$$J_a = \frac{D_v}{\Omega} \frac{dC_v}{dx} \tag{4.16}$$

其中,D_v 是空位扩散系数;Ω 是原子或空位的体积;dC_v/dx 是空位浓度梯度(在一个维度上);C_v 是空位占据位置的体积分数。单位时间输送到颈部的物质的体积为

$$\frac{dV}{dt} = J_a A_{gb} \Omega \tag{4.17}$$

其中,A_{gb} 是发生扩散的截面面积。晶界扩散发生在一个恒定厚度 δ_{gb} 的截面上,因此

$$A_{gb} = 2\pi X \delta_{gb}$$

其中,X 是颈部的半径。结合式(4.16)和式(4.17),将 A_{gb} 代入其中可以得到

$$\frac{dV}{dt} = D_v 2\pi X \delta_{gb} \frac{dC_v}{dx} \tag{4.18}$$

由于颈部半径在垂直于连接球体中心的直线的方向上径向增加,因此仅在一维方向上进行分析就足够了。假设颈部表面和颈部中心之间的空位浓度是恒定的,则

$$\frac{dC_v}{dx} = \frac{\Delta C_v}{X}$$

其中,ΔC_v 为颈部表面和颈部中心之间的空位浓度差。假设颈部中心的空位浓度等于在平坦无压力表面下的空位浓度 C_{vo},可以得出

$$\Delta C_v = C_v - C_\infty = \frac{C_{vo} \gamma_{sv} \Omega}{kT} \left(\frac{1}{r_1} + \frac{1}{r_2} \right) \tag{4.19}$$

其中,r_1 和 r_2 为颈部表面的两个主要曲率半径。如图 4.11 所示,$r_1 = r$ 且 $r_2 = -X$,并假设 $X \gg r$,将其代入式(4.18)可以得出

$$\frac{dV}{dt} = \frac{2\pi D_v C_{vo} \delta_{gb} \gamma_{sv} \Omega}{kTr} \tag{4.20}$$

利用图 4.11(b)中 V 与 r 的关系,将晶界扩散系数 D_{gb} 替换 $D_v C_{vo}$ 代入式(4.20)得到

$$\frac{\pi X^3}{2a} \frac{dX}{dt} = \frac{2\pi D_{gb} \delta_{gb} \gamma_{sv} \Omega}{kT} \left(\frac{4a}{X^2} \right) \tag{4.21}$$

重新整理式(4.21)可以得出

$$X^5 dX = \frac{16 D_{gb} \delta_{gb} \gamma_{sv} \Omega a^2}{kT} dt \tag{4.22}$$

在积分后应用边界条件,$t = 0$ 时 $X = 0$,代入式(4.22)得到

$$X^6 = \frac{96 D_{gb} \delta_{gb} \gamma_{sv} \Omega a^2}{kT} t \tag{4.23}$$

也可以将式(4.23)写成如下形式:

$$\frac{X}{a} = \left(\frac{96 D_{gb} \delta_{gb} \gamma_{sv} \Omega}{kTa^4} \right)^{\frac{1}{6}} t^{\frac{1}{6}} \tag{4.24}$$

由式(4.24)可知,颈部半径与球体半径的比值随着 $t^{\frac{1}{6}}$ 的增大而增大。

对于这种致密化机制,线性收缩可以定义为长度变化 ΔL 与几何模型的原始长度 L_0 的比值,可以写成

$$\frac{\Delta L}{L_0} = -\frac{h}{a} = -\frac{r}{a} = -\frac{X^2}{4a^2} \tag{4.25}$$

其中,h 是两个球之间收缩距离的一半。利用式(4.24),可以得出

$$\frac{\Delta L}{L_0} = -\left(\frac{3 D_{gb} \delta_{gb} \gamma_{sv} \Omega}{kTa^4} \right)^{\frac{1}{3}} t^{\frac{1}{3}} \tag{4.26}$$

所以可以预测收缩率随着 $t^{\frac{1}{3}}$ 的增加而增加。

另一个例子是黏性流动的机理。对于这一机理,假定物质运输受能量平衡概念的影响,这一概念最早由 Frenkel 提出,其表述如下:

通过

黏性流动引起的能量消耗率 = 通过表面积减少获得的能量变化率 $\qquad$ (4.27)

Frenkel 推导出两个球体之间通过黏性流动而使颈部生长的方程式。原始推导包含一个额外因子 π,在此处省略。对于图4.12所示的参数,假设在黏性流动期间球体的半径大致保持恒定,两个球体表面积的减少量为

$$S_0 - S = 8\pi a^2 - 4\pi a^2 (1 + \cos \theta) \tag{4.28}$$

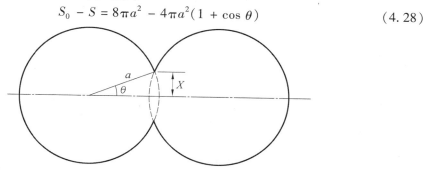

图4.12　Frenkel 在推导黏性烧结初始阶段方程时使用的双球模型的几何参数

注意,这意味着从接触平面移除的材料将均匀地分布在球体的表面上,而不是在颈部累积。对于小的 θ 值,即对于小的颈部半径,$\cos\theta \approx 1 - \theta^2/2$,所以式(4.28)变为

$$S_0 - S = 2\pi a^2 \theta^2 \tag{4.29}$$

表面积减小而引起的能量变化率可以写成

$$\dot{E}_s = -\gamma_{sv} \frac{dS}{dt} = 4\pi a^2 \gamma_{sv} \frac{d}{dt}\left(\frac{\theta^2}{2}\right) \tag{4.30}$$

其中,γ_{sv} 为固-气界面的比表面能。根据 Frenkel 的说法,两个球体之间黏性流动的能量消耗率为

$$\dot{E}_v = \frac{16}{3}\pi a^3 \eta \dot{u}^2 \tag{4.31}$$

其中,η 为玻璃态物质的黏度;$\dot{u}$ 为由黏性流动引起的运动速率,其表达式如下:

$$\dot{u} = \frac{1}{a}\frac{\mathrm{d}}{\mathrm{d}t}\left(\frac{a\theta^2}{2}\right) = \frac{\mathrm{d}}{\mathrm{d}t}\left(\frac{\theta^2}{2}\right) \tag{4.32}$$

该等式基于这样的假设:流动沿着连接球体中心的轴线方向均匀地发生,而不是集中在颈部附近。将 $\dot{u}$ 代入式(4.31),并将 $\dot{E}_\mathrm{s} = \dot{E}_\mathrm{v}$ 代入其中可以得到

$$\frac{16}{3}\pi a^3 \eta \dot{u}\frac{\mathrm{d}}{\mathrm{d}t}\left(\frac{\theta^2}{2}\right) = 4\pi a^2 \gamma_\mathrm{sv}\frac{\mathrm{d}}{\mathrm{d}t}\left(\frac{\theta^2}{2}\right) \tag{4.33}$$

重新整理式(4.33)可以得出

$$\dot{u} = \frac{3}{4}\left(\frac{\gamma_\mathrm{sv}}{\eta a}\right) \tag{4.34}$$

将 $\dot{u}$ 代入式(4.32)中并进行积分,根据边界条件在 $t = 0$ 时 $\theta = 0$,得到

$$\theta^2 = \frac{3}{2}\left(\frac{\gamma_\mathrm{sv}}{\eta a}\right)t \tag{4.35}$$

颈部的曲率半径 $\theta = X/a$,其中 X 是颈部半径,那么式(4.35)可以转化为

$$\frac{X}{a} = \left(\frac{3\gamma_\mathrm{sv}}{2\eta a}\right)^{\frac{1}{2}}t^{\frac{1}{2}} \tag{4.36}$$

读者可以通过这种致密化机制来确定收缩方程。

3. 初始阶段烧结方程的总结

初始阶段烧结方程的原始推导可以在 Kuczynski、Kingery 和 Berg、Coble 以及 Johnson 和 Cutler 的出版物中找到。颈部生长方程和由致密化机理引起的收缩方程用一般形式可表示为

$$\left(\frac{X}{a}\right)^m = \frac{H}{a^n}t \tag{4.37}$$

$$\left(\frac{\Delta L}{L_0}\right)^{\frac{m}{2}} = -\frac{H}{2^m a^n}t \tag{4.38}$$

其中,m 和 n 为取决于烧结机理的数值指数;H 为有关粉体体系几何参数和材料参数的函数。根据模型中的假设,已经获得了 m、n 的数值范围和 H 的常数数值。表4.5 给出的值代表了每种机理中最合理的值。

表4.5　初始阶段烧结过程中式(4.37)和式(4.38)中出现的常数的值

机理	m	n	H
表面扩散①	7	4	$56D_\mathrm{s}\delta_\mathrm{s}\gamma_\mathrm{sv}\Omega/kT$
表面晶格扩散	4	3	$20D_\mathrm{l}\gamma_\mathrm{sv}\Omega/kT$
蒸气运输①	3	2	$3p_0\gamma_\mathrm{sv}\Omega/(2\pi mkT)^{1/2}kT$
晶界扩散	6	4	$96D_\mathrm{gb}\delta_\mathrm{gb}\gamma_\mathrm{sv}\Omega/kT$
晶界晶格扩散	5	3	$80\pi D_\mathrm{l}\gamma_\mathrm{sv}\Omega/kT$
黏性流动	2	1	$3\gamma_\mathrm{sv}/2\eta$

注:①表示非致密化机制,即收缩率 $L/L_0 = 0$。
②D_s、D_l、D_gb 分别为表面、晶格和晶界扩散的扩散系数;δ_s、δ_gb 分别为表面和晶界扩散截面的厚度;γ_sv 为比表面能;p_0 为平坦表面上的蒸气压力;m 是原子的质量;k 为玻耳兹曼常数;T 为绝对温度;η 为黏度。

4. 初始阶段烧结方程的限制

颈部生长方程的形式表明 $\lg(X/a)$ 对 $\lg t$ 的曲线是一条斜率为 $1/m$ 的直线,将理论预测与实验数据拟合,可以得到 m 的值。如果在烧结期间发生收缩现象,则可以应用类似的方法来进行分析。至于验证模型的数据,通常可以通过测量简单系统(例如两个球体、平板上的一个球体或两根线)中的颈部生长或压实球形颗粒的体积收缩来获得。m 取决于烧结机理,因此,m 的测量将提供关于烧结机理的信息。但问题在于单一主导质量传递机制模型中的基本假设在大多数粉体体系中是无效的。如前所述,当多个机理同时发挥作用时,测量得到的指数 m 可能对应不上任何一个机理(根据表 4.5 所示的结果)。例如,Kingery 和 Berg 通过试验,获得的铜球的颈部生长和收缩数据表明该过程以晶格扩散为主导机理(图 4.13)。而后来的分析表明,表面扩散是主要的机理,晶格扩散(产生收缩)也有显著贡献。

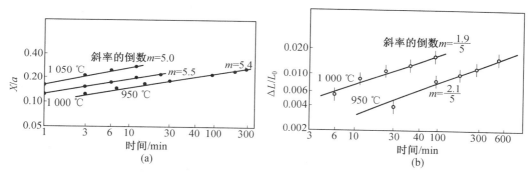

图 4.13　铜球颈部生长和铜球收缩数据

同时我们还应记住模型的其他简化假设。只有当颗粒是以相同形式排列,且是相同尺寸的球体时,双球的几何形状延伸到真实粉体压块才有效。例如,Coble 就假设球体是线性排列,从而根据这一模型研究了粒度分布对烧结初始阶段的影响。但在实践中,该体系只能通过胶体方法对单分散粉体进行均匀固结来实现。

Johnson 在他的烧结模型中考虑了二面角,但大多数分析模型假设颈部的横截面是圆形的,这相当于假设二面角 $\psi = 180°$ 或晶界能 $\gamma_{gb} = 0$。稍后描述的数值模拟表明,考虑圆形颈部截面可以使模型得到极大的简化。Johnson 的结果表明,如果 $\psi > 150°$(这个值远高于对 Al_2O_3 和 MgO 测得的 $\psi = 110° \sim 120°$ 的平均值),则晶界能量对结果的影响是可以忽略的。

这些模型还进行了一些假设,即关于运输到颈部的物质在表面进行重新分布的方式。通过晶界扩散运输到颈部的物质必将在颈部表面上进行重新分布,以防在晶界沟上堆积。模型假设表面扩散足够快,可以引起再分布,但这种假设在烧结文献中经常会受到质疑。

4.5.4　中间阶段模型

多晶体系烧结中间阶段的几何模型不同于非晶体系的几何模型,因此,我们将分别考虑以下两个体系。

1. 固相烧结几何模型

用于中间阶段的几何模型由 Coble 提出。粉体体系是理想化的,它由一个大小相等的十四面体填充阵列组成,每个十四面体都代表一个晶粒。孔隙是圆柱形的,圆柱的轴线与十四面体的边缘重合(图4.9(c))。该结构的晶胞被视为四面体,且其边缘的孔隙为圆柱形。

通过将八面体的每条边三等分,并连接这些点除去六个角,便可以形成这样的十四面体(图4.14)。得到的结构有36条边、24个角和14个面(8个六边形和6个正方形)。十四面体的体积为

$$V_t = 8\sqrt{2}\, l_p^3 \tag{4.39}$$

其中,l_p 是四面体的边长。如果 r 是孔隙的半径,则每单位晶胞的孔隙的总体积为

$$V_p = \frac{1}{3} \times (36\pi r^2 l_p) = 12\pi r^2 l_p \tag{4.40}$$

因此,晶胞的孔隙率为

$$P_c = \frac{V_p}{V_t} \frac{3\pi}{2\sqrt{2}}\left(\frac{r^2}{l_p^2}\right) \tag{4.41}$$

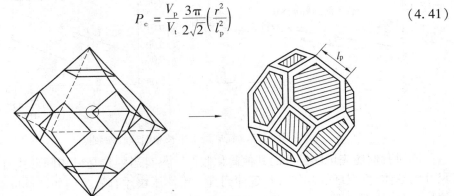

图 4.14　将八面体截成四面体的图示说明

(1)机理。

该模型假设孔隙的几何形状是均匀的,因此非致密化机理无法发挥作用。这是因为孔隙表面的化学势都是相同的。发挥作用的是致密化机理:晶格扩散和晶界扩散。塑性流动是金属中另一种致密化机理,但它对陶瓷体系的作用并不显著。

(2)烧结方程。

在 Coble 分析的基础上,我们概述了由晶格扩散和晶界扩散推导出烧结动力学方程的过程。

① 晶格扩散。

图4.15(a)所示为沿边缘包围四面体的每个面的圆柱形孔隙。来自孔隙的空位通量终止于边界面(图4.15(b)),所以 Coble 的假设忽略了来自圆形空位源的径向扩散现象和四面体角部的形状)效应。为使边界保持平坦,边界每单位面积的空位通量在整个边界上必须相同。晶格扩散的扩散通量场可近似于表面温度等于室温且内部有一个加热源进行加热的圆柱形导体中的温度分布扩散通量场。圆柱体单位长度的通量由下式给出:

$$\frac{J}{l} = 4\pi D_v \Delta C \qquad (4.42)$$

其中，D_v 是空位扩散系数；ΔC 是孔隙和边界之间空位浓度差。

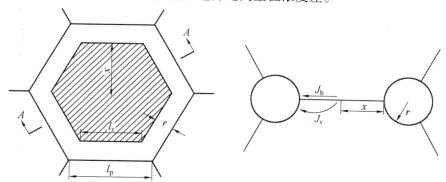

(a) 多晶固体烧结中间阶段的结构示意图　　　(b) 贯穿颈部的截面图

图 4.15　多晶固体烧结中间阶段的结构示意图和贯穿颈部的截面图（A—A 截面）
（其中有原子发生晶界扩散和晶格扩散的扩散通量）

Coble 还做了其他一些假设，包括以下内容：

a. 通量在边界是否收敛不会定性地改变通量方程，因为它仅依赖于孔隙半径。

b. 通量场的宽度（即式（4.42）中的 l）等于孔径。

c. 受自由度的影响，空位扩散通量增加了两倍，从而提供了额外的可用面积。

基于这些假设，式（4.42）可以变为

$$J = 2(4\pi D_v \Delta C)2r \qquad (4.43)$$

因为四面体有 14 个面，且每个面由两个晶粒共享，所以每个晶胞的体积通量为

$$\frac{dV}{dt} = \frac{14}{2}J = 112\pi D_v \Delta C \qquad (4.44)$$

对于中间阶段的圆柱形孔隙，两个主曲率半径为 r 和 ∞，因此根据式（4.19），ΔC 由下式给出：

$$\Delta C = \frac{C_{vo}\gamma_{sv}\Omega}{kTr} \qquad (4.45)$$

将式（4.45）代入式（4.44），并将晶格扩散系数 $D_1 = D_v C_{vo}$ 代入，可以得到

$$dV = \frac{112\pi D_1 \gamma_{sv}\Omega}{kT}dt \qquad (4.46)$$

dV 的积分等于式（4.40）所示的孔隙度，即

$$\int dV = 12\pi r^2 l_p \mid_{r_0}^{r} \qquad (4.47)$$

结合式（4.46）可以得出

$$r^2 \mid_r^0 \approx -10\frac{D_1 \gamma_{sv}\Omega}{l_p kT}t \ \Big|_t^{t_f} \qquad (4.48)$$

其中，t_f 是孔隙消失的时间。将该等式的两边除以 l_p^2，并求解被积函数可以得到

$$P_c \approx \frac{r^2}{l_p^2} \approx \frac{10D_1\gamma_{sv}\Omega}{l_p^3 kT}(t_f - t) \tag{4.49}$$

鉴于 Coble 使用了许多近似方法,该等式只能被视为是数量级的近似计算。该模型可以一直应用到孔隙收缩至被隔离。

烧结方程通常用致密度来表示。利用孔隙度 P 和致密度 ρ 之间的关系,即 $P = 1 - \rho$,并将式(4.49)对时间求导可以得到

$$\frac{d}{dt}(P_c) = -\frac{d\rho}{dt} \approx \frac{10D_1\gamma_{sv}\Omega}{l_p^3 kT} \tag{4.50}$$

如果我们将 l_p 近似等于晶粒尺寸 G 并以体积应变率的形式写出致密度,则式(4.50)将变为

$$\frac{1}{\rho}\frac{d\rho}{dt} \approx \frac{10D_1\gamma_{sv}\Omega}{\rho G^3 kT} \tag{4.51}$$

根据该式,可以预测在固定密度下的致密度与晶粒尺寸的立方成反比,这符合 Herring 比例定律的预测。

② 晶界扩散。

Coble 利用了上述晶格扩散的几何模型,并将通量方程进行修改以解释晶界扩散,得到了如下方程:

$$P_c \approx \frac{r^2}{l_p^2} \approx \left(\frac{2D_{gb}\delta_{gb}\gamma_{sv}\Omega}{l_p^4 kT}\right)^{2/3} t^{2/3} \tag{4.52}$$

按照上面的步骤,可以将式(4.52)表示为

$$\frac{1}{\rho}\frac{d\rho}{dt} \approx \frac{4}{3}\left[\frac{D_{gb}\delta_{gb}\gamma_{sv}\Omega}{\rho(1-\rho)^{1/2}G^4 kT}\right] \tag{4.53}$$

在固定的密度下,预测晶界扩散的致密度与晶粒尺寸的四次方成反比,这正如 Herring 比例定律所预测的那样。式(4.51)和式(4.53)的实验测试表明,当校正晶粒生长的烧结动力学时,晶格扩散机理的方程可以很好地解释 Al_2O_3(粒径 0.3 μm)的数据。

Johnson 和 Beeré 也建立了烧结中间阶段的模型。这些模型可以视为 Coble 模型的改进。Johnson 根据颈部半径和孔隙半径的平均值得出了收缩方程。他的模型不能用来预测烧结速率。相反,这些方程旨在帮助分析烧结数据。根据平均颈部半径和孔隙半径的测量值,可以推断出两种机制下晶界和晶格扩散系数以及物质的相对通量。Beeré 通过让孔隙松弛到对应最小自由能的构型,进而扩展了 Coble 的模型。孔隙具有复杂的曲率,并拥有恒定的二面角,以满足在晶界处界面张力的平衡(见4.3节)。Beeré 模型显示出与 Coble 模型相同的关系,即对晶粒尺寸和温度的依赖性,但它又额外涉及了二面角和晶界面积。

2. 黏性烧结的几何模型

Scherer 提出了图4.16所示的结构,将其作为非晶材料中间阶段的烧结模型。它是由立方体阵列组成的,而这个立方体由相交的圆柱体形成,并假设圆柱体越短越厚则其密度越大。该模型可被视为理想化结构,其中圆柱体表示由颈部连接在一起的球形颗粒串。

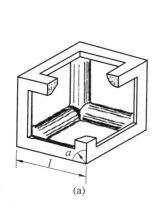
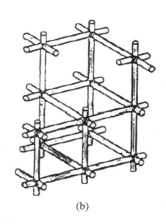
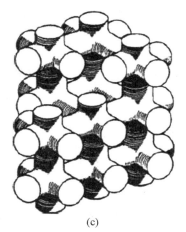

(a)   (b)   (c)

图 4.16　Scherer 黏性烧结模型

该结构用一个由 12 个四分之一圆柱体组成的晶胞来表示(图 4.16(a))。晶胞中固相的体积为

$$V_s = 3\pi a^2 l - 8\sqrt{2}a^3 \tag{4.54}$$

其中,l 是晶胞侧面的长度;a 是圆柱体的半径。晶胞的总体积为 l^3,因此晶胞的密度为

$$d = \frac{d_s V_s}{l^3}$$

其中,d_s 是固相的理论密度。而相对密度 ρ 可定义为 d/d_s,由下式给出:

$$\rho = 3\pi x^2 - 8\sqrt{2}x^3 \tag{4.55}$$

其中,$x = a/l$。根据式(4.55),ρ 仅是 a/l 的函数。式(4.55)可以转化为

$$x = \frac{\pi\sqrt{2}}{8}\left[\frac{1}{2} + \cos\left(\Theta + \frac{4\pi}{3}\right)\right] \tag{4.56}$$

其中

$$\Theta = \frac{1}{3}\arccos\left[1 - \left(\frac{4}{\pi}\right)^3 \rho\right] \tag{4.57}$$

单位晶胞中的固相体积为 ρl^3。该体积不变并且也可以等于 $\rho_0 l_0^3$,其中 ρ_0 和 l_0 分别是单位晶胞的相对密度和长度的初始值。每个晶胞含有一个孔隙,因此固相中每单位体积的孔隙数为

$$N = \frac{1}{\rho_0 l_0^3} \tag{4.58}$$

直到相邻的圆柱体接触从而使孔隙被隔离,该模型才会失效。当 $a/l = 0.5$ 时,即当 $\rho = 0.94$ 时,会发生这种情况。

Scherer 模型的烧结方程的推导与之前 Frenkel 的初始模型的概述非常相似,其结果是

$$\int_{t_0}^{t} \frac{\gamma_{sv} N^{1/3}}{\eta} dt = \int_{x_0}^{x} \frac{2dx}{(3\pi - 8\sqrt{2}x)^{1/3} x^{2/3}} \tag{4.59}$$

其中，γ_{sv} 是固 – 气界面的比表面能；η 是固相的黏度。通过如下替换：

$$y = \left(\frac{3\pi}{x} - 8\sqrt{2}\right)^{1/3} \tag{4.60}$$

可以计算式（4.59）右侧的积分，结果可以写成

$$\frac{\gamma_{sv} N^{1/3}}{\eta}(t - t_0) = E_s(y) - F_s(y_0) \tag{4.61}$$

其中

$$F_S(y) = -\frac{2}{\alpha}\left[\frac{1}{2}\ln\left(\frac{\alpha^2 - \alpha y + y^2}{(\alpha + y)^2}\right) + \sqrt{3}\arctan\left(\frac{2y - \alpha}{\alpha\sqrt{3}}\right)\right] \tag{4.62}$$

而且 $\alpha = (8\sqrt{2})^{1/3}$。

模型的预测通常用 ρ 对 $(\gamma_{sv} N^{1/3}/\eta)(t - t_0)$（称为减少时间）的曲线来表示。该曲线可如下获得：对于选定的 ρ 值，参数 y 可以从式（4.60）中找到。然后从式（4.62）中找到函数 $F_S(y)$，并且从式（4.61）获得减少时间。为了获得 ρ 的其他值，需要重复该过程。模型的预测结果如图 4.17 所示。在许多烧结实验中，密度随时间的变化曲线呈 S 形。考虑孔径的高斯分布或双峰分布，可以扩展该模型。

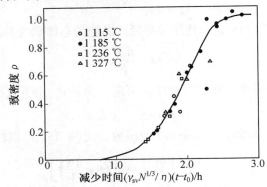

图 4.17 在空气中烧结的 SiO_2 粉体预制棒的烧结数据与
Scherer 模型预测的结果的比较

许多非晶材料的相关数据已经很好地验证了 Scherer 模型的预测结果，例如玻璃粉体压块、胶体凝胶和聚合物凝胶。在与实验数据的比较中，将模型的预测结果绘制为减少时间的函数，同时将获得的数据作为测量时间（例如秒）的函数。为了构建这样的图，首先必须找到对应于如上所述的测量密度的减少时间。减少时间与测量时间的关系曲线是斜率为 $\gamma_{sv} N^{1/3}/\eta$ 的直线。将该斜率乘以测量时间得出对应于每个密度的平均减少时间间隔。图 4.17 所示的数据点显示了由 SiO_2 粉体形成的低密度物体的烧结结果与 Scherer 模型预测的结果的比较。

4.5.5 最终阶段模型

1. 固相烧结几何模型

对于多晶材料烧结的最终阶段，理想的粉体体系是由一组大小相等的十四面体组成，

十四面体的棱角处有相同尺寸的球形孔隙(图4.9(d))。十四面体有 24 个孔隙(每个棱角处有一个),每个孔隙由 4 个十四面体共用,因此单个十四面体所具有孔隙体积为

$$V_{\mathrm{p}} = \frac{24}{4} \times \frac{4}{3}\pi r^3 = 8\pi r^3$$

其中,r 为孔隙半径。利用式(4.39),单个十四面体中的孔隙度为

$$P_{\mathrm{s}} = \frac{8\pi r^3}{8\sqrt{2}\,l_{\mathrm{p}}^3} = \frac{\pi}{\sqrt{2}}\frac{r^3}{l_{\mathrm{p}}^3} \qquad (4.63)$$

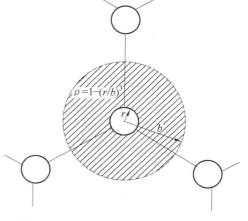

理想结构的单位晶胞可以选择以半径为 r 的单孔为中心的且具有一定厚壁的固体球壳(图4.18)。为使得晶胞的平均密度等于粉体体系的密度,球壳的外径 b 应符合如下关系:

$$\rho = 1 - \left(\frac{r}{b}\right)^3 \qquad (4.64)$$

图4.18　多孔固体最终阶段的烧结模型

单位晶胞中的固相体积为 $\frac{4}{3}\pi(b^3 - r^3)$。晶胞含有单孔,因此每单位体积固相的孔隙数目为

$$N = \frac{3}{4\pi}\left(\frac{1 - \rho}{\rho r^3}\right) \qquad (4.65)$$

2. 烧结方程

与烧结的中间阶段一样,模型中没有考虑非致密化机理对假定的均匀孔隙几何形状的影响。Coble、Coleman 和 Beeré 分别建立了烧结最终阶段的模型。

(1)晶格扩散。

Coble 使用类似于前面概述中间阶段烧结方程的方法,但原子通量方程近似于同心球壳之间的扩散方程,最终的结果是

$$P_{\mathrm{s}} = \frac{6\pi}{\sqrt{2}}\left(\frac{D_1\gamma_{\mathrm{sv}}\Omega}{l_{\mathrm{p}}^3 kT}\right)(t_{\mathrm{f}} - t) \qquad (4.66)$$

其中,P_{s} 是在 t 时刻的孔隙度;D_1 是晶格扩散系数;γ_{sv} 是固 – 气界面比表面能;Ω 是原子体积;l_{p} 是四面体的边长(近似于晶粒尺寸);k 是玻耳兹曼常数;T 是绝对温度;t_{f} 是孔隙消失的时间。

对于流场中的近似,在孔隙度小于 2% 的条件下,可以应用式(4.66)。当孔隙度为 2%～5% 时,Coble 推导出了一个更为复杂的模型,但采取了一个复杂的近似,我们很难从这个复杂的表达式中获得什么信息。除了数值常数的微小不同之外,可以观察到式(4.66)与式(4.49)很像,只有数值常数有些不同。

(2)晶界扩散。

用于晶界扩散的最终阶段烧结方程不是由 Coble 得出的,但是除了数值常数的差异之外,可以认为该方程与式(4.52)相同。Coble 后来建立了扩散烧结模型,推导出在施加

压力的情况下中间阶段和最终阶段的烧结方程(参见 4.10 节)。

3. 黏性烧结几何模型

Mackenzie 和 Shuttleworth 使用图 4.18 所示的不含晶界的球壳模型,推导出黏性流动机理下非晶态固相的最终阶段烧结方程。该模型的使用意味着,当我们采取了固体基质中具有相同尺寸的球形孔隙的结构时,我们理想化了实际体系。此外,同心球壳在烧结过程中其球形几何形状保持不变。但与初始阶段不同,通过应用 Frenkel 的关于黏性流动中表面积减小速率和能量耗散速率相等的能量平衡概念,可以推导出相关方程,结果为

$$\int_{t_0}^{t} \frac{\gamma_{sv} N^{1/3}}{\eta} dt = \frac{2}{3} \left(\frac{3}{4\pi} \right)^{1/3} \int_{\rho_0}^{\rho} \frac{d\rho}{(1-\rho)^{2/3} \rho^{1/3}} \tag{4.67}$$

其中,ρ 是 t 时刻的相对密度;ρ_0 是 t_0 时刻的初始相对密度;γ_{sv} 是固 - 气界面的比表面能;N 是每单位体积的孔隙数(由式(4.65)给出);η 是固相的黏度。由此可以得出

$$\frac{\gamma_{sv} N^{1/3}}{\eta} (t - t_0) = F_{MS}(\rho) - F_{MS}(\rho_0) \tag{4.68}$$

其中

$$F_{MS}(\rho) = \frac{2}{3} \left(\frac{3}{4\pi} \right)^{1/3} \left[\frac{1}{2} \ln \left(\frac{1+\rho^3}{(1+\rho)^3} \right) - \sqrt{3} \arctan \left(\frac{2\rho - 1}{\sqrt{3}} \right) \right] \tag{4.69}$$

式(4.68)的形式类似于 Scherer 的中间阶段烧结模型(式(4.61)),并且对烧结动力学的预测可以用类似于 Scherer 模型概述的方式进行分析。

图 4.19 所示为 Mackenzie 和 Shuttleworth 的模型与 Scherer 模型预测的比较。尽管模型的几何形状存在很大的差异,但在较宽的密度范围内,二者具有一致性。只有当 $\rho <$ 0.2 时才会出现明显的偏差。虽然 Mackenzie 和 Shuttleworth 模型严格适用于 $\rho > 0.9$ 的情况,但其可以在更为广泛的范围内进行预测分析。Scherer 的模型也存在类似的情况。这些预测不仅与 Mackenzie 和 Shuttleworth 的模型也有很好的一致性,而且与 Frenkel 的初始阶段模型也有很好的一致性。我们可以得出的结论是:与多晶材料的情况不同,结构细节的变化对非晶材料的烧结行为影响不大。

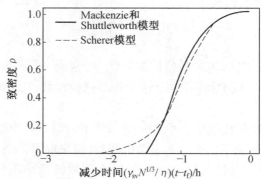

图 4.19 Mackenzie 和 Shuttleworth 模型以及 Scherer 模型的
致密度与减少时间的关系

4.5.6 分析模型的局限性

分析模型的一个特点是多晶材料和非晶材料的烧结现象的复杂程度是不同的。基于 Frenkel 能量平衡概念的黏性烧结分析看起来相对简单。通过将非晶材料的结构理想化，并将其用以描述烧结行为，得到的结果也是非常令人满意的。

对于多晶材料，烧结现象更加依赖于粉体体系的结构细节。因此对模型进行极大地简化后便不能定量表示真实粉体体系的烧结行为。然而，这些模型确实可以帮助我们定性理解不同烧结机理和烧结动力学对关键工艺参数（例如粒度、温度和将在后面阐述的压力）的依赖性。

我们必须记住模型中的假设。这些模型假设的几何形状是对真实粉体体系的显著简化。它们还假设每种机理都是独立存在的。虽然已经尝试开发具有更真实的颈部几何形状的分析模型，例如双曲余弦函数模型以及一些更复杂的模型，但与简单模型相比，这些更复杂的分析对于我们理解烧结没有提供重大的帮助。分析模型假设粉体颗粒是球形的并且具有相同的尺寸，在坯体中规则地填充排列并且没有晶粒生长，但这些假设几乎从未在真正的粉体体系中出现。

4.6 烧结过程的数值模拟

鉴于分析模型进行了显著的简化，数值模拟可以有效地帮助人们理解烧结的复杂模型和过程，例如更真实的几何模型和几种机理同时发生的影响。过去几十年开发的模型可以根据模拟的尺度水平分为三类：原子、颗粒和连续体。在原子水平上，每个粒子是多个原子（或分子）的集合，并且当粒子聚集时，计算机会模拟每个原子的运动。这种类型的模拟（称为分子动力学（MD）模拟）尚且处于模拟烧结过程的早期开发阶段。所需的计算时间相当长，因此这种模拟方法仅限于尺寸小于几百纳米且烧结时间短于几纳秒的颗粒的模拟。因此，MD 模拟与实际烧结无关。

在颗粒水平上，烧结的数值模拟在过去的十到二十年中取得了相当大的进展。特别是有限元分析（FE）已经能够非常有效地用于分析烧结的复杂性。模拟中的典型单元是具有所需形状和排列的粒子集合，根据计算机的能力，还可以分析由多达数千个粒子组成的集合体。通过这一模型，我们可以不需要像在分析模型中那样进行过度简化的假设。然而，三维模拟需要做大量的工作，因此大多数有限元模拟都是在二维空间中进行的。

在连续体水平上，粉体压块被视为连续固体，FE 方法可以用于预测多孔材料在烧结过程中的宏观行为。该方法需要多孔烧结体的本构定律，并且它预测了在整个烧结过程中坯体的密度、晶粒尺寸、应力场、应变场以及材料的形状和尺寸的变化。许多现代 FE 软件包允许输入本构关系及其参数。连续介质的建模可以帮助我们分析复杂系统（例如复合材料和受到非均匀应力的系统）的烧结行为，也可以为工业产品开发提供指导。

4.6.1 固相烧结的数值模拟

在颗粒尺度上，Nichols 和 Mullins 进行了数值模拟，他们使用有限差分法，通过表面扩散机理分析两个圆柱体或一排圆柱体的烧结行为。后来,Bross 和 Exner 采用类似的方法分析了一排圆柱体表面扩散机理下的烧结行为,同时也分析了一排圆柱体同时发生表面扩散和晶界扩散的烧结行为。图4.20 所示为 Bross 和 Exner 模拟的颈部轮廓。表面扩散机理的结果(图4.20(a))与 Nichols 和 Mullins 的结果是一致的。在分析模型中对颈部几何形状的圆形近似不同于数值模拟方法所得到的轮廓形状,后者预测了颈部表面的下陷和曲率的连续变化。受物质传输影响的颈部表面区域也远远超出圆形近似给出的区域,但当表面扩散和晶界扩散同时发生时,超出的区域不太明显(图4.20(b))。

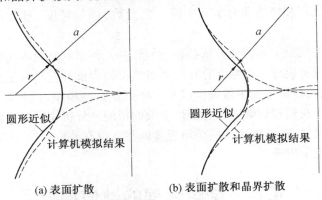

(a) 表面扩散   (b) 表面扩散和晶界扩散

图4.20   表面扩散及表面扩散和晶界扩散同时发生时圆柱之间的颈部轮廓

最近,各种有限差分方案已被用于研究固相烧结。这些模拟重新分析了在复杂的载荷条件下两个颗粒之间的颈部生长和收缩的细节,以获得颗粒的粒度分布。例如,Svoboda 和 Riedel 分别在 D_s/D_{gb} 取最小值和最大值的极限情况时计算了短时间内有效的精确数值解,并计算了基于变分微积分的近似解析解,以分析表面扩散和晶界扩散同时发生时球形颗粒之间颈部的形成细节。图4.21 所示为当二面角 ψ 等于120°时,归一化颈部半径(X/a) 和时间后模型的预测结果。虽然该分析证实了颈部半径随时间的幂律关系,但当 D_s/D_{gb} 取较大值时,式(4.37) 中指数 m 为11/2;而当 D_s/D_{gb} 取较小值时,指数 m 增加到7。m 值的这种趋势与分析模型(见表4.5) 预测的趋势相反。此外,变分原理也可用于构造计算机模拟微观结构演化的有限元方案。

在烧结的连续有限元建模中,本构方程用于将多孔烧结体的应变速率 $\dot{\varepsilon}_{ij}$ 与施加在烧结体上的应力 σ_{ij} 联系起来。例如,Du 和 Cocks 建立了一个以如下形式表达的本构方程:

$$\dot{\varepsilon}_{ij} = \frac{1}{\eta_0}\left(\frac{G_0}{G}\right)^m \left[\frac{3}{2} f_1(\rho) S_{ij} + 3 f_2(\rho)\left(\frac{\sigma_{kk}}{3} - \Sigma\right)\delta_{ij}\right] \tag{4.70}$$

其中,η_0 是具有晶粒尺寸 G_0 的全致密材料的剪切黏度;G 是多孔烧结体的晶粒尺寸;m 是反映变形率对晶粒尺寸依赖性的指数;S_{ij} 是偏应力;σ_{kk} 是应力张量;Σ 是烧结应力;δ_{ij} 是 Kroneker 数;$f_1(\rho)$ 和 $f_2(\rho)$ 是致密度 ρ 的函数。如果采用后面更详细的定义,Σ 是等效的外部施加应力,其对孔隙和晶界的弯曲表面具有相同的效果。函数 $f_1(\rho)$ 和 $f_2(\rho)$ 可以通过理想化的烧结模型来确定,即通过机械本构方程或拟合实验数据来确定,或通过经验本构方程来确定。式(4.70) 的使用也需要晶粒生长的关系,这一关系可以从机械晶粒生长方程或通过曲线拟合的经验公式获得。

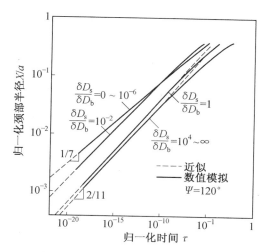

图 4.21 两个球形颗粒归一化颈部半径与时间的数值模拟

式（4.70）给出了含有剪切项和致密化项的多孔固体烧结的一般本构方程,它适用于常压烧结和压力烧结。通常,致密化和晶粒生长方程可以通过数值积分来产生作为时间函数的密度和晶粒尺寸的曲线。可以将这些曲线与实验数据进行比较,以验证本构模型,或通过模型获得拟合参数。

4.6.2 黏性烧结的数值模拟

Ross、Miller 和 Weatherly 采用有限元模型对无限长圆柱体的黏性烧结进行了数值模拟,但模型中采用了二维几何形状和中心距固定的约束条件,其结果与实际粉体压块并不直接相关。Jagota 和 Dawson 更有效地利用有限元方法模拟了两个受轴对称约束的球形颗粒的黏性烧结。模拟结果表明,Frenkel 模型中假设的黏性流场在定性上是正确的。在颈部附近的流场的方向是轴向向下并径向向外的,大部分能量耗散发生在颈部附近（图4.22）。然而,模拟还表明 Frenkel 模型在定量上是错误的。Frenkel 模型与线性收缩率大于 5% 的实验数据是不匹配的,这是模型的不准确性所导致的而不是双球模型的不适用性所导致的。根据模拟结果,双球模型与 Mackenzie 和 Shuttleworth 模型以及 Scherer 模型在线性收缩率小于 15% 时是一致的。三个球形颗粒黏性烧结的三维（3D）有限元模拟揭示了二维（2D）模型所无法预测的效应。在三颗粒体系中,黏性流动同时产生球体中心互相靠近（收缩）和颈部的不对称生长,这会导致重排。重排还导致系统沿不同轴方向的收缩不均匀,即各向异性收缩。

Jagota 利用有限元模型模拟了一对有非晶涂层的刚性颗粒的烧结过程（图4.23（a））。使用这种涂覆的颗粒可以减轻混合物的烧结困难,这种混合物由刚性夹杂物和可烧结颗粒组成。图 4.23（b）所示为不同涂层厚度以及 Mackenzie 和 Shuttleworth 模型下,涂层颗粒填料的致密度（初始致密度为 0.6）随减少时间变化的预测关系。对于足够厚的涂层（在这种情况下,粒子的涂层厚度 $s > 0.2$）,在一定速率下的全密度可与由没有刚性核心粒子组成的填料相当。

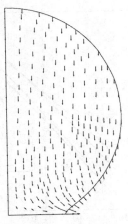

图 4.22 颈部半径与颗粒半径的比值 $X/a = 0.5$ 时的黏性流速场

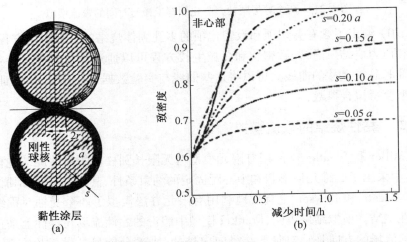

图 4.23 涂有非晶层的两个刚性颗粒的黏性烧结的有限元模拟结果

4.7 现象烧结方程

在现象学方法中,通常以密度(或收缩率)随时间变化的形式,建立经验方程来拟合烧结数据。尽管这些方程式对于理解烧结过程几乎没有帮助,但它们可能在某些数值模型中起到作用,这些模型需要结合经验公式来分析粉体体系的致密化过程。在烧结和热压数据方面拟合较为成功的一个简单表达式是

$$\rho = \rho_0 + K\ln\left(\frac{t}{t_0}\right) \tag{4.71}$$

其中,ρ_0 是 t_0 初始时刻的密度;ρ 是 t 时刻的密度;K 是温度相关参数。Coble 试图为这种半对数表达式提供一些理论证明。使用 Coble 给出的在晶格扩散机理下中间阶段或最终阶段烧结模型的速率方程(见式(4.51)),可以写出

$$\frac{\mathrm{d}\rho}{\mathrm{d}t} = \frac{AD_1\gamma_{sv}\Omega}{G^3kT} \tag{4.72}$$

其中,A 是取决于烧结阶段的常数。假设晶粒按照如下的立方规律生长:

$$G^3 = G_0^3 + \alpha t \tag{4.73}$$

其中,G_0 是初始晶粒尺寸;α 是常数,而且 $G^3 \gg G_0^3$,则式(4.72)变为

$$\frac{\mathrm{d}\rho}{\mathrm{d}t} = \frac{K}{t} \tag{4.74}$$

其中

$$K = \frac{AD_1\gamma_s\Omega}{\alpha kT}$$

将式(4.74)积分后,可以得到式(4.71)。因为式(4.72)在两个阶段都具有相同的形式,所以预计式(4.71)在烧结的中间阶段和最终阶段均是有效的。

当晶粒生长受限时,通常可以通过下式拟合大部分烧结过程中的收缩数据:

$$\frac{\Delta L}{L_0} = Kt^{1/\beta} \tag{4.75}$$

其中,K 是与温度相关的参数;β 是整数。该方程与分析模型的初始收缩方程具有相同的形式。

其他经验公式包括 Tikkanen 和 Makipirtti 的如下公式:

$$\frac{V_0 - V_t}{V_0 - V_f} = Kt^n \tag{4.76}$$

其中,V_0 是粉体压块的初始体积;V_t 是烧结 t 时间后的体积;V_f 是完全致密固体的体积;K 是温度依赖性参数。根据材料的不同,n 的值为 0.5 ~ 1.0。根据 Ivensen 的推导,另一个等式是

$$\frac{V_t^p}{V_0^p} = (1 + C_1 mt)^{-1/m} \tag{4.77}$$

其中,V_0^p 是块体的初始孔体积;V_t^p 是烧结 t 时间后的孔体积;C_1 和 m 是常数。

有时会尝试将经验方程中的参数附加物理意义,但这样做的困难是明显的。例如,已经证明 UO_2 的烧结数据可以通过以下四个方程中的任何一个很好地拟合:式(4.71)、式(4.76)、式(4.77)以及形式为 $V_t^p/V_0^p = K_1/(K_2 + t) + K_3$ 的简单双曲线方程。可以得到的结论是,不止一个经验公式可以很好地拟合任何给定的烧结数据。实际上,任何一个方程的选择似乎都是任意的。Coble 的半对数关系具有简单的优点,可以很好地拟合许多烧结和热压数据,如图 4.24 所示。

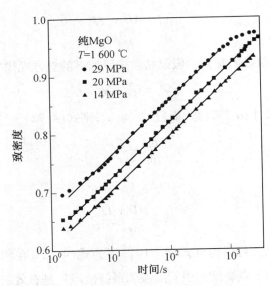

图 4.24　高纯 MgO 热压烧结过程中致密度随时间的半对数关系

4.8　烧结图

如前所述,在多晶体系的烧结过程中,通常不止一种机理同时发生。数值模拟为几种机理同时发生的烧结过程分析提供了理论框架,但 Ashby、Swinkels 和 Ashby 已经建立了一种更实用的方法,该方法涉及构建烧结图。早期的图表显示了在给定的温度和颈部尺寸下烧结的主要机理和颈部生长或致密化的净速率。后来,人们提出了第二种类型的图表,其中评估的是密度而不是颈部尺寸,但用于构建密度图的原理类似于构建颈部尺寸图的原理。

半径为 57 μm 的铜球的烧结图可以采用图 4.25 所示的形式。纵轴的颈部半径 X,其归一化为球的半径 a,横轴为同源温度 T/T_M,其中 T_M 是固体的熔化温度。该图被分成各个区域,并且在每个区域内,单一机理占主导地位,即该机理对颈部的生长贡献最大。以图 4.25 为例,将其分为表面扩散、晶界扩散和晶格扩散(从晶界开始)三个区域。在两个区域之间的边界处(显示为实线),两种机理对烧结速率的贡献相同。在图中叠加的是恒定烧结时间的轮廓。

一些图表可能包含一些其他的信息。例如,与温度轴大致平行的折线(图 4.25 中没有显示)表示烧结各阶段之间的过渡。在区域边界的一侧有一个阴影带,在这个阴影带之外,单一的机理贡献了超过 55% 的颈部生长。在阴影带内,两种或更多种机理的作用都是显著的,但没有一种机理对颈部生长的贡献超过 55%。阴影带的出现提供了区域边界宽度的概念。表面扩散与晶界扩散之间的区域边界内的虚线是大致平行的,这表明晶界扩散运输的物质的重新分布决定了这一机理的速率。如前所述,通过晶界扩散传递到颈部的物质需要另一种机理(例如表面扩散)的作用使其在颈部表面上重新分布。在标记为 SL 的一侧,表面扩散的再分布决定了速率;而另一边标记为 BL,边界扩散决定了速率。

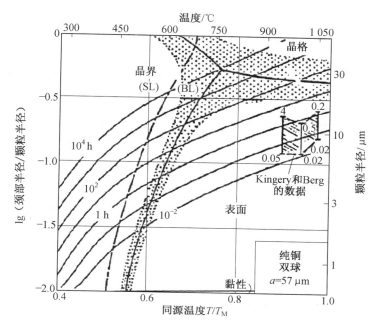

图 4.25　半径为 57 μm 的两个铜球的颈部尺寸的烧结图

4.8.1　烧结图的构建

　　Ashby 详细描述了烧结图的构建。它需要特定几何模型下的颈部生长方程和方程中出现的材料参数(例如扩散系数、表面能和原子体积)的数据。几何模型通常是前面讨论过的分析模型。这些图是通过数值方法构建的,并且假设总的颈部生长速率是各个机理的颈部生长速率的总和。然后计算一个机理对颈部生长速率贡献50%的区域边界。当颈部生长一小部分后,即当 X/a 增加一小部分后,再重复进行数值计算。之后再计算每个阶段之间的时间间隔,并将其相加,以得到用于绘制时间等值线的总时间。通过修改相同的过程来对其进行细化,例如区域之间边界的宽度。

4.8.2　图表的局限性

　　这些图的绘制是基于近似的几何模型和其中出现的材料参数的数据,因此它们并不比前面讨论的分析模型更好。此外,材料参数(特别是陶瓷)往往不具有足够的准确性,因此参数值的微小变化会对产生图的性质产生显著变化。到目前为止,已经为几种纯金属和一些简单的陶瓷(例如 NaCl 和 Al_2O_3)构建了烧结图。对于实际的陶瓷体系,粉体特性的微小变化(例如纯度)会对材料参数(例如扩散系数)产生显著影响,因此必须为每个体系构建图表,这需要大量的工作。尽管存在这些限制,但已证明图表可用于将各种机理之间的概念关系可视化,以及预测不同温度和粒度范围下烧结行为的变化。

4.9 外加压力的烧结

在陶瓷的固相烧结中,经常出现的困难是不能完全致密化。解决这一困难的一个方案是在烧结过程中对粉体体系施加外部应力或压力,从而产生热压、烧结煅造和热等静压。这里仅介绍压力烧结的理论和原理。

4.9.1 热压烧结

1. 热压烧结模型

Coble 提出了在表面曲率和外加应力的驱动下的扩散传质热压模型。在一种方法中,烧结的分析模型加上了外界应力的影响。而在另一种方法中,以类似于观察致密固体中蠕变的方式分析热压烧结,并且在这种方法中通过修改蠕变方程以使其适用于计算多孔粉体体系的孔隙率和表面曲率。

(1)烧结分析模型的修正。

烧结过程三个阶段的理想模型如图4.9所示。颈部表面处的空位浓度 ΔC_{vn} 不受施加应力的影响,因此式(4.19)仍然适用,即

$$\Delta C_{vn} = \frac{C_{vo}\gamma_{sv}\Omega}{kT}\left(\frac{1}{r_1} + \frac{1}{r_2}\right) = \frac{C_{vo}\gamma_{sv}\Omega K}{kT} \tag{4.78}$$

其中,K 是孔隙表面的曲率。对于烧结的初始阶段,$K = 1/r = 4a/X^2$,而对于中间阶段和最终阶段,$K = 1/r$ 和 $2/r$。其中,r 是孔隙半径;a 是颗粒半径;X 是颈部半径。施加到粉体体系的应力 p_a 导致晶界处产生应力 p_e,并且孔隙处 $p_e > p_a$。因此假设

$$p_e = \phi p_a \tag{4.79}$$

其中,ϕ 是一个因子,称为应力增强因子。晶界上存在压缩应力,这意味着晶界处的空位浓度小于平坦无应力边界处的空位浓度。简单地将式(4.78)中由曲率引起的应力 $\gamma_{sv}K$ 替换为晶界上的有效应力,即

$$\Delta C_{vb} = -\frac{C_{vo}p_e\Omega}{kT} = -\frac{C_{vo}\phi p_a\Omega}{kT} \tag{4.80}$$

对于在烧结初始阶段应用的双球模型(图4.11),Coble 假设 ϕ 等于投射到热压模冲头上的球体面积与颈部的横截面积的比值,即 $\phi = 4a^2/\pi X^2$,而对于中间阶段和最后阶段,Coble 认为 $\phi = 1/\rho$,其中,ρ 是烧结体的致密度。

通过使用参数 K 和 ϕ,ΔC_{vn} 和 ΔC_{vb} 的变化如图4.26所示。对于热压烧结,颈部表面和晶界之间的空位浓度差为 $\Delta C = \Delta C_{vn} - \Delta C_{vb}$,因此对于初始阶段,有

$$\Delta C = \frac{4aC_0\Omega}{kTX^2}\left(\gamma_{sv} + \frac{p_a a}{\pi}\right) \tag{4.81}$$

式(4.81)表明,对于初始阶段,热压烧结的 ΔC 与常压烧结基本相同,只是 γ_{sv} 被 $(\gamma_{sv} + p_a a/\pi)$ 代替。p_a 和 a 是常数,因此可以简单地通过用 $(\gamma_{sv} + p_a a/\pi)$ 代替 γ_{sv},从而获得热压烧结的方程。

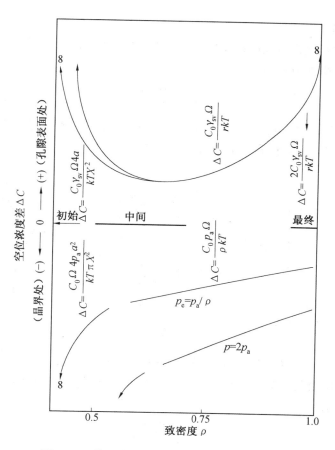

图 4.26 热压烧结的驱动力与致密度的函数关系

Coble 没有特意调整中间和最后阶段的烧结模型来解释热压烧结过程。然而,可以简单地用 $(\gamma_{sv}K + p_c)$ 代替烧结方程中的 $\gamma_{sv}K$ 来获得任何阶段的热压烧结方程。

（2）蠕变方程的修正。

对于一个致密固体蠕变过程中的物质传输方式和蠕变方程,假设具有立方结构的纯固相单晶材料为杆状体,其横截面长度为 L。法向应力作用在杆的两侧,如图 4.27（a）所示。Nabarro 和 Herring 认为晶体内的自扩散会导致固体蠕变(即缓慢变形),这样可以减轻其内部所受的应力。蠕变是原子从受压应力的界面(其中它们具有较高的化学势) 向受到拉应力(较低化学势) 的界面扩散而引起的。如果将这种蠕变概念延伸到多晶固体中,那么单个晶粒内的自扩散将导致原子从受压晶粒边界扩散到受拉晶粒边界（图 4.27（b））。通过晶格扩散的蠕变通常被称为 Nabarro - Herring 蠕变。Herring 对原子通量进行了分析并给出了如下所示的蠕变速率的等式:

$$\dot{\varepsilon}_c = \frac{1}{L}\frac{dL}{dt} = \frac{40}{3}\frac{D_1\Omega\,p_a}{G^2 kT} \tag{4.82}$$

其中,D_1 是晶格扩散系数;Ω 是原子体积;p_a 是外加应力;G 是晶粒尺寸;k 是玻耳兹曼常数;T 是绝对温度。根据定义,蠕变速率为线性应变速率,等于 $(1/L)dL/dt$。其中,L 为固体的长度;t 为时间。

多晶固体中的蠕变也可以通过晶界扩散(图 4.27(c))发生,这通常被称为 Coble 蠕变,对于这种机制,蠕变方程为

$$\dot{\varepsilon}_c = \frac{95}{2} \frac{D_{gb} \delta_{gb} \Omega p_a}{G^3 kT} \tag{4.83}$$

其中,D_{gb} 是晶界扩散系数;δ_{gb} 是晶界宽度。式(4.82)和式(4.83)对 p_a 具有相同的线性依赖性,但在晶粒尺寸依赖性和数值常数方面有所不同。

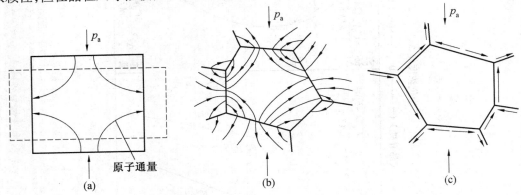

图 4.27 单晶和多晶固体中原子通量的方向

在一些陶瓷中,施加足够大的应力可以通过位错运动激活物质传输。对于这种机理,蠕变速率由下式给出:

$$\dot{\varepsilon}_c = \frac{AD\mu b}{kT} \left(\frac{p_a}{\mu} \right)^n \tag{4.84}$$

其中,A 是数值常数;D 是扩散系数;μ 是剪切模量;b 是柏氏矢量。指数 n 取决于位错运动的机制,其值为 3 ~ 10。

2. 热压烧结致密化速率

在粉体的热压烧结过程中,通常获取与密度对时间的函数关系有关的数据,由此来计算致密化速率。在热压过程中,热压烧结的大部分过程都存在相当大的孔隙率。因此,为了解释多孔的热压过程,我们试图将如下两个因素结合起来以修正蠕变方程:① 蠕变速率(线性应变率)与致密化速率(体积应变率)之间的关系;② 补偿孔隙的存在。

在热压中,粉体的质量 m 和模具的横截面面积 A 大致恒定。随着样品密度 d 的增加,样品厚度 L 减小。变量 d 和 L 的关系为

$$\frac{m}{A} = Ld = L_o d_o = L_f d_f \tag{4.85}$$

其中,下标 o 和 f 分别表示初始值和最终值。将这个方程对时间求导可以得到

$$L \frac{d(d)}{dt} + d \frac{dL}{dt} = 0 \tag{4.86}$$

重新整理这个等式,可以得到

$$-L \frac{dL}{dt} = \frac{1}{d} \frac{d(d)}{dt} = \frac{1}{\rho} \frac{d\rho}{dt} \tag{4.87}$$

其中,ρ 是相对密度。式(4.87)将热压过程中主体的线性应变率与其致密化速率相关联。线性应变率通常是通过测量热压模冲头移动的距离对时间的函数关系得到的。

为了补偿粉体体系中孔隙的存在,让我们先回忆一下 Coble 的烧结初始阶段的热压模型,晶界 p_e 上的有效应力与式(4.79)的外部应力 p_a 有关。为了解释所施加的应力和表面曲率对其致密化速率的影响,Coble 认为总驱动力 DF 是两种效应的线性组合,即

$$DF = p_e + \gamma_{sv}K = p_a\phi + \gamma_{sv}K \tag{4.88}$$

其中,K 是孔隙的曲率,对于中间阶段的烧结模型,$K = 1/r$,而对于最终阶段的烧结模型,$K = 2/r$。为了得到适合热压烧结的方程式,用式(4.88)的 DF 代替致密固体蠕变方程中的施加应力 p_a。通过修正蠕变方程得到的热压方程见表4.6。

表4.6　通过修正蠕变方程得到的热压方程

机理	中间阶段	最终阶段
晶格扩散	$\dfrac{1}{\rho}\dfrac{\mathrm{d}\rho}{\mathrm{d}t} = \dfrac{40}{3}\left(\dfrac{D_l\Omega}{G^2kT}\right)\left(p_a\phi + \dfrac{\gamma_{sv}}{r}\right)$	$\dfrac{1}{\rho}\dfrac{\mathrm{d}\rho}{\mathrm{d}t} = \dfrac{40}{3}\left(\dfrac{D_l\Omega}{G^2kT}\right)\left(p_a\phi + \dfrac{2\gamma_{sv}}{r}\right)$
晶界扩散	$\dfrac{1}{\rho}\dfrac{\mathrm{d}\rho}{\mathrm{d}t} = \dfrac{95}{2}\left(\dfrac{D_{gb}\delta_{gb}\Omega}{G^3kT}\right)\left(p_a\phi + \dfrac{\gamma_{sv}}{r}\right)$	$\dfrac{1}{\rho}\dfrac{\mathrm{d}\rho}{\mathrm{d}t} = \dfrac{15}{2}\left(\dfrac{D_{gb}\delta_{gb}\Omega}{G^3kT}\right)\left(p_a\phi + \dfrac{2\gamma_{sv}}{r}\right)$
位错运动	$\dfrac{1}{\rho}\dfrac{\mathrm{d}\rho}{\mathrm{d}t} = A\left(\dfrac{D\mu b}{kT}\right)\left(\dfrac{p_a\phi}{\mu}\right)^n$	$\dfrac{1}{\rho}\dfrac{\mathrm{d}\rho}{\mathrm{d}t} = B\left(\dfrac{D\mu b}{kT}\right)\left(\dfrac{p_a\phi}{\mu}\right)^n$

注:A 和 B 是数值常数;n 是一个取决于位错运动机制的指数。

Coble 对蠕变方程的修正只能提供热压烧结过程中致密化速率的近似值。更严格的分析需要对蠕变模型进行进一步的修正,以更好地表示粉体系统中存在的情况,例如原子通量场和扩散路径长度的差异。在蠕变模型中,原子通量在拉伸边界处终止,而在热压烧结过程中,原子通量在孔隙表面终止。与晶粒尺寸相关的晶界面积在蠕变期间保持恒定,但是在热压期间晶界面积和扩散路径长度均有增加。

3. 热压烧结机理

前面讨论的用于烧结的机理也适用于热压烧结过程,但因为施加的应力并不会增强烧结的非致密化机理,因此可以忽略非致密化机理,而在大多数热压实验中,致密化机理会得到显著增强。相对于非致密化机理,致密化机理得到显著增强,因此在热压烧结中致密化机理起主导作用。然而,可以通过施加应力来激活新机理,并且新机理也可能增加烧结的复杂性,因此需要认识到新机理的发生。

颗粒重排是热压烧结初期阶段致密化的原因之一,但分析起来是比较困难的。晶粒需要进行滑移以适应在中间阶段和最终阶段发生扩散而导致的形状变化。如图4.28所示,对于一个截面,系统的一个代表性元素(例如三个理想的六角形颗粒)必须能够模拟粉体的整体形状变化。热压模的直径是固定的,因此粉体颗粒间的连接主要发生在施加压力的方向上,导致颗粒被压扁。这种形状的变化必须通过晶粒之间的相互滑动来适应。晶界滑移和扩散质量传递不是独立的机理。它们按顺序发生,其中较慢的机理控制了致密化速率。热压过程中常用的主要机理是晶格扩散、晶界扩散、位错运动引起的塑性变形、黏性流动(非晶系)、重排和晶界滑移。

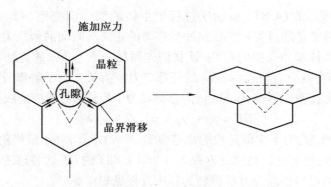

图 4.28 热压过程中颗粒形状变化的示意图

根据表4.6中的方程,当施加的应力远大于表面曲率引起的驱动力时(对应于常见的实际情况),可以写出热压过程中的致密化速率:

$$\frac{1}{\rho}\frac{\mathrm{d}\rho}{\mathrm{d}t} = \frac{HD\phi^n}{G^m kT}p_a^n \tag{4.89}$$

其中,H 是数值常数;D 是由速率控制的物质扩散系数;ϕ 是应力增强因子;G 是晶粒尺寸;k 是玻耳兹曼常数;T 是绝对温度;指数 m 和 n 取决于致密化机理。表4.7给出了各种机理的 m 和 n 的值,以及相应的扩散系数。

根据式(4.89),致密化速率(在固定密度下)与 p_a 的 n 次方存在一定的关系,从而可以根据 n 值来确定致密化机理。对于常用的热压力(通常为10 ~ 50 MPa),许多陶瓷的数据为 $n \approx 1$,这表明扩散机理是致密化的原因。陶瓷中的强键合(限制位错运动)和使用较细粉体(促进扩散机理)的趋势从侧面证实了这一理论。据报道,少数陶瓷具有较高的 n 值,这是位错机理的特征。

表 4.7　热压烧结机理和相应的指数和扩散系数

机理	晶粒尺寸指数 m	压力指数 n	扩散系数
晶格扩散	2	1	D_l
晶界扩散	3	1	D_{gb}
塑性流动	0	$\geqslant 3$	D_l
黏性流动	0	1	—
晶界滑移	1	1 或 2	D_l 或 D_{gb}

注:D_l 是晶格扩散系数;D_{gb} 是晶界扩散系数。

主要的致密化机理可以随施加的压力、温度、粒度和组成而改变。例如,由于较大的晶粒尺寸指数($m = 3$)和较低的活化能,通常较细的粉体和较低的温度更有利于晶界扩散,而不是晶格扩散。通过仔细选择过程变量,可以确定给定条件下的主导机理,并且结果通常以图的形式显示,称为热压图或变形机理图,这种图也类似于前面讨论过的烧结图。图4.29所示为纯 $\alpha - Al_2O_3$ 的温度随晶粒尺寸变化的热压图,该图显示了机理和热压参数之间的关系。

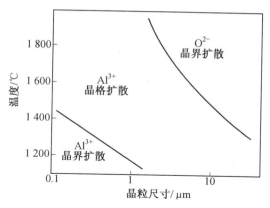

图 4.29　纯 α - Al₂O₃ 的热压(变形) 图

4.9.2　烧结锻造

烧结锻造,也称为热锻,类似于热压,但其样品不在模具中进行制备。通常,在烧结温度下,将单轴应力施加到粉体压块或部分致密的压块上。如果对压块施加大小为 p_z 的单轴应力,则大小为 $p_z/3$ 的流体静力学分量为致密化提供额外的驱动力。因此,如果 p_a 被 $p_z/3$ 代替,则热压方程(表4.6)可用于预测致密化速率。此外,还存在一个切向应力能引起压块的蠕变。对于热等静压,连续体有限元建模为预测压块的应力、致密化和变形提供了一个实用的方法。外加应力方向的单轴应变明显大于热压中的单轴应变,因此烧结锻造可以生产具有整齐晶粒微观结构的陶瓷。

4.9.3　热等静压烧结

在热等静压(HIP) 中,通过气体将静态力施加到粉体压块上,粉体压块通常紧密地封闭在玻璃或金属容器中。HIP(150 ~ 200 MPa) 中使用的压力通常远高于热压(20 ~ 50 MPa) 中使用的压力。施加的压力不会增强非致密化机理。粉体体系的致密化可以通过类似于热压的方程处理(表4.6),但是在 HIP 中不容易获得动力学数据。对于大多数陶瓷的数据,都是在特定的温度和施加压力下保持一定的时间后测量得到的最终密度值。

在初始阶段,颗粒重排通常会导致致密化,但由于颗粒重排的瞬时性质和分析的困难性,因此常将其忽略。施加更高的压力意味着,在金属中,HIP 过程中的塑性变形比热压中的塑性变形起着更重要的作用。在 HIP 的早期阶段,金属粉体颗粒在其接触点处的瞬时塑性屈服将更加显著。对于许多陶瓷粉体来说,塑性屈服仍然是不太可能的,因此可能的机理是晶格扩散、晶界扩散和位错运动引起的塑性变形(幂律蠕变)。

通过使用类似烧结图的方法以及相关材料的参数,可以利用致密化本构方程预测不同机理对致密化的相对贡献。结果绘制在 HIP 图上,该图显示了每种机理占主导时的条件。图4.30所示为粒径为 2.5 μm 的 α - Al₂O₃ 粉体的 HIP 图。正如可以预期的那样,致密化是通过扩散发生的。

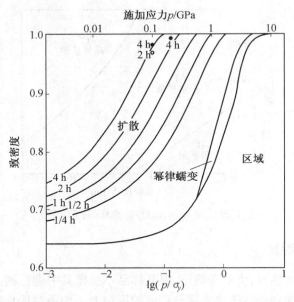

图 4.30　在 1 473 K 下,粒径为 2.5 μm 的 α – Al$_2$O$_3$ 粉体的热等静压(HIP) 图

在实践中,HIP 中施加的应力通常不是纯粹的流体静力,其中还存在剪切力。收缩也可能是不均匀的,这会导致粉体压块形状变形。前面描述的连续有限元建模为预测 HIP 期间的应力、致密化和形状变化也提供了有价值的方法。

4.10　应力增强因子和烧结应力

4.10.1　应力增强因子

在热压模型中,当需要将晶界的平均应力 p_e 与外部施加的应力 p_a 相关联时,由式(4.79)定义的因子 φ 就会出现。φ 被称为应力增强因子(或应力倍增因子)。不能将它与类似命名的应力强度因子相混淆,后者在断裂力学中具有不同的含义。φ 是影响物质运输速率的应力 p_e 与测量的应力 p_a 的比值。因子 φ 最初是几何上的因子,并且其取决于孔隙率和孔隙的形状。

考虑施加到粉体系统外表面的流体静压力 p_a,其模型在图 4.31(a) 中示意性地给出。压力施加在固体表面上,施加载荷 $F_a = A_T p_a$,其中,A_T 是固体的总外部横截面面积,包括可能被孔隙占据的区域。位于晶界处的孔隙使得实际晶界面积 A_e 低于总外部面积。假设在固体的任何平面上都存在力平衡,可以得到

$$p_a A_T = p_e A_e \tag{4.90}$$

因此

$$\phi = \frac{p_e}{p_a} = \frac{A_T}{A_e} \tag{4.91}$$

对于随机分布在多孔固体中的球形孔隙,可以容易地得到 φ。在固体中任意取一个平面,该平面内孔隙的面积分数等于孔隙的体积分数。如果假设 A_T 为 1,那么 A_e 等于 $(1 - P)$,其中,P 是固体的孔隙率。$(1 - P)$ 也等于致密度,可以得到

$$\phi = \frac{1}{\rho} \tag{4.92}$$

式(4.92)适用于含有孤立近球形孔隙的玻璃或多晶固体,其中孤立孔隙的平衡形状大致为球形(二面角 > 150°)。当孔隙明显偏离球形时,这种简单的表达将不再成立,事实上,ϕ 可能会非常复杂。如图4.31所示,对于具有相同体积但形状不同的孔隙,我们可以预期ϕ不仅取决于孔隙率,还取决于孔隙的形状。当孔隙形状偏离球形几何形状时(即当二面角减小时),晶界的实际面积减小,预期 ϕ 会有所增加。

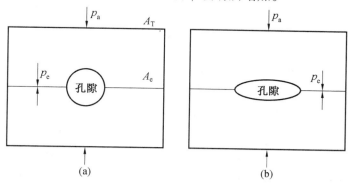

图 4.31　晶界上存在的孔隙

Beeré 已经对具有连续孔隙网络的平衡形状进行了计算机模拟。Vieira 和 Brook 对 Beeré 结果的分析表明,ϕ 可以用如下表达式近似表示:

$$\phi = \exp(\alpha P) \tag{4.93}$$

其中,α 是取决于二面角的因子;P 是孔隙率。Beeré 结果的半对数图如图4.32所示,图中显示出因子 α 可以由二面角确定。式(4.93)已经通过几个体系的实验数据得到了验证。但是,这并不意味着它是最准确或最合适的模型。表4.8已经提出了 ϕ 的其他表达式,并且根据粉体的性质和填充特性,其中一个表达式可能适合于拟合数据。几个表达式的 ϕ 与 ρ 的关系图(图4.33)显示了它们之间的巨大差异。除了基于单一尺寸球体的模型外,所有结果都可以用式(4.93)所示形式的指数函数来表示。

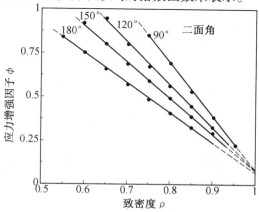

图 4.32　由孔隙率的指数函数表示的应力增强因子

表4.8 不同粉体几何形状的应力增强因子

应力增强因子 ϕ	致密度范围	模型	参考文献
$\dfrac{1-\rho_0}{\rho^2(\rho-\rho_0)}$	$\rho < 0.90$	单一尺寸球形粉体	60,61
$\dfrac{(1-\rho)^2}{\rho(\rho-\rho_0)^2}$	$\rho < 0.90$	单一尺寸球形粉体,包括扩散引起的颈部生长	60,61
$\dfrac{1}{\rho}$	$\rho > 0.90$	孤立孔隙的随机分布	51,52
$\exp[\alpha(1-\rho)]$	$\rho < 0.90$	连续孔隙达到平衡形状时自由能最小化	22,58
$\dfrac{3-2\rho}{\rho}$	$\rho < 0.95$	相交的圆柱形颗粒立方阵列	62
$\dfrac{1}{\rho^{5/2}}$	$\rho < 1.0$	建立经验公式以拟合球形 Cu 颗粒的烧结数据	63

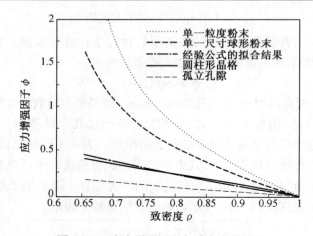

图4.33 应力增强因子与致密度的关系

4.10.2 烧结应力

根据表4.6,扩散机理主导的致密化速率可以由如下一般形式写出:

$$\frac{1}{\rho}\frac{\mathrm{d}\rho}{\mathrm{d}t} = -\frac{3}{L}\frac{\mathrm{d}L}{\mathrm{d}t} = \frac{3}{\eta_\rho}(p_a\phi + \sigma) \tag{4.94}$$

其中,$(1/L)\mathrm{d}L/\mathrm{d}t$ 是烧结固体的线性应变率,等于体积应变率的 $1/3$;η_ρ 和黏度大小一样,称为致密化黏度;σ 是孔隙表面下原子的有效应力,由 Young 和 Laplace 方程给出:

$$\sigma = \gamma_{sv}\left(\frac{1}{r_1} + \frac{1}{r_2}\right) \tag{4.95}$$

其中,r_1 和 r_2 是孔隙表面的两个主要曲率半径。σ 是烧结的热力学驱动力,它的单位与压力(或应力)的单位相同,有时称为烧结压力。对于多孔陶瓷,σ 的方程实际上更为复杂,因为在多孔陶瓷中,孔隙与晶界接触,因此它由两个部分组成,一个是孔隙,另一个是晶界。例如,对于最终阶段的理想化微观结构,假设孔隙和边界具有球形结构,则 σ 由下式给出:

$$\sigma = \frac{2\gamma_{gb}}{G} + \frac{2\gamma_{sv}}{r} \tag{4.96}$$

其中,γ_{gb} 是晶界的比表面能;G 是晶粒尺寸;r 是孔半径。烧结的驱动力也受到二面角和质量传递机制的影响,并且也可以对由球形颗粒组成的简单几何形状进行计算。式(4.94)也可以写成如下形式:

$$\frac{1}{\rho}\frac{d\rho}{dt} = \frac{3\phi}{\eta_\rho}(p_a + \Sigma) \tag{4.97}$$

其中,$\Sigma = \sigma/\phi$ 与应力的单位相同,被称为烧结应力。因为 Σ 发生在外部压力 p_a 的线性组合的作用力下,所以它被定义为在孔隙和晶界的曲面具有相同烧结效果的等效外加应力。根据虚拟外部施加的应力来制定烧结驱动力的方程有利于分析出现机械应力效应的烧结过程,例如压力烧结和黏附在刚性基底上的多孔块体烧结。它还为设计实验测量烧结驱动力提供了概念基础。

4.10.3 烧结应力及应力增强因子的测定

尽管烧结应力 Σ 和应力增强因子 ϕ 是烧结中的关键参数,但仅有少数研究中尝试测量它们。

1. 零蠕变技术

一个测量 Σ 的相对简单的技术类似于 Gibbs 提出的用于测定表面能的零蠕变技术。在一端将形成线状或形成带状的粉体压块夹紧,并且另一端悬挂有负载。监测样品的蠕变,并确定产生零蠕变所需的负载。在零蠕变条件下,烧结应力被视为施加的应力,因为当施加的应力恰好平衡烧结应力时,可以认为蠕变停止。Gregg 和 Rhines 将这种技术用于线状的铜粉压块,发现烧结应力随致密度 ρ 增加而有所增加,直至致密度达到 0.95,之后又有所下降(图 4.34)。Σ 随致密度的增加可归因于孔径的减小,并且微观结构的显著粗化(晶粒生长和孔隙生长)可能导致观察到的致密度在达到 0.95 之后有所下降。在给定密度的粉体体系中,Gregg 和 Rhines 还发现 Σ 与粉体的初始粒径成反比,如果假设平均孔径与平均粒径成正比,则这与式(4.96)一致。

2. 加载膨胀法

加载膨胀法已被用于研究致密化和蠕变同时发生的机制以及它们的相互作用,这种方法需要将小的单轴应力 p_z 施加到处在烧结过程中的粉体压块上。多孔粉体压块的 Σ、ϕ 等参数和蠕变(或剪切)黏度可以由在相同实验中获得的数据来确定。在实验中,在等温烧结温度下将恒定的单轴载荷 W 施加到初始长度为 L_0 和初始半径为 R_0 的圆柱形粉体压块上(图 4.35),并且在膨胀计中连续测量压块的长度 L 和半径 R 随时间的变化关系。

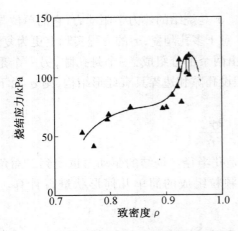

图 4.34 零蠕变技术测定的铜颗粒(粒径为 30 μm)烧结应力与致密度关系的数据

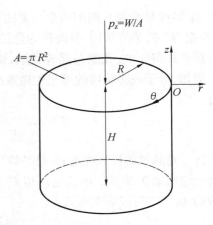

图 4.35 单轴应力下粉体烧结的几何参数

根据这些数据,轴向的真实应变 $\dot{\varepsilon}_z$ 和径向的真实应变 $\dot{\varepsilon}_r$ 由下式确定:

$$\dot{\varepsilon}_z = \frac{1}{L}\frac{dL}{dt} \tag{4.98}$$

$$\dot{\varepsilon}_r = \frac{1}{R}\frac{dR}{dt} \tag{4.99}$$

烧结中涉及较大的变形,因此必须使用真实应变而不是工程应变。压块的横截面面积 A 随时间变化,且 $A = \pi R^2$。然后使用式(4.99),可以得到

$$A = A_0 \exp(2\varepsilon_r) \tag{4.100}$$

其中,$A_0 = \pi R_0^2$。轴向应力由下式给出:

$$p_z = \frac{W}{A} = \frac{W}{A_0}\exp(-2\varepsilon_r) \tag{4.101}$$

可以使用如下等式,进而根据数据确定经受单轴应力 p_z 的烧结体的蠕变应变 $\dot{\varepsilon}_c$ 和致密化应变 $\dot{\varepsilon}_p$:

$$\dot{\varepsilon}_c = \frac{2}{3}(\dot{\varepsilon}_z - \dot{\varepsilon}_r) \tag{4.102}$$

$$\dot{\varepsilon}_p = \frac{1}{3\rho}\frac{d\rho}{dt} = -\frac{1}{3}(\dot{\varepsilon}_z + 2\dot{\varepsilon}_r) \tag{4.103}$$

在加载膨胀实验中,所施加的单轴应力(等于 $p_z/3$)的流体静力学分量与 Σ 相比通常是较小的,因此预期受加载的粉体压块的烧结机理与没有加载的粉体压块的烧结机理是相同的。施加的单轴应力的静压分量可以忽略不计,在这些条件下式(4.103)可成如下形式:

$$\dot{\varepsilon}_p = \frac{1}{\eta_p}\Sigma\phi \tag{4.104}$$

相似地,蠕变速率可以由下式表示:

$$\dot{\varepsilon}_c = \frac{1}{\eta_c}p_z\phi \tag{4.105}$$

其中,η_c 可以作为蠕变过程中多孔块体的黏度。致密化速率与蠕变速率的比值可以从式(4.104)和式(4.105)中找到,从而得到

$$\frac{\dot{\varepsilon}_p}{\dot{\varepsilon}_c} = \frac{F\Sigma}{p_z} \qquad (4.106)$$

其中,F 是一个参数,等于 η_c/η_p。如图4.36所示,在固定的 p_z 值下,对致密化和蠕变速率同时发生的测量表明,对于几种材料,比值 $\dot{\varepsilon}_p/\dot{\varepsilon}_c$ 在宽密度范围内近似恒定。该比值也在很宽的温度范围内近似恒定,但对于给定的系统,它随着坯体密度增加而有所降低。

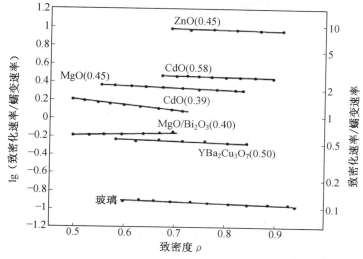

图4.36　致密化速率与蠕变速率之比与致密度的关系

如果假设在低外加应力下多孔陶瓷的烧结和蠕变中的原子通量场没有显著不同,那么 $F \approx 1$,并且 Σ 的值可以通过测量 $\dot{\varepsilon}_p/\dot{\varepsilon}_c$ 和 p_z 来确定。对于具有两种不同初始密度($\rho_0 = 0.39$ 和 $\rho_0 = 0.58$)的CdO坯体,以这种方式确定的烧结应力如图4.37所示。烧结应力约为 $1 \sim 2$ MPa,对于给定的初始密度,它随着密度的增加而略微降低。基于 Coble 的烧结模型,可以预期在烧结初始阶段 Σ 会随密度增加而有所增加。然而,Coble 的模型没有考虑晶粒生长或微观结构的粗化,因此孔径会随着密度的增加而有所减小。在图4.37中还观察到,随着 ρ 的增加,Σ 有所减小,这主要是因为微观结构的粗化,这也导致了晶粒和孔隙平均尺寸的增加。如图4.37所示,在实验过程中,平均晶粒尺寸从 2 μm 增加到 4 μm。如果 Σ 相对于初始晶粒尺寸进行归一化,则将得到 Σ 随 ρ 的增加而有所增大的关系。对于没有晶界的玻璃颗粒,观察到 Σ 随密度增加而有所增大,这与理论预测一致。CdO 的 Σ 测量值与从表面能 γ_{sv} 和孔隙半径 r 估计的值具有相同的数量级。虽然不能得到 CdO 的 γ_{sv} 值,但若假设 $\gamma_{sv} \approx 1$ J/m^2,那么这个值与少数氧化物相近,并假设平均孔径大约是平均粒度的三分之一(即 $r = 0.5 \sim 1$ μm),那么 $\Sigma = \gamma_{sv}/r = (1 \sim 2)$ MPa。

根据式(4.105),在 p_z 和 η_c 的恒定值(即恒定的晶粒尺寸)下确定的蠕变速率对相对密度 ρ 的曲线图给出了 ϕ 对 ρ 的函数依赖性。在加载膨胀实验中测量了一些多孔陶瓷压块的蠕变速率,从中得到的 ϕ 值可以通过式(4.93),进行很好的拟合。这种数据的一个例子如图4.38所示。下面的数据显示了具有两种不同初始密度($\rho_0 = 0.39$ 和 $\rho_0 = 0.58$)

的 CdO 粉体压块的测量蠕变速率,而上面的数据给出了针对晶粒生长校正的蠕变速率。根据式(4.93),CdO 的应力增强因子 ϕ 随 $\exp(\rho)$ 的增加而线性减小。从晶粒尺寸对补偿蠕变速率的关系曲线的斜率可以得到式(4.93)中的参数 α 值,即 $\alpha = 2.0$。

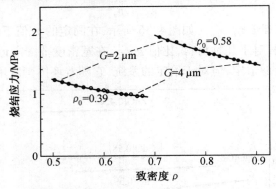

图 4.37 使用加载膨胀测量技术测量的 CdO 粉体的烧结应力与致密度的关系

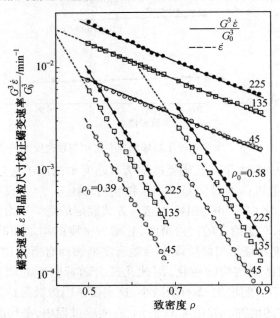

图 4.38 CdO 粉体压块的蠕变速率和晶粒尺寸校正蠕变速率与致密度的关系

3. 烧结锻造技术

烧结锻造方法也被用于研究烧结过程中变形和致密化同时发生的动力学过程。该方法与上面概述的加载膨胀测量技术非常相似,但施加的单轴应力 p_z 相当大。对于给定的 p_z 值,通过测量轴向和径向应变对时间 t 的函数,蠕变和致密化应变可以从式(4.98)和式(4.99)中得到。施加的单轴应力的流体静力学分量是 $p_z/3$。根据式(4.97),通过外推至零致密化速率,在给定的坯体密度下,可以根据晶粒修正致密化速率对施加应力的静力学分量的关系图得到该密度下的应力 Σ。在 $\rho = 0.95$ 时,发现 Al_2O_3 粉体压块(初始粒径为 $0.3~\mu m$)的烧结应力从 $0.8~MPa$ 降低到了 $0.7 \sim 0.4~MPa$。

4.11 烧结方程推导的替代方法

作为4.6节中描述的分析模型的替代方案,可以通过求解原子通量的微分方程,根据适当的边界条件得出烧结方程。该方法概述了晶界扩散机理,并将烧结应力的概念纳入推导过程。

为了简化推导,我们考虑由直径为 a 的球形颗粒组成的以简单立方方式排列的几何模型(图4.39(a))。假设晶界保持平坦,具有恒定的宽度(图4.39(b))。原子通量随颈部距离的变化关系为

$$j(x) = -\frac{D_{gb}}{\Omega kT}\nabla\mu \tag{4.107}$$

其中, D_{gb} 是晶界扩散系数; Ω 是原子体积; k 是玻耳兹曼常数; T 是绝对温度; μ 是原子的化学势。

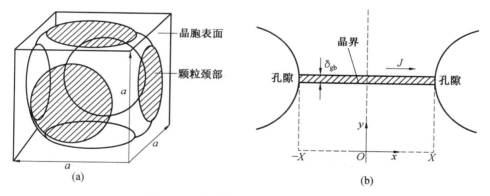

图4.39 球形颗粒周围的晶胞示意图

单位时间内穿过半径为 X 的颈部的原子总数为

$$J(x) = 2\pi x\delta_{gb}j(x) = -\frac{2\pi xD_{gb}\delta_{gb}}{\Omega kT}\nabla\mu \tag{4.108}$$

边界的位移一定是与 x 无关的,因此粒子中心的瞬时速率 dy/dt 与 $J(x)$ 的关系为

$$J(x) = \frac{\pi x^2}{\Omega}\frac{dy}{dt} \tag{4.109}$$

根据式(4.108)和式(4.109),可以得到

$$\frac{d\mu}{dx} = -2Ax \tag{4.110}$$

其中

$$A = \frac{kT}{4D_{gb}\delta_{gb}}\frac{dy}{dt} \tag{4.111}$$

结合式(4.110),可以得到

$$\mu(x) = -Ax^2 + B \tag{4.112}$$

其中, B 是常数。化学势 μ 与边界 σ 上的法向应力有关,即 $\mu = \sigma\Omega$,因此式(4.112)可以

写成

$$\sigma(x) = \frac{-Ax^2 + B}{\Omega} \tag{4.113}$$

其中,常数 A 和 B 可以从边界条件中找到。第一个边界条件是应力必须在 $x = X$ 和 $x = -X$ 处平衡。根据烧结应力的定义,孔隙和晶界的影响被人为地设定为零,并被等于 Σ 的等效外部应力所取代。在这种表示方式中,作用在孔隙表面的应力必须等于零。因此,第一个边界条件是 $x = \pm X$ 处的 $\sigma = 0$,将这个边界条件中的任何一个代入式(4.113) 可以得出

$$B = AX^2 \tag{4.114}$$

第二个边界条件是晶界上的平均应力等于 $\phi\Sigma$,其中,ϕ 是应力增强因子。这种情况可以表示为

$$\frac{1}{\pi X^2} \int_0^{2\pi} \int_0^X \sigma(x) x \mathrm{d}x \mathrm{d}\theta = \phi\Sigma \tag{4.115}$$

将式(4.113) 代入并进行积分可以得出

$$-\frac{AX^2}{2} + B = \Omega\phi\Sigma \tag{4.116}$$

使用式(4.114),可以得出

$$A = \frac{2\Omega\phi\Sigma}{X^2}; \quad B = 2\Omega\phi\Sigma \tag{4.117}$$

根据式(4.108),两个颗粒之间的颈部表面的总通量由下式给出:

$$J(x) = \frac{8\pi D_{\mathrm{gb}}\delta_{\mathrm{gb}}\phi\Sigma}{kT} \tag{4.118}$$

为了将 $J(X)$ 与体系的收缩联系起来,一段时间(Δt) 内从颈部输出的物质的总体积由下式给出:

$$\Delta V = -J(x)\Omega\Delta t = \pi X^2 \Delta a \tag{4.119}$$

其中,Δa 为对应于颗粒之间的中心距离的变化。三个正交方向的总的体积收缩为

$$\frac{\Delta V}{V} = \frac{3\Delta a}{a} \tag{4.120}$$

其中,$V = a^3$,因此晶胞体积的变化速率为

$$\frac{\mathrm{d}V}{\mathrm{d}t} = \frac{\Delta V}{\Delta t} = 3a^2 \left(\frac{\Delta a}{\Delta t}\right) \tag{4.121}$$

用式(4.119) 代替 $\Delta a / \Delta t$ 可以得到

$$\frac{\Delta V}{\Delta t} = -3a^2 \frac{J(X)\Omega}{\pi X^2} \tag{4.122}$$

根据定义,$\phi = a^2 / \pi X^2$,因此瞬时体积应变速率由下式给出:

$$\frac{1}{V} \frac{\mathrm{d}V}{\mathrm{d}t} = -\frac{3J(X)\Omega\phi}{a^3} \tag{4.123}$$

线性致密化应变率 $\dot{\varepsilon}_{\mathrm{p}}$ 等于 $-1/3V \cdot \mathrm{d}V/\mathrm{d}t$,将等式(4.118) 的 $J(X)$ 代入,可以得到

$$\dot{\varepsilon}_{\mathrm{p}} = \frac{8\pi D_{\mathrm{gb}}\delta_{\mathrm{gb}}\Omega}{a^3 kT}\phi^2\Sigma \tag{4.124}$$

除了几何常数(8π)和密度相关项(ϕ)的合并外,式(4.124)与前面讨论的分析烧结方程具有相同的形式。

晶格扩散的烧结方程的推导遵循与上述晶界扩散类似的过程。它也可以通过用 $2XD_1$ 代替 $\pi D_{gb} \delta_{gb}$,直接从式(4.124)得到,其中,D_1 是晶格扩散系数。$\phi = a^2/(\pi X^2)$,将其进行替换可以得到

$$\dot{\varepsilon}_p = \frac{16D_1\Omega}{\pi^{1/2}a^2kT}\phi^{3/2}\Sigma \tag{4.125}$$

4.11.1 一般等温烧结方程

对于通过扩散进行的物质运输,线性致密化应变率的一般方程为

$$\dot{\varepsilon}_p = \frac{H_1 D\phi^{(m+1)/2}}{G^m kT}(\Sigma + p_h) \tag{4.126}$$

其中,H_1 是一个取决于模型几何形状的数值常数;p_h 是外部施加应力的静力学分量;G 是晶粒(或颗粒)尺寸;k 是玻耳兹曼常数;T 是绝对温度,而且

$$D = D_{gb}; \quad m = 3(对于晶界扩散) \tag{4.127}$$
$$D = D_1; \quad m = 2(对于晶格扩散) \tag{4.128}$$

与 Coble 的热压方程(表4.6)相比,除了密度相关参数 ϕ 的指数值不同之外,式(4.126)对材料和物理参数具有相同的依赖性。指数的差异是因为 Coble 假设 $X = G$,而本节推导过程中将 X 与 G 通过 ϕ 相关联。

4.11.2 多孔固体的一般等温蠕变方程

在推导式(4.124)中使用的方法也可用于分析在施加单轴应力 p_z 时多孔固体的扩散蠕变过程。在这种情况下,晶界上的平均应力为 ϕp_z,一般蠕变方程的形式为

$$\dot{\varepsilon}_c = \frac{H_2 D\phi^{(m+1)/2}}{G^m kT}p_z \tag{4.129}$$

其中,H_2 是数值常数;其他参数与式(4.126)中的定义相同。

第5章 液相烧结

到目前为止,我们对烧结过程的讨论主要集中在固相烧结,即材料完全处于固态。在许多陶瓷体系中,液相的形成通常会促进烧结的进行和微观结构的演变。液相烧结的目的通常是为了提高致密度,以实现晶粒的加速生长,或产生特定的晶界特性。致密化后产生的液相及其冷却后凝固相的分布对烧结材料的性能至关重要。一般情况下,烧结过程中所形成的液相含量较少,体积分数通常只有百分之几,因此,精确控制液相组成就变得较为困难。在一些体系中,例如Al_2O_3,液相的量确实非常少,而且很难检测到,因此许多被认为涉及固相烧结的研究实际上涉及液态硅酸盐相,这一点后来通过精准的高分辨率透射电子显微镜的观察得到了证实。

液相烧结对Si_3N_4、SiC等共价键程度高、固相烧结致密化困难的陶瓷材料尤为有效。当固相烧结设备太昂贵或需要太高的烧结温度时,使用液相烧结就变得较为重要。然而,只有当所制备陶瓷的性能保持在要求的范围内时,液相成型填料才能提高致密度。液相烧结的缺点是,用于促进烧结的液相通常保持为玻璃状晶间相,这可能会降低其高温力学性能,如蠕变和疲劳性能。

表5.1给出了一些陶瓷液相烧结体系的实例及其应用。为了保持一致性,我们使用以下术语来描述液相烧结体系:形成主体成分的颗粒固体写在前面,产生液相的成分写在括号中。在这个命名法中,在加入MgO后产生液相时,烧结的Si_3N_4被写成$Si_3N_4(MgO)$。

表5.1　常见陶瓷液相烧结体系的实例及其应用

陶瓷体系	添加剂的质量分数/%	主要应用
$Al_2O_3(滑石)$	约为5	电绝缘材料
$ZnO(Bi_2O_3)$	< 5	耐火材料
$MgO(LiF)$	< 3	耐火材料
$ZnO(Bi_2O_3)$	2 ~ 3	压敏电阻
$BaTiO_3(TiO_2)$	< 1	电介质
$BaTiO_3(LiF)$	< 3	电介质
$UO_2(TiO_2)$	约为1	核材料
$ZrO_2(CaO-SiO_2)$	< 1	离子导体
$Si_3N_4(MgO)$	5 ~ 10	结构陶瓷
$Si_3N_4(Y_2O_3-Al_2O_3)$	5 ~ 10	结构陶瓷
$SiC(Y_2O_3-Al_2O_3)$	5 ~ 10	结构陶瓷
$WC(Ni)$	约为10	切削刀具

　　一个相关的过程是活化烧结(activated sintering),在此过程中,即使在体系温度远低于液相的形成温度时,少量与晶界强烈分离的添加剂也能显著提高沿晶界的传质速率,从而加速致密化并使致密度有所提高。在许多体系中,除了活化体系中添加剂的数量较少以致很难检测到液相晶界膜的存在之外,活化烧结与液相烧结的原理没有明显的区别。

　　如果有足够多(体积分数为 25% ~ 30%)的液相,固相的重新排列加上液相的流动可以制备出完全致密的材料,而且不需要其他的过程。这种大体积的液相成分通常用于制备传统的黏土陶瓷,如瓷器和烧结碳化物。在传统陶瓷中,液相是熔融硅酸盐,冷却后为玻璃相,这使得制备的材料呈现玻璃状外观,故陶瓷的烧结过程可称为玻璃化(vitrification)。

5.1　液相烧结的基本特征

5.1.1　提高致密度

　　与固相烧结相比,液相的存在可以增强固体颗粒的重排和物质在液相中的传输,从而使致密度有所提高。图 5.1 所示为一个理想化的双球模型的示意图,图中对固相烧结的微观结构与液相烧结的微观结构进行了比较。在液相烧结中,我们假设液相湿润并扩散包覆到固体表面,这样颗粒就可以通过液相彼此连接(也称液桥)。颗粒间的摩擦明显减小,在液相施加的毛细管压应力作用下,颗粒更容易重新排列。一旦建立了准稳态晶界膜,致密化的进行就类似于固相烧结,但致密化速率相对提高。以晶界扩散为例,在固相烧结中,控制扩散速率的关键参数是晶界扩散系数 D_{gb} 与晶界厚度 δ_{gb}。在液相烧结中,与之相对应的参数是液相中溶质原子的扩散系数 D_L 与液桥的厚度 δ_L 的乘积。由于 δ_L 通常比 δ_{gb} 大许多倍,并且液相中的扩散比固体中的扩散快得多,因此液相提供了增强物质传输的途径。液相中的快速传输还使得液相烧结中晶粒的生长更加显著。含有弥散分布的细小惰性颗粒有助于限制晶粒的生长。

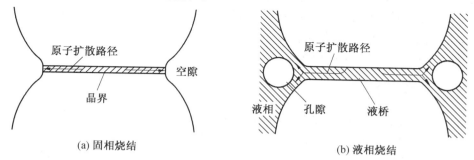

图 5.1　固相烧结与液相烧结的双球模型

5.1.2　致密化的驱动力

　　如上所述,假设液相湿润并扩散包覆到固体表面,则颗粒的固 – 气界面将被消除,液相中将形成孔隙。液 – 气界面面积的减小为系统的收缩(致密化)提供了驱动力。对于

液相中半径为 r 的球形孔隙,曲面上的压差由杨氏方程和拉普拉斯方程给出,即

$$p = -\frac{2\gamma_{lv}}{r} \tag{5.1}$$

式中,γ_{lv} 为液 - 气界面的比表面能。液相中的压力低于孔隙中的压力,这样颗粒上就会有毛细管压应力。由液相产生的压缩应力相当于将系统置于外部静水压力下,其大小由式(5.1)给出。取 $\gamma_{lv} \approx 1 \text{ J/m}^2$ 和 $r \approx 0.5 \text{ } \mu\text{m}$,则 $p \approx 4 \text{ MPa}$。这种压力可以为烧结提供可观的驱动力。

5.1.3 液相的形成

在液相烧结中,坯体通常由两种粉体的混合物形成:主要成分和填料。加热时,填料或熔化,或与主要成分的一小部分发生反应,形成共晶液体。在金属体系中,填料熔融形成液相较为常见,如 Fe(Cu) 和 W(Ni),而在陶瓷体系中,共晶液体的形成更为常见,如 MgO(CaO - SiO$_2$) 和 ZnO(Bi$_2$O$_3$)。对于依赖共晶液体形成的体系,相图(phase diagrams)在填料的选择和烧结条件的选择中起着关键作用。尽管颗粒之间存在黏性液体,但除非液体的体积非常大,否则颗粒间的结构不会改变。液相所施加的相对较大的毛细管应力使固体颗粒聚集在一起。然而,该体系的有效黏度远低于没有液相的类似体系的黏度。

在大多数体系中,液相在烧结过程中始终存在,其体积变化不明显。这种情况有时被称为持续液相烧结(persistent liquid - phase sintering)。在冷却过程中,液相通常会形成玻璃状的晶界相,如前所述,这种晶界相会降低材料的高温力学性能。在少数几个体系中,液相可能存在于烧结过程的主要部分,但随后由于与固相结合,便基本消失,比如生成固溶体,如 Si$_3$N$_4$(Al$_2$O$_3$ - AlN);液体结晶,如 Si$_3$N$_4$(Y$_2$O$_3$ - Al$_2$O$_3$);蒸发,如 BaTiO$_3$(LiF)。瞬态液相烧结(transient liquid - phase sintering)是指烧结结束前液相消失的烧结过程。

高温下机械工程陶瓷的应用引起了人们对几种氮化硅体系瞬态液相烧结的研究。然而,由于这类体系对过程变量有很强的敏感性,在大多数情况下很难进行微观结构控制,所以在这本书中,液相烧结这个术语通常指的是持续液相烧结。只有在需要时,才会对持续液相烧结和瞬态液相烧结进行区分。

5.1.4 微观结构

在液相烧结中,陶瓷的微观结构中除了可能存在孔隙外,还存在两种相:晶粒和液相凝固形成的晶界相。除非晶界相是可结晶的,一般它以无定形相的方式存在。根据界面的张力大小,液相能完全穿透晶界,在这种情况下,会存在一个薄层(约1 nm 到几个微米)将晶粒彼此分开;或液相只是部分穿透晶界,在这种情况下,固 - 固接触仍将在相邻颗粒之间存在。

根据固体颗粒和液相组成的不同,可以形成不同形状的晶粒,从几乎等轴的晶粒到具有曲边或直边(多面)的细长晶粒。这里我们描述几个典型的例子。对于有着各向同性界面能的体系,当液相的含量适中(体积分数约为5%)时,晶粒为椭球形(图5.2(a));当

液体含量更高,晶粒形状几乎为球形。当液相含量较低(体积分数小于5%)时,晶粒的形状发生了较大的变化,形成了具有平坦边界的多面体(图5.2(b))。形状的变化使晶粒能够更有效地堆积,这种现象通常被称为晶粒形状调节(grain shape accommodation)。对于有着各向异性界面能的体系,有可能发生非均质的晶粒生长。其中,当液相含量高时,晶粒可能呈棱状(图5.2(c)),而在液体含量低时,可观察到具有曲边的细长晶粒或具有直边(多面)的板状晶粒(图5.2(d))。

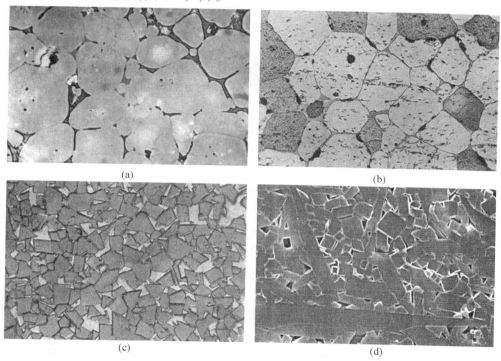

图 5.2　液相烧结陶瓷常见的显微组织图

5.2　液相烧结阶段

在大多数液相烧结体系中,固体颗粒与液相之间的化学反应相对较弱,因此界面能对烧结速率起主导作用。在这些条件下,通常认为液相烧结是按三个主要阶段依次进行的,如图5.3所示,其主要阶段如下:

(1)毛细管应力梯度影响下液相的重新分布和固体颗粒的重新排列。

(2)溶解－沉淀机制主导的致密化和晶粒生长。

(3)以 Ostwald 熟化为主的末段烧结。

对粉体成型后所得块体进行加热升温,在液相形成之前,可能固相烧结已优先发生,这使某些体系产生显著的致密化,如对于主相具有细粒度的体系。假设液相和固体颗粒之间有良好的润湿性,那么由于液相对颗粒施加的毛细管力,颗粒会进一步致密化。随着颗粒不断溶于液体,颗粒会收缩,并迅速重新排列产生更高的堆积密度,释放液相来填充颗粒之间的孔隙。毛细管应力会使液相在颗粒之间重新分布并进入小孔,导致颗粒进一步重新排列。由于团聚体之间的接触点在液相中的溶解性较高,因此会发生溶解。在整个过程中,尖锐边缘的溶解会使颗粒表面更加光滑,界面面积减小,这有助于系统的重新排列。起初,重排发生得很快,但是,随着致密化的发生,系统的黏度增加,导致致密化速率不断降低。

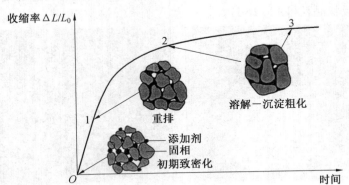

图5.3　液相烧结过程中粉体致密化过程示意图

随着导致致密化的重排放缓,固体在液相中的溶解度和扩散率成为主要影响因素,这就产生了第二个阶段,称为溶解－沉淀。固体在具有较高化学势的固－液界面处溶解,在液相中扩散,并在具有较低化学势的其他位置的颗粒上沉淀。溶解点的一种类型是颗粒间的湿接触区,液相引起的毛细管应力或外部施加的应力导致该点具有较高的化学势。沉淀发生在远离接触区域的地方。对于分布有不同尺寸颗粒的体系,物质也可以通过液相扩散从小颗粒向大颗粒传输,这一过程被称为Ostwald熟化,其最终结果是微观结构的粗化。溶解－沉淀机制引起的致密化伴随着晶粒形状的变化。当液相含量相当大时,颗粒通常呈椭球形(图5.2(a))。对于少量液相存在的情况,晶粒会形成多面体形状,从而实现更有效的填充,即晶粒形状调节(图5.2(b))。

固体颗粒骨架网络的致密化控制了液相烧结的最终阶段。粗化结构中扩散距离大,连接固体颗粒的骨架较硬,因此扩散速度较慢。Ostwald熟化主导了最终阶段,因气体的聚集,残余孔隙变得更大,从而导致致密膨胀的发生。粗化伴随着晶粒形状的调整。液体可能从更有效的填充区域释放出来,并可能流入孤立的孔隙,从而导致致密化。

在图5.3所示的液相烧结过程中发生的粉体致密化过程中,各阶段致密化的程度取决于液相的体积分数。一方面,当液相体积分数较高时,仅通过重排即可达到完全致密化。另一方面,对于较多的体系,液相含量普遍较低,因此固体骨架会抑制致密化,需要溶解－沉淀和末段烧结才能进一步致密化。

5.3　热力学和动力学因素

产生液相烧结所需的微观组织取决于几个动力学和热力学因素,以及后面将要描述的几个工艺参数。

5.3.1 液体的润湿和扩散

固相与液相良好的润湿是液相烧结的基本要求。通常,表面张力低的液体容易润湿大多数固体,且接触角较小,而表面张力高的液体润湿性较差且接触角较大。在分子水平上,如果液体分子之间的黏附力大于液体与固体之间的黏附力,液体就不会倾向于润湿固体。

润湿的程度用接触角 θ 表示,接触角越小则润湿性越好,这取决于固 – 液 – 气体系各界面能量,它通常是通过在平坦固体表面上的液滴模型来讨论的(图 5.4)。如果液 – 气、固 – 气、固 – 液界面的表面能分别为 γ_{lv}、γ_{sv}、γ_{sl},则根据虚功原理可得

$$\gamma_{sv} = \gamma_{sl} + \gamma_{lv}\cos\theta \qquad (5.2)$$

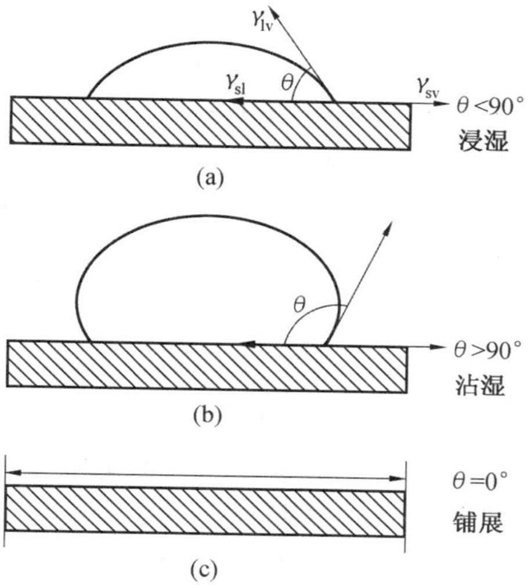

该方程又称 Young – Dupré 方程,是通过取界面张力的水平分量平衡得到的。许多无机熔体的表面能,如硅酸盐,其表面能通常为 $0.1 \sim 0.5\ \mathrm{J/m^2}$,液态金属和金属氧化物的表面能高达 $2\ \mathrm{J/m^2}$。仔细测量钙铝硅酸盐熔体在 $1\,300 \sim 1\,500\ ℃$ 内的表面能,结果显示其表面能随温度升高而缓慢增大,而且表面能可以由下式表示:

$$\gamma_{lv} = 0.293 + 0.67 \times 10^{-4}(T - 273.2) \qquad (5.3)$$

图 5.4 液体和固体之间的润湿行为

其中,γ_{lv} 的单位是 $\mathrm{J/m^2}$;T 为热力学温度。组分的变化也会改变表面的能量。表 5.2 给出了几种材料的界面能。

表 5.2 测得各种材料的固 – 气、液 – 气和固 – 液界面能

材料	温度 /℃	表面能 /(J·m⁻²)
$Al_2O_3(s)$	1 850	0.905
MgO(s)	25	1.000
TiC(s)	1 100	1.190
NaCl(s)	25	0.300
Cu(s)	1 080	1.430
Ag(s)	750	1.140
Fe(γ)	1 350	2.100
纯水	25	0.072
$Al_2O_3(l)$	2 080	0.700
MgO(l)	2 800	0.660

续表 5.2

材料	温度/℃	表面能/$(J \cdot m^{-2})$
$B_2O_3(1)$	900	0.080
$FeO(1)$	1 420	0.585
$Cu(1)$	1 120	1.270
$Ag(1)$	1 000	0.920
$Fe(1)$	1 535	1.880
$0.13Na_2O - 0.13CaO - 0.74SiO_2$	1 350	0.350
$0.15Al_2O_3 - 0.23CaO - 0.62SiO_2$	1 400	0.387
$Al_2O_3(s) - Ag(1)$	1 000	1.770
$Al_2O_3(s) - Fe(1)$	1 570	2.300
$MgO(s) - Ag(1)$	1 300	0.850
$MgO(s) - Fe(1)$	1 725	1.600
$SiO_2(玻璃态) - Cu(1)$	1 120	1.370

图 5.4 所示的几何形状忽略了实际液相烧结的复杂性,即固体在液相中具有一定的溶解度。这种溶解度效应导致了润湿几何形状或液相分布的改变,这就需要修改 Young–Dupré 方程。完全平衡必须包括两个维度的力,以及获得恒定曲率的表面。 Cannon 等人对这些效应进行了检验,图 5.5 所示为固体在液相中存在部分溶解度引起的模型变化。

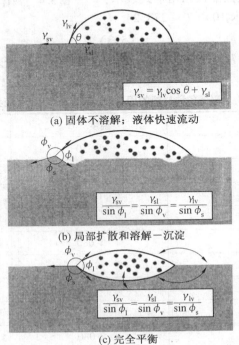

(a) 固体不溶解;液体快速流动

$$\gamma_{sv} = \gamma_{lv}\cos\theta + \gamma_{sl}$$

(b) 局部扩散和溶解–沉淀

$$\frac{\gamma_{sv}}{\sin\phi_l} = \frac{\gamma_{sl}}{\sin\phi_v} = \frac{\gamma_{lv}}{\sin\phi_s}$$

(c) 完全平衡

$$\frac{\gamma_{sv}}{\sin\phi_l} = \frac{\gamma_{sl}}{\sin\phi_v} = \frac{\gamma_{lv}}{\sin\phi_s}$$

图 5.5 固体在液相中存在部分溶解度引起的模型变化

扩散在这里指液相覆盖到固体颗粒表面的动力学过程。这在液相形成后不久的重排阶段中是非常重要的。为了使扩散发生,必须降低总界面能。对于固相和液相之间接触面积无限小的变化(图5.4),扩散发生的条件为

$$\gamma_{lv} + \gamma_{sl} - \gamma_{sv} = 0 \tag{5.4}$$

所以,液相铺展时的接触角为零。

5.3.2 二面角

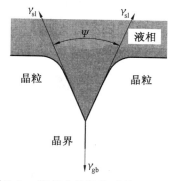

图 5.6 液相在晶界处时的二面角 Ψ

对于液相与两晶粒夹角发生接触的情况,二维模型如图5.6所示,在晶界与液相表面相交处会形成沟槽。二面角(dihedral angle)定义为固 − 液界面张力之间的夹角。应用受力平衡条件,得到

$$\cos \frac{\Psi}{2} = \frac{\gamma_{ss}}{2\gamma_{sl}} \tag{5.5}$$

其中,固 − 固界面张力 γ_{ss} 与在固相烧结中提到的晶界处张力 γ_{gb} 相同。

1. 晶界处液相的渗透

二面角 Ψ 的值是 γ_{ss}/γ_{sl} 的函数,如图5.7所示。当 $\gamma_{ss}/\gamma_{sl} < 2$ 时,二面角值在0° 和180°,液相不完全穿透晶界。当 γ_{ss}/γ_{sl} 值很小时,晶界处液相的渗透是有限的。在这种情况下,固体网络的重新排列十分困难。当 $\gamma_{ss}/\gamma_{sl} = 2$ 时,液相完全渗透至晶界。当 $\gamma_{ss}/\gamma_{sl} > 2$ 时,没有 Ψ 值满足式(5.5),这表示晶界被完全渗透。这种完全穿透晶界的结果是体系缺乏刚性。从物理角度解释,$\gamma_{ss}/\gamma_{sl} > 2$ 意味着两个固 − 液界面的界面能的总和小于固 − 固界面的总能量,因此边界的穿透导致能量的整体降低。

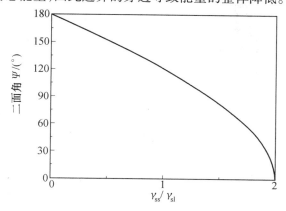

图 5.7 二面角 Ψ 的值与 γ_{ss}/γ_{sl} 值的关系曲线

2. 液相和晶粒的形状

二面角影响晶粒和液相的形状。假设结构中不存在孔隙,则可以计算液相的平衡形

状。很久以前,Smith 就证明了在三晶粒交界处界面张力应该处于平衡状态的假设可以解释颗粒结构中第二相的平衡分布问题。如图 5.8 所示,理想的二维模型显示了小体积液相出现在三种颗粒的交界处时晶粒所必须具有的形状。

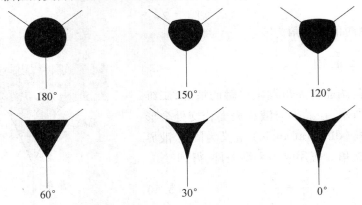

图 5.8 二面角对三个晶粒交界处液相影响的理想模型(二维)

为了更真实地了解结构中液相的形状,我们必须考虑其三维空间的结构(图 5.9)。对于 $\Psi = 0$ 的情况,液相完全穿透晶界,不存在固 – 固接触。随着 Ψ 的增加,颗粒之间的液相渗透减少,而固 – 固接触的晶界面积增大。但是,对于 $\Psi = 60°$ 的情况,液体仍应能够沿三晶交界处无限穿透,因此,结构应由两个连续的互穿相组成。当 $\Psi > 60°$ 时,液体应在四个晶粒的拐角处形成隔离区。各种二面角所获得的微观结构特征总结见表 5.3。应注意的是,这些平衡液体模型是理想化的,在实际情况中会有所偏差。

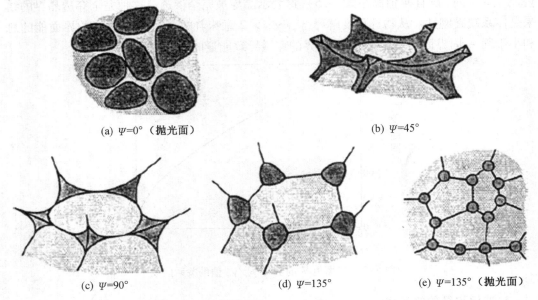

(a) $\Psi=0°$ (抛光面)   (b) $\Psi=45°$

(c) $\Psi=90°$ (d) $\Psi=135°$ (e) $\Psi=135°$ (抛光面)

图 5.9 二面角特定值的理想液相分布(三维)

表 5.3　两相陶瓷液相烧结后的微观结构特性、固 – 固界面与固 – 液界面的界面能的比值 γ_{ss}/γ_{sl} 以及相应的二面角 Ψ 值

γ_{ss}/γ_{sl}	Ψ	微观结构
$\geqslant 2$	$0°$	所有晶粒均被液相分离
$\sqrt{3} \sim 2$	$0° \sim 60°$	连续的液相穿透三晶粒交界处;液相部分渗透晶界
$1 \sim \sqrt{3}$	$60° \sim 120°$	分离的液相部分穿透三晶粒交界处
$\leqslant 1$	$\geqslant 120°$	在四晶粒交界处的孤立液相

5.3.3　溶解度的影响

我们需要考虑的两种溶解度是固体在液体中的溶解度和液体在固体中的溶解度。固体的溶解度会对其液相烧结和致密化产生影响。而且,应避免液体在固体中的溶解度过高,因为它会导致瞬态液相的产生和膨胀。如前所述,瞬态液相烧结已成功应用于少数体系,但一般来说,该过程难以控制。溶解度对致密化和膨胀的影响如图 5.10 所示。

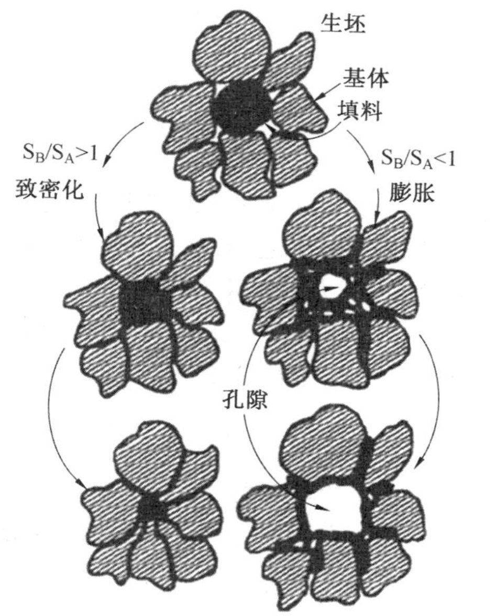

粒径对溶解度也有影响。对于 Gibbs – Thompson 关系中所示的溶质浓度与颗粒半径的关系,取溶解度等于浓度,有

$$\ln \frac{S}{S_0} = \frac{2\gamma_{sl}\Omega}{KTa} \qquad (5.6)$$

其中,S 是半径为 a 的粒子在液体中的溶解度,即固体在液相界面处的平衡溶解度;γ_{sl}

图 5.10　液相烧结过程中溶解度对致密化和膨胀的影响对比示意图

是固 – 液界面的界面能;Ω 是原子体积;k 是玻耳兹曼常数;T 代表热力学温度。根据式 (5.6),溶解度随着颗粒半径的减小而增加,即从小颗粒到大颗粒物质运输的 Ostwald 熟化。此外,粗糙平面处曲率半径较小,容易溶解。颗粒之间的凹坑、缝隙和颈连接处具有负曲率半径,因此在这些区域溶解度降低,沉淀增加。

5.3.4　毛细管力

对于完全润湿固体的液相,式(5.1)给出了液相中压力不足所导致的颗粒上的压缩应力。通常,应力的大小和性质取决于若干因素,例如接触角、液相体积、颗粒间距和颗粒尺寸。这些变量对液相中毛细管力的影响可以用以下模型来解释,该模型由两个半径为 a 的球体组成,球体由宽为 h 的液相分开,且固 – 液接触角为 θ(图 5.11)。

液体弯月面的形状称为节点曲面,并且这一曲面的解析式是已知的。然而,弯月面形状的毛细管力的计算是复杂的。对此我们将使用圆形近似,其中假设液体表面是半径为 r 的圆的一部分。通过这种近似,液 – 气弯月面的压差由下式给出:

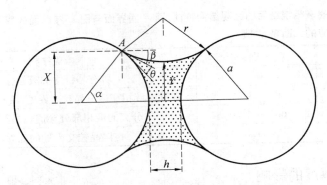

图 5.11 液桥分离两个球体的理想模型

$$\Delta p = \gamma_{lv}\left(\frac{1}{Y} - \frac{1}{r}\right) \tag{5.7}$$

其中，Y 和 r 是弯月面曲率的主半径。作用在两个球体上的力是液 - 气弯月面上的压差 Δp 和液体表面张力之和，该值的求解可以在图 5.11 中标记的 A 点处利用受力平衡求解。在这种情况下，力方程为

$$F = -\pi X^2 p + 2\pi X\gamma_{lv}\cos\beta \tag{5.8}$$

当该力为压力时，F 为正。将 p 和 $X = a\sin\alpha$ 代入得

$$F = -\pi a^2 \gamma_{lv}\left(\frac{1}{Y} - \frac{1}{r}\right)\sin^2\alpha + 2\pi a\gamma_{lv}\cos\beta\sin\alpha \tag{5.9}$$

两球之间的距离为

$$h = 2[r\sin\beta - a(1 - \cos\alpha)] \tag{5.10}$$

这些角之间的关系为

$$\alpha + \beta + \theta = \frac{\pi}{2} \tag{5.11}$$

将 β 代入式(5.10)，整理得

$$r = \frac{h + 2a(1 - \cos\alpha)}{2\cos(\theta + \alpha)} \tag{5.12}$$

弯月面的正曲率半径为

$$Y = a\sin\alpha - r[1 - \sin(\theta + \alpha)] \tag{5.13}$$

将式(5.12) 代入得

$$Y = a\sin\alpha - \frac{h + 2a(1 - \cos\alpha)}{2\cos(\theta + \alpha)}[1 - \sin(\theta + \alpha)] \tag{5.14}$$

计算得液桥的体积为

$$V = 2\pi(r^3 + r^2 Y)\left[\cos(\theta + \alpha) - \left[\frac{\pi}{2} - (\theta + \alpha)\right]\right] + \pi Y^2 r\cos(\theta + \alpha) \tag{5.15}$$

对于给定的液相体积分数，式(5.8) 中 F 是颗粒间距离 h 的函数。图 5.12 所示为在不同的 V/V_0 的值下，由液态铜桥分隔的两个钨球的 F 与 h 的函数关系，其中 V_0 为钨球的体积。结果显示两种极端的接触角值：$\theta = 8°$ 和 $\theta = 85°$。计算中取液态铜的表面能为 $1.28\ \text{J/m}^2$。对于 $\theta = 8°$，毛细管力很大并且为正值(即压力)，且随 h 值的增大而减小

（图 5.12（a））。$\theta = 85°$ 时，F 值是负的（即斥力），但随 h 的增大变为正值，在 $F = 0$ 时可以获得平衡分离条件（图 5.12（b））。

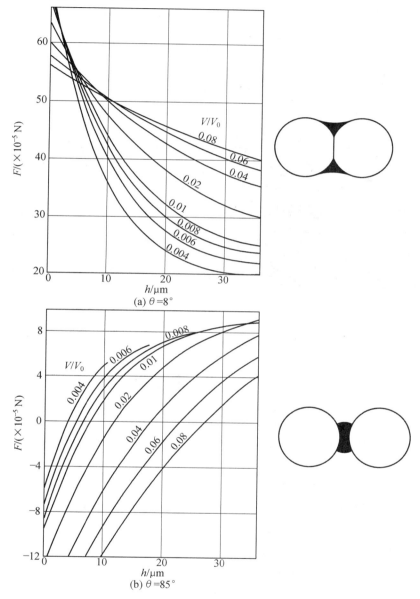

图 5.12   两个钨球之间的毛细管力 F 与颗粒间距离 h 的关系曲线

从这些计算中得到的一个重要结论是：在接触角较小和接触角较大的情况下，重排过程是完全不同的。为了实现有效的重排和高致密度，接触角必须保持在较低水平。

5.3.5   重力的影响

由于含有液相的粉体块的有效黏度相对较低，因此会对体系的微观结构产生一定的影响,特别是当存在大量液相(体积分数为5% ~ 10%)时。液相烧结过程中动力学和微观结构因素对变形也有影响。这一现象在含重金属合金的体系中尤为明显。

　　重力的另一个影响是可能使液相重新分布,导致颗粒沉降或液相排出。当液相含量大,且颗粒固体和液相的密度存在较大差异时,便容易产生固液分离或偏析,例如硬质合金和重金属合金。较重的固体颗粒沉降到底部,较轻的液相留在顶部。固液分离导致了物体的畸变,使物体从上到下的微观结构存在较大差异。在微重力条件下,当液体含量较少时,固体颗粒与液相不会分离。然而,当液相含量较高时,即使在微重力下,固体仍然不会分散在整个液相中,而会发生聚集,如图 5.13 所示。

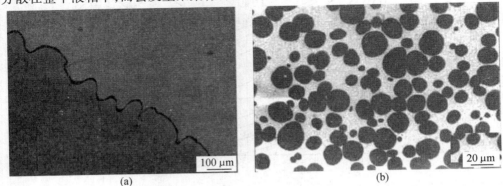

(a)　　　　　　　　　　　　(b)

图 5.13　钨合金(15.4% Ni + 6.6% Fe) 于 1 507 ℃ 微重力条件下烧结 1 min 的显微图像(合金相含量为质量分数)

5.4　晶界膜

　　液相烧结理论分析中经常假设晶界液相的组成和结构是恒定的。然而,情况并非总是如此。如前所述,润湿的液体层导致产生了毛细管压应力,这相当于将系统置于相当大的流体静压力之下。在毛细管力以及其他力的作用下,晶粒间液层的演变是一个重要课题。

　　在重排阶段,溶解 – 沉淀机制使晶粒致密化,分离晶粒的液体层随时间逐渐变薄。假设晶粒表面之间没有斥力,则液相烧结中的晶粒最终会变为这样一个状态:晶粒间液体层非常薄以至于液相流动非常困难,溶液 – 沉淀仍然可以继续,但是速率有所降低。从动力学上讲,在黏性流动中,液体层变薄的速率与致密化速率之间存在一种关系。

　　通过高分辨率透射电子显微镜观察,通常可以发现在液相烧结法制备的许多陶瓷中,晶粒之间的非晶膜厚度为 0.5 ~ 2 nm,通常为硅酸盐相($[SiO_4]^{4-}$),示例包括 Si_3N_4、SiC、ZnO 和 Al_2O_3(图 5.14)。有证据表明,在任何给定的材料中,不论硅酸盐相的体积分数如何,晶粒间薄膜的厚度从一个边界到另一个边界具有恒定的平衡值(多余的非晶相位于其他地方,例如在三晶粒和四晶粒交界处)。

　　Lange 应用了一种由液体层分开的平面理论模型,以计算液体层的黏性流动减弱的速率,其中液体层分离了两个经过液相烧结的球形颗粒。由牛顿黏性液体分离的两个平面的逼近速率为

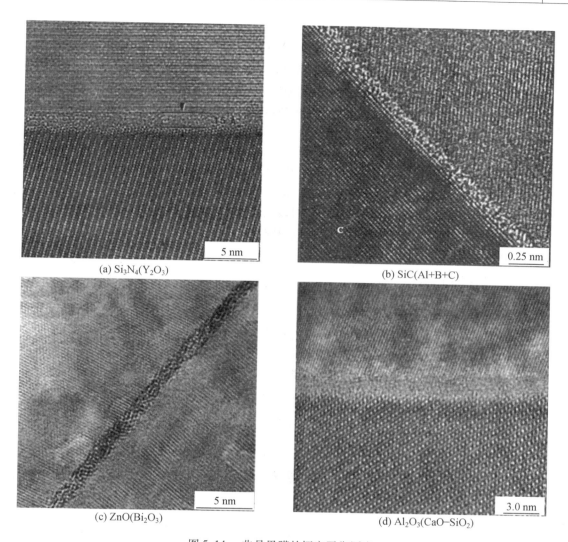

图 5.14　非晶界膜的恒定平衡厚度

$$\frac{\mathrm{d}h}{\mathrm{d}t} = \frac{2\pi h^5}{3\eta A^2 h_0^2}F \tag{5.16}$$

其中, h 是液体层在 t 时刻的厚度; h_0 是初始厚度; F 是平面上的压力; η 是液体的黏度; A 是液体和平面之间的接触面积。如图 5.15 所示, 当液桥毛细管力使两个球体结合在一起时, 使用式 (5.16) 可以确定液相被挤出所需的时间。将 $y = h/h_0$ 代入式 (5.16) 并积分, y 趋于 0 的时间为

$$t_\mathrm{f} = \frac{3\eta A^2}{8\pi h_0^2 F}\left(\frac{1}{y^4} - 1\right) \tag{5.17}$$

式 (5.17) 表明 $y = 0$ 时 $t_\mathrm{f} = \infty$。因此, 在任何实验时间范围内, 都有一些液体留在粒子之间。这进一步解释了由致密化引起的颗粒中心逼近问题, 结果表明, 对于润湿液体, 虽然厚度随时间逐渐减小, 但在任何实验时间范围内, 颗粒之间始终存在一层有限厚度。然而, 当液体层变得非常薄 (在纳米范围内) 时, 除黏性流动外的其他效应就占据主导地

位。这些效应包括结构和化学力,以及电荷间的相互作用。

Clarke 从晶粒间的范德瓦耳斯吸引力和因玻璃相液体的变形阻力而产生的短程斥力之间的平衡来解释晶粒间薄膜的平衡厚度。斥力(repulsive forces),被称为分离力或空间力,归因于晶体表面膜的硅酸盐四面体的结构顺序。结构分离压力(structural disjoining pressure)的概念是由 Derjaguin 和 Churaev 提出的。

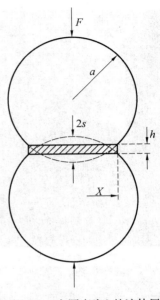

图 5.15　由厚度为 h 的液体层分隔的理想化的双球模型

如上所述,对于一定的硅酸盐相的微观厚度,液体的结构不是随机的,而是在晶界处呈现出一种空间变化的取向顺序。如果与取向顺序相关的长度是 ξ,则假设由晶粒施加在液相结构上的取向顺序将延伸到液体中的 ξ 距离。假设晶粒具有平坦的边界并且相隔距离为 h,则边界上每单位面积的分离力可由下式给出:

$$F_s = \frac{\alpha \eta_0^2}{\sin h^2 (h/2\xi)} \tag{5.18}$$

其中,$\alpha \eta_0^2$ 对应于有序和无序的晶间薄膜之间的自由能差。

Clarke 等人后来探讨了双电层有助于排斥的可能性,从而有助于稳定薄膜厚度。这种双层排斥在起源上与有关胶体稳定性的 DLVO 理论相同。假设晶粒具有相距为 h 的平坦平行面,则双层斥力的表达式为

$$F_R = \frac{8kT}{\pi z^2 b_L h^2} \left(\tan h \frac{ze\phi_0}{4kT} \right)^2 K^2 h^2 \exp(-Kh) \tag{5.19}$$

其中,k 是玻耳兹曼常数;T 为热力学温度;z 是电荷测量离子的化合价;e 是电子电荷;ϕ_0 是晶粒的表面电位;K 是反德拜长度;b_L 是 Bjerrum 长度,可由下式给出:

$$b_L = \frac{e^2}{4\pi \varepsilon \varepsilon_0 kT} \tag{5.20}$$

其中,ε 是液体介质的介电常数;ε_0 是真空介电常数。

晶粒之间的范德瓦耳斯吸引力(假设有平坦的边界并以距离 h 分开)为

$$F_A = -\frac{A}{6\pi h^3} \tag{5.21}$$

其中,A 是 Hamaker 常数。在平衡时,整体力平衡满足

$$F_R + F_s = F_A + p_C \tag{5.22}$$

其中,p_C 是将晶粒结合在一起的毛细管力。

计算范德瓦耳斯力和电双层力所需的许多数据是获取不到的,但是从该理论估计的平衡分离距离与观测结果具有一致性。对于掺杂 Ca 的 Si_3N_4,测量结果表明,平衡膜厚度最初随 Ca 浓度的增加而减小,但随后增大(图 5.16)。

这种薄膜厚度的变化可以定性地用范德瓦耳斯引力、斥力的分离力和双电层斥力的平衡来解释,如图 5.17 所示。在未掺杂 Ca 的 Si_3N_4 中,假设不存在净电荷,因此平衡厚度仅受范德瓦耳斯力和空间力的控制,晶界膜被理想化为纯硅网络结构(图 5.17(a))。在

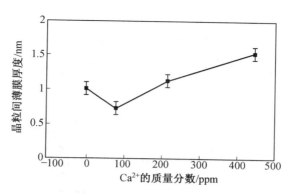

图 5.16　通过 HREM 测量的平衡晶界厚度与氮化硅中钙掺杂水平的关系图(1 ppm = 0.000 1%)

晶间的相中加入钙离子可以产生双重效应。它可能会破坏 SiO_2 网络和 Si_3N_4 晶粒施加的顺序,降低分离力(图 5.17(b))。Ca^{2+} 的加入也为系统提供了一种带电物质,如果离子吸附在晶粒表面,它们可能提供一种双层斥力(图 5.17(c))。因已知 Ca^{2+} 是一种有效的二氧化硅网络修饰剂,因此可以预期添加 Ca^{2+} 最大的效果是减小分离力。进一步添加 Ca^{2+} 可能会增强双层斥力,导致薄膜厚度增加。

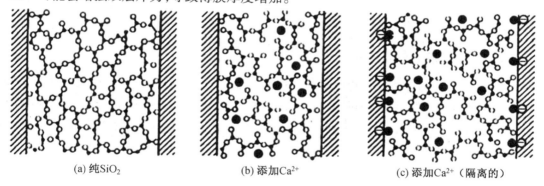

(a) 纯SiO_2　　　　　(b) 添加Ca^{2+}　　　　　(c) 添加Ca^{2+}（隔离的）

图 5.17　钙掺杂氮化硅的力平衡模型

有关 Ca 掺杂Si_3N_4中平衡膜厚度的力平衡解释的一个问题是,没有发现晶界处Ca^{2+}偏析的明确证据。Ca^{2+} 浓度似乎在薄膜的长度和厚度上是恒定的。根据这些研究,我们认为随着Ca^{2+}浓度的增加,薄膜厚度的增加(图 5.16)可能是由于范德瓦耳斯引力的减小,而不是由于双电层斥力的增加。

在 Ca 掺杂Si_3N_4的体系中,我们还观察到,对于给定的材料(Ca^{2+} 浓度固定),晶界膜的组成与三晶界或四晶界处液体的组成不同,甚至从一个晶界到另一个晶界也有差异(图 5.18)。这种成分变化在其他几个体系中也可以观察到,它可能是普遍存在的而不是例外。此外,薄膜的组成决定了力的平衡。对于某些材料而言,薄膜成分本身就存在变化,但薄膜的厚度却可以保持恒定,这就说明其中可能还有其他因素影响薄膜的厚度变化。

陶瓷中的晶界膜不仅限于目前所讨论的薄平衡膜。在许多其他陶瓷中,也观察到较厚的玻璃状薄膜(10 nm 到几微米),这对微观结构和性能有显著的影响。这些较厚的薄膜代表了一种不同的行为模式,并且可能随液相体积分数的变化而变化,或是存在于给定材料中的不同晶界处。

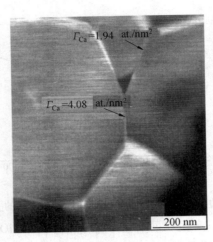

图 5.18　氧化钙掺杂的氮化硅的两个相邻晶界膜中钙含量显著不同

5.5　液相烧结的基本机理

本节研究液相烧结的基本机理和过程。为了便于讨论,我们将讨论分为三个主要部分,分别与液相烧结的三个阶段有关。

5.5.1　颗粒重排及液相重新分布

在第一阶段,液相烧结过程中形成的较大毛细管压力会在体系黏度很低的情况下导致颗粒快速重排。然而,其他过程也可能伴随重排,而且重排对液相烧结有重要的影响。毛细管压力梯度会导致液相从大孔隙区流向小孔隙区,进而导致液相重新分布。

1. 液相再分布

实验观察表明,液相烧结过程中可能会发生大量的液相再分布。Kwon 和 Yoon 的实验可能是这种再分配最直接的证据,他们研究了含有粗镍颗粒的钨粉的烧结过程,其中镍颗粒熔化形成液相。如图 5.19 所示,填充孔隙的次序是先填充小孔隙,再填充大孔隙。该过程的建模难点在于局部液相的表面曲率对局部几何形状较为敏感,因此只能对高度理想化的微观结构进行定量描述。

用 Shaw 方法对圆形颗粒的二维模型进行了液相重分布分析。该方法适用于在颗粒阵列中所有孔隙中液体的化学势在平衡状态下相同的条件,并可以确定不同颗粒填料排列下液相的平衡分布。平均曲率半径为 r 的液 – 气弯月面下一个原子的化学势为

$$\mu = \mu_0 + \frac{\gamma_{lv}\Omega}{r} \tag{5.23}$$

其中,μ_0 是平面下原子的化学势;γ_{lv} 是液 – 气界面表面能;Ω 是原子体积。因此,化学势相同就相当于液相弯月面的半径相同。

对不发生收缩的规则圆形阵列,图 5.20 所示为液相分布的三种可能方式。对于小体积分数,液相将均匀分布在颗粒之间的颈部(图 5.20(a))。增加液相的体积会使颈部充满液相,直到达到一定的临界体积分数,此时液相不是均匀地填充每个孔,其分布受表面

积最小原理的驱动,其中一部分孔隙完全被填满,剩余的液相位于孤立的颈部(图 5.20(b))。 在这种情况下,改变液相的量对颈部的液体量没有影响,只是改变了被填充的孔隙的比例。增大接触角会减小液相在颈内均匀分布时液相体积的范围。

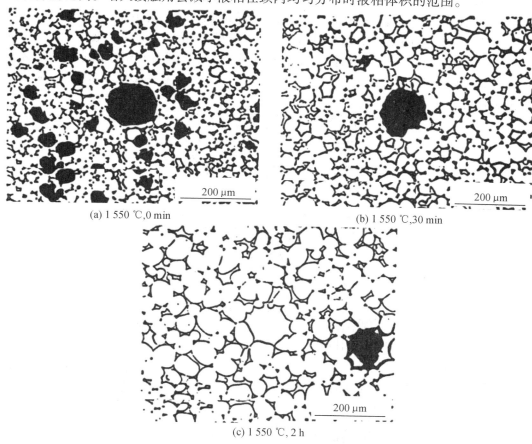

(a) 1 550 ℃,0 min

(b) 1 550 ℃,30 min

(c) 1 550 ℃, 2 h

图 5.19　精细(10 μm)钨粉、质量分数为 2% 的 30 μm 镍球和质量分数为 2% 的 125 μm 镍球混合后,液相烧结过程中微观结构的变化及孔隙填充的顺序

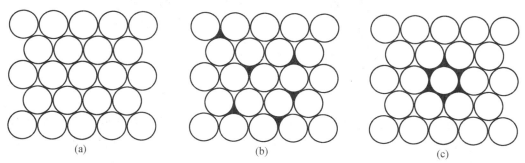

(a)　　　　　　　　　　(b)　　　　　　　　　　(c)

图 5.20　紧密排列的晶粒间液相可能的填充模型

　　分析中一个重要发现是,一种液相在初始不均匀分布时,会在二维阵列中重新分布。对于孤立颈部中液体含量低的情况,总是有一种力驱使液体均匀地重新分布。在这种情

况下,当一些孔隙被填满时,只要填充的孔隙比例适当,孔隙就会被液相完全填满。因此,一旦形成如图 5.20(c) 所示的不均匀分布,就没有动力使液体均匀分布。

　　一个包含三重配位和六重配位孔隙的二维排列模型如图 5.21 所示,虽然几何结构很简单,但是对于一些实际情况,该模型可以提供如何在液相不均匀填充的粉体体系中重新分配自身的方法。自由能的计算可以用来构建一个模型,该模型显示了液相在阵列中的分布(图 5.22)。该图显示了六重配位孔隙周围颗粒的比例与液相体积分数的函数关系。除了图中右侧的阴影区域外,还可以区分出四个区域,这些阴影区域对应于孔隙完全填充的情况。

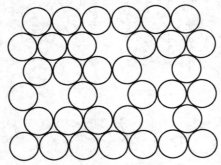

图 5.21　包含三重和六重配位孔隙的二维排列模型

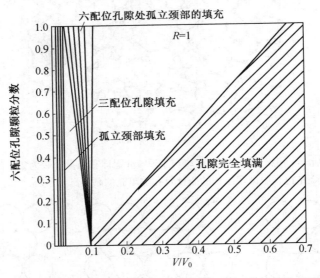

图 5.22　含有三重和六重配位孔隙的颗粒阵列的液相分布图

　　为了说明图 5.22 的重要性,我们构想一个包含六重配位孔隙中固定颗粒比例的结构,并考虑随着液相体积的增加,孔隙将如何填充。当体积分数较小时,液相只位于颗粒之间的孤立颈部。该区域的每个点都位于一条连线上,图底部的线表示三重配位孔处填充有液相,图顶部为六重配位孔处填充有液相。该线将具有相同液相化学势的孔隙联系在一起。随着液相的体积分数增大,便进入了第二区域,其在能量上更有利于填充三重配位的孔而不是继续填充颗粒之间的颈部。在该区域中,颈部之间的液相含量保持恒定,并且液相增加的体积填充了三重配位孔隙。当到达第三区域时,所有三重配位的孔都充满液体,并且液相增加的体积用来填充六重配位孔周围的颗粒之间的颈部。最后,在第四区域中,六重配位的孔被完全填满。当分析收缩对液体分布的影响时,结果显示了对简单模型描述的一般行为顺序。

分析表明,简单模型中的孔隙是依次填充的。如果将结果推广到孔径有变化的粉体这种更复杂的情况,同样的孔径依次填充行为也会发生。配位数最小的孔隙最先被填满,因为配位数较小的孔隙具有较高的比表面积,所以给定体积的液相消除了较多的固 - 气界面面积。如果有足够的液相,配位数较高的孔隙便会开始填充。然而,孔隙的填充会导致渗流问题,液相可能无法接触到所有的小孔隙,因此在大孔隙开始填充时,一些孔隙可能仍然存在。

液相烧结中同样存在粉体压块后是否均匀的问题。理想的情况是以均匀填充的压块为起始原料,这样可以产生具有窄尺寸分布的孔隙,其中主要组分和添加剂均匀混合以提供液相的均匀分布。填料的不均匀性导致孔隙依次填充,较大的孔隙在烧结过程中填充较晚,产生富含液相成分的区域。不均匀混合导致液相分布不均匀,这使液相的重新分布失去了驱动力。此外,使用大颗粒来形成液相,当颗粒融化后液相侵入小孔隙,会留下巨大的空隙(图 5.19)。最理想的情况是先从被液相(由添加剂形成)包覆的粒子开始。颗粒包覆的方法有流化床气相沉积法和溶液沉淀法。

2. 颗粒重排

液相形成后,随着液相湿润并扩散到固体颗粒表面,初始网络的颗粒很快便发生重排,几分钟内即可完成。重排导致润湿液相发生初始致密化,也决定了烧结致密体的初始微观结构,进而影响致密化和微观结构的发展。尽管已经使用了几种理论和实验方法来研究该过程,但这些理论或方法都存在一定的局限性,因此目前对实际烧结过程的理解是有限的。但可以通过计算的方式对重排进行模拟。Kingery 使用经验方法,认为驱动致密化的表面张力通过抵抗重排的黏性力来平衡,从而得到收缩随时间 t 变化的简单动力学关系,即

$$\frac{\Delta L}{L_0} \propto t^{1+\gamma} \tag{5.24}$$

其中,ΔL 是长度的变化;L_0 是原始长度;γ 是小于 1 的正数。虽然式(5.24)似乎没有不合理之处,但其并没有通过实验证实。

Huppmann 等人分析了由液桥分离的颗粒之间的毛细管力(图 5.12),并将它们的分析结果与铜包覆钨球的数据进行了比较,其中铜熔化形成的液相均匀分布于粒子之间。对于球密集排列的平面,计算结果与实测数据吻合较好。另一方面,对于随机排列的阵列,局部致密化导致大孔隙张开(图 5.23),密度比模型预测得要小。

对于多晶颗粒体系,整体重排过程可分为初级重排和次级重排两个阶段。初级重排是指在液相形成后不久,在液桥连接的表面张力作用下多晶颗粒的快速重排。如前所述,如果 $\gamma_{ss}/\gamma_{sv} > 2$,则液体可以穿透多晶体中颗粒之间的晶界,并且将发生多晶颗粒的碎裂。二次重排描述了这些颗粒碎片的重排。由于它取决于晶界被溶解的速率,因此二次重排比一次重排更慢。图 5.24 所示为两种类型的重新排列。

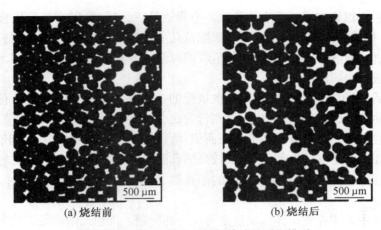

(a) 烧结前　　　　　　　　　　　(b) 烧结后

图 5.23　液相烧结前后镀铜钨球的平面排列

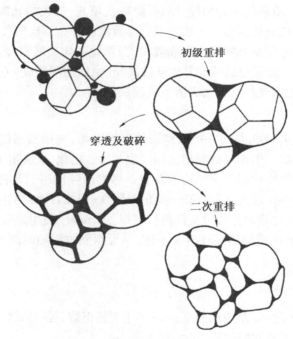

图 5.24　多晶颗粒的碎裂和重排示意图

　　如果存在足够的液相,单独重排就能使材料完全致密。发生这种情况所需的固相和液相的相对量取决于颗粒固体的重排密度。例如,一种相对密度为60%(孔隙率为40%)的粉体生坯,由主要成分和液相生成填料组成。在形成液相之后,假设固体颗粒重排形成64%的最终产物(即堆积密度接近于单一球体的密集随机填充的密度)。对于液相体积分数大于36%的情况,仅通过重排即实现完全致密化。当液相体积分数低于36%时,完全致密化需要额外的方式,例如溶解–沉淀过程。重新排列而引起的收缩体积分数与液相体积分数的函数关系如图5.25所示。

　　图5.25中的结果表明,在任意少量液相存在的情况下,重新排列使填充更为致密是

可能的,但是在实践中通常可以观察到,当液相体积很小(体积分数为 2% ~ 3%)时,重新排列是困难的,特别是在固体颗粒形状不规则的情况下。如果在形成液相之前发生显著的固相烧结,会导致晶粒的骨架相互连接,对于二面角大于 0° 的体系来说,重排也是困难的。

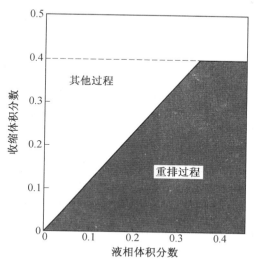

图 5.25　不同液体含量重排过程的体积收缩

5.5.2　溶解 - 沉淀过程

在第二阶段,重排明显减少,溶解 - 沉淀机制占主导地位。溶解沉淀的主要过程是致密化和粗化。它们同时发生,如果液相体积小,可能伴有晶粒形状的调节。小晶粒与大晶粒的团聚也有助于粗化和晶粒形状的调节。致密化有两种模式,一种是接触压扁致密化,另一种是 Ostwald 熟化致密化。有人认为,对于某些体系,液相填充孔隙(如第三阶段所述)可以在液相烧结的早期(而不仅仅是后期)对致密化做出重要贡献。

1. 接触压扁致密化

Kingery 描述了接触压扁致密化的机理。由于润湿液相的毛细管压力,颗粒间接触点处的溶解度高于其他固体表面。这种溶解度(或化学势)的差异导致物质从接触点向远离接触点的方向移动,使得在表面张力的作用下两晶粒的中心相互靠近,形成一个平坦的接触区(图 5.26)。随着接触区半径的增大,界面应力减小,致密化速度减慢。物质的运输速率由两种机制中较慢的机制控制,即通过液相的扩散或界面反应,溶解到液相中或沉淀到颗粒表面。

Kingery 假设一个由两个相同半径为 a 的球形粒子组成的模型。如果每个球体沿着中心连线方向的溶解距离为 h,则得到半径为 X 的圆形接触区域,则

$$h \approx \frac{X^2}{2a} \tag{5.25}$$

从每个球体移出的体积为 $V = \pi X^2 h/2$,将式(5.25)代入得

$$V \approx \pi a h^2 \tag{5.26}$$

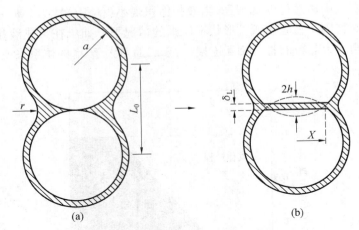

图 5.26　接触压扁致密化的理想双球模型

（1）通过液相扩散控制速率。

Kingery 采用了与 Coble 对固相烧结中间阶段的假设类似的扩散通量方程，此时单位厚度边界的通量为

$$J = 4\pi D_L \Delta C \tag{5.27}$$

其中，D_L 是液相中溶质原子的扩散系数；ΔC 是接触区域 C 与平坦无应力表面 C_0 之间的溶质浓度差。如果液桥的厚度是 δ_L，则固体的移出率为

$$\frac{dV}{dt} = \delta_L J = 4\pi D_L \delta_L \Delta C \tag{5.28}$$

如果 ΔC 很小，可以认为

$$\frac{\Delta C}{C_0} = \frac{p_e \Omega}{kT} \tag{5.29}$$

其中，p_e 是一个原子上的局部应力；Ω 是原子体积；k 是玻耳兹曼常数；T 为热力学温度。由液相中球形孔引起的毛细管压力 p 由式（5.1）给出，该式给出的压力相当于必须施加到系统上的外部静压力，以便使颗粒间的力等于由液桥产生的力。

因为接触面积小于外部区域的接触面积，所以局部压力在接触区域被放大。假设一个简单的力平衡，类似于固相烧结中的应力强化因子，接触区域的局部压力 p_e 由下式给出：

$$p_e X^2 = k_1 p a^2 \tag{5.30}$$

其中，k_1 为几何常数。将式（5.1）中 p 和式（5.25）中 X 代入得

$$p_e = k_1 \frac{\gamma_{lv} a}{rh} \tag{5.31}$$

假设孔的半径与球半径成比例，即 $r \approx k_2 a$，且其中 k_2 在烧结过程中保持不变，则式（5.31）变为

$$p_e = \frac{k_1}{k_2}\left(\frac{\gamma_{lv}}{h}\right) \tag{5.32}$$

由式（5.28）、式（5.29）和式（5.32）可得出

$$\frac{\mathrm{d}V}{\mathrm{d}t} = \frac{4\pi k_1 D_L \delta_L C_0 \Omega \gamma_{lv}}{k_2 hkT} \tag{5.33}$$

由式(5.26)得 $\mathrm{d}V/\mathrm{d}t = 2\pi ah(\mathrm{d}h/\mathrm{d}t)$，故式(5.33)可以写成

$$h^2 \mathrm{d}h = \frac{2k_1 D_L \delta_L C_0 \Omega \gamma_{lv}}{k_2 akT} \mathrm{d}t \tag{5.34}$$

对 $t = 0$ 时 $h = 0$ 的边界条件积分，则式(5.34)变为

$$h = \left(\frac{6k_1 D_L \delta_L C_0 \Omega \gamma_{lv}}{k_2 akT} \right)^{1/3} t^{1/3} \tag{5.35}$$

因当 $\Delta L/L_0$ 很小时

$$\frac{h}{a} = -\frac{\Delta L}{L_0} = -\frac{1}{3}\frac{\Delta V}{V_0}$$

其中，$\Delta L/L_0$ 和 $\Delta V/V_0$ 分别是粉体压块的线性收缩率和体积收缩率，所以有

$$-\frac{\Delta L}{L_0} = -\frac{1}{3}\frac{\Delta V}{V_0} = \left(\frac{6k_1 D_L \delta_L C_0 \Omega \gamma_{lv}}{k_2 a^4 kT} \right)^{1/3} t^{1/3} \tag{5.36}$$

式(5.36)说明，当通过液相的扩散控制总反应速率时，收缩与时间的 1/3 次方成正比，与初始粒径的 4/3 次方成反比。该式也表明其随着晶间液体层厚度的 1/3 次幂增加。

（2）相界反应控制速率。

当固体溶解到液体中的相界反应控制总反应速率时，材料转移的体积速率与接触面积、相界反应的速率常数和毛细管压力接触区固体活性的增加成正比，故

$$\frac{\mathrm{d}V}{\mathrm{d}t} = k_3 \pi X^2 (a' - a'_0) = 2\pi k_3 ha(C - C_0) \tag{5.37}$$

其中，k_3 是反应速率常数，并且可以将活度 a' 和 a'_0 近似等于浓度。按照上面对扩散控制的概述步骤，收缩率由下式给出：

$$-\frac{\Delta L}{L_0} = -\frac{1}{3}\frac{\Delta V}{V_0} = \left(\frac{2k_1 k_3 C_0 \Omega \gamma_{lv}}{k_2 a^2 kT} \right)^{1/2} t^{1/2} \tag{5.38}$$

在这种情况下，收缩预计与时间的平方根成正比，与初始的粒径成反比。

2. Ostwald 熟化致密化

致密化的第二个机理是基于 Yoon 和 Huppmann 对 W–Ni 粉体混合物液相烧结的观察。

在理想模型（图5.27）中，小颗粒溶解并沉淀在远离接触点的大颗粒上，从而发生颗粒形状调节，这使得大颗粒更有效地填充空间。这一过程再加上由此产生的多面体结构的重新排列，导致了大颗粒的中心到中心的靠近，因而产生收缩。这样，致密化便伴随 Ostwald 熟化发生。小颗粒的溶解和小颗粒在大颗粒处的析出会导致致密化，且致密化程度取决于粒径分布等因素。

收缩速率的理论分析是困难的，但是对基于扩散控制的 Ostwald 熟化的估计，模拟了一种类似于接触压扁模型的方程：

$$-\frac{\Delta L}{L_0} = -\frac{1}{3}\frac{\Delta V}{V_0} = \left(\frac{48 D_L C_0 \Omega \gamma_{lv}}{a^3 kT} \right)^{1/3} t^{1/3} \tag{5.39}$$

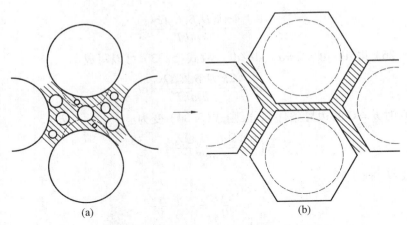

图 5.27 伴随 Ostwald 熟化发生的致密化模型

3. 致密化模型的评估

实验数据与预测的收缩与时间的 1/3 次幂成正比结论具有一致性,证明了扩散控制的溶解 – 沉淀机理。然而,在一些研究中,用数据拟合来确定收缩的时间依赖性显得有些武断。假设溶解沉淀开始的时间对指数有显著影响,但由于与前一个重排阶段有重叠,这个时间往往难以确定。通常情况下,收缩数据可以被拟合成一条斜率平稳变化的曲线,而不是一条斜率等于预测值的固定曲线。

考虑到小颗粒开始受到的高毛细管力,Kingery 的接触压扁模型在初始阶段显得很重要。该模型还可以解释晶粒形状调节的现象。另一方面,对真实粉体体系的观察表明,真实粉体体系通常具有粒径分布,说明致密化与溶解 – 沉淀阶段粗化的开始和小颗粒的溶解有关。Kingery 的模型假设没有晶粒生长,因此它不能解释观察到的粗化现象。致密化伴随粗化发生的现象是 Yoon 和 Huppmann 在实验中观察到的,他们研究了粗糙、单晶、球形的钨颗粒(200 ~ 250 μm)、细钨颗粒(10 μm)和精细镍粉混合物的烧结过程。钨溶解在熔融的镍后便会有沉淀析出,沉淀物不是纯钨,而是一个含少量镍的固溶体(质量分数为 0.15%)。通过在 Murakami 溶液中蚀刻,可以将沉淀析出的钨与纯钨区分开。图 5.28 所示为在 1 670 ℃ 下烧结 3 min、20 min、120 min 和 360 min 后,含有质量分数为 48% 的大钨颗粒、质量分数为 48% 的细钨颗粒和质量分数为 4% 的镍粉混合物的微观结构。微观结构表明,细钨颗粒溶解并沉淀在粗钨颗粒上。这些观察结果,加上测量到的孔隙率随时间的降低关系,清楚地表明 Ostwald 熟化伴随着致密化。

如图 5.28 所示,析出的钨并不是在粒径大的钨球周围均匀生长,而是优先出现在没有相邻大颗粒阻碍的区域。粗化的大粒径钨颗粒呈多面体形状,因此该粉体成分的致密化和粗化伴随着晶粒形状的调节。调节的发生表明 Kingery 的接触扁平化机制是主要的,但没有明确的迹象表明哪种机制导致了收缩。

4. 晶粒形状调节

图 5.28 所示的显微图像清晰地显示了 Ni 质量分数为 4% 的 W – Ni 体系的晶粒形状调节。然而,液相烧结所得的许多微观组织也显示出圆形(球状)晶粒。例如,图 5.29 所

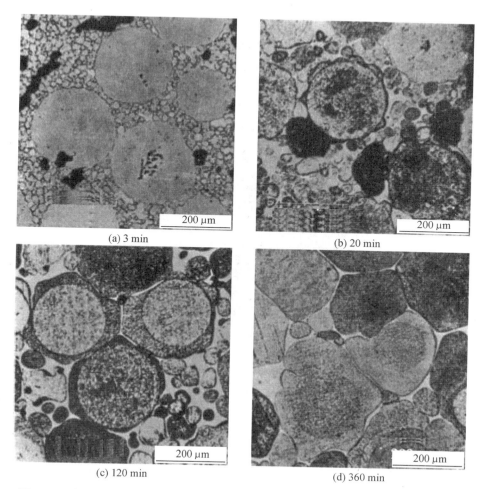

图 5.28 含有质量分数为 48% 的大钨颗粒、质量分数为 48% 的细钨颗粒和质量分数
为 4% 的镍粉混合物烧结后的微观结构

示为相同的 W – Ni 体系但液相含量较高(Ni 的质量分数为 14%)的微观结构。由图 5.28
和图 5.29 可知,液相的体积分数是决定颗粒形状是否发生调节的关键因素。

在液相含量较小的情况下,晶粒形状调节的发生通常是有利的。在这种情况下,只要
晶粒呈圆形或球状,液相就不足以完全填满晶粒之间的空隙。晶粒形状调节导致晶粒变
为多面体,这使得晶粒的填充更加有效。从密实的区域释放出来的液相可以流进孔隙。

如果系统能量减少,则晶粒形状的调节则会发生。与体积相同的球体相比,多面体晶
粒形状具有较大的表面积。若要实现晶粒形状的调节,则由孔隙填充所导致的界面能的
减小量必须不小于由多面体晶粒长大所导致的界面能的增大量。液相含量较大时,毛细
管压力较低,这降低了接触压扁和形状调节的驱动力,保持了球形晶粒形状。

5. 聚结

润湿的液相对颗粒的牵拉作用可导致颗粒通过聚结(coalescence)而发生粗化。如
图 5.30 所示,一种可能的聚结机制涉及晶粒之间接触形成颈部、颈部生长和晶界的迁

移。凝聚可以通过几种机制发生,例如固态晶界迁移、液膜迁移和液相中的溶解－沉淀(图5.31)。当二面角较低时,液体部分穿透晶界,晶界的运动会首先使晶界能量增加。因此,凝聚是受阻碍的,但从小颗粒到大颗粒的溶解－沉淀过程可以消除能量障碍。对于较大的二面角,液相对晶界的渗透明显减少,从能量角度,聚结是有利的。当粒径分布变宽时,这一过程得到增强,因此在溶解－沉淀阶段的早期最有利于聚结。虽然在一些金属体系中边界固相迁移合并的现象是存在的,但这一过程发生的可能性很低。

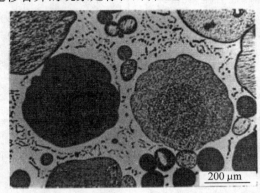

图 5.29　含有质量分数为 43% 的粗钨颗粒、质量分数为 43% 的细钨颗粒和质量分数为 14% 的镍粉混合物烧结后的微观结构

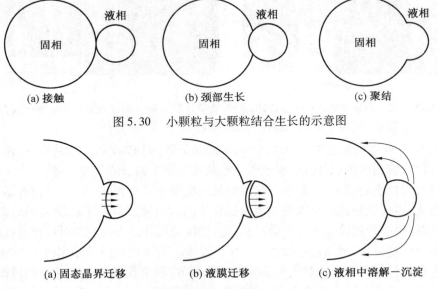

图 5.30　小颗粒与大颗粒结合生长的示意图

图 5.31　三种可能的颗粒间结合机制

在不存在固－固接触的体系中,可以通过晶粒间液膜的迁移来实现聚结。在一些金属体系中存在这种聚结机制,通常被称为晶粒定向生长(directional grain growth)。聚结过程不是由界面能的减少所驱动,而是由化学能的减少所驱动。Yoon 和 Huppmann 观察到,当单晶钨球在液态镍的存在下烧结时,一个钨球的生长是以牺牲相邻钨球为代价的

（图 5.32（a））。电子探针分析表明,收缩晶粒由纯钨组成,而生长晶粒上的析出物为钨的固溶物,其中镍的质量分数为 0.15%（图 5.32（b））。纯钨和固溶体之间的这种组分差异使化学能大大降低,这抵消了界面能的增加。

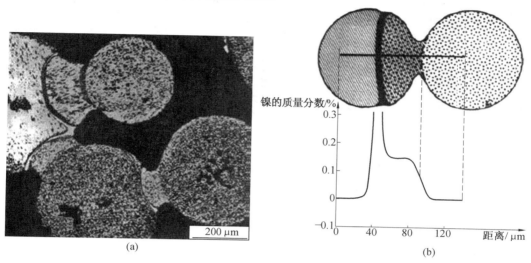

图 5.32　单晶钨球与镍在 1 640 ℃ 液相烧结时发生定向晶粒生长

5.5.3　Ostwald 熟化

在第三阶段,致密化明显减缓,微观结构粗化成为主导过程。$\gamma_{ss}/\gamma_{sv} > 2$ 时,晶粒被液体层完全分离,液体层的厚度会逐渐减小。当二面角大于 0° 时,固 - 固接触逐渐形成刚性骨架,抑制了液相中孤立孔隙的消除。随着固 - 固接触的形成,固相烧结和粗化都发生了,但物质在液相中的传输比在固体中的传输快得多,所以溶解 - 沉淀仍然可以主导固态传输过程。

1. 孔隙填充致密化

当液相体积较小时,溶解 - 沉淀和晶粒形状调节导致孤立孔隙的缓慢连续消除。在某些情况下,固体网络骨架的持续致密化会导致液相的部分排出。当液相体积较大时,孤立孔隙的填充可能以不连续的方式发生。这是由晶粒的生长而不是晶粒形状调节所决定的。在实验中,Kang 等人研究了 Mo - Ni 体系中大的孤立孔隙周围颗粒的形状变化。样品被加热到 1 460 ℃,保温 30 min 后冷却,通过重复烧结过程三次,每次加热循环后生长的晶粒形状由于强烈蚀刻而在晶粒内形成的重影边界便会显露出来。如图 5.33（a）所示,孔隙周围的晶粒沿孔隙表面侧向生长(如图中标记为 A 和 B 的颗粒),可见孔隙并没有被表面沉积的物质不断填充。烧结过程中,孔隙在较长时间内基本保持不变,但在某一时刻,孔隙周围晶粒尺寸达到临界值时,孔隙被迅速填充。经过进一步烧结（图 5.33（b））,标记为 C 的晶粒的边界发生腐蚀,这表明晶粒优先向液囊（liquid pocket）中生长,而且晶粒形状变得更圆。因此,从图 5.33 所示的微观结构可以看出,只要大孔隙没有被液体填充,颗粒就会在孔隙周围生长,而一旦孔隙被填充,颗粒就会向液囊中生长。由于不均匀性液囊的尺寸减小,晶粒向液囊中生长具有改善微观结构均匀性的结果。

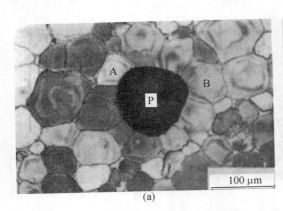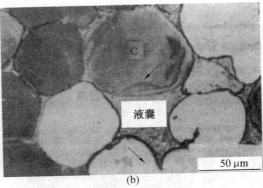

图 5.33 Mo - Ni(Ni 的质量分数为 4%) 体系烧结后的微观结构

　　如图 5.34 所示,由于颗粒之间的颈部优先润湿,因此大孔隙没有被填充。随着晶粒生长,液相达到由液 - 气弯月面的曲率所决定的填充孔隙的有利条件。如图 5.35 所示,可以看到弯月面的曲率半径 r_m 随着颗粒(假设为球形)的半径 a 的增大而增加,故有

$$r_\mathrm{m} = a\,\frac{(1 - \cos\,\alpha)}{\cos\,\alpha} \tag{5.40}$$

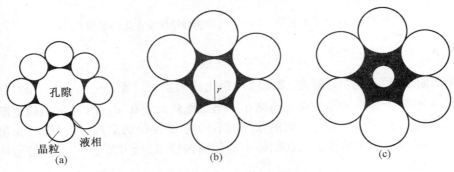

图 5.34　晶粒生长过程中的孔隙填充

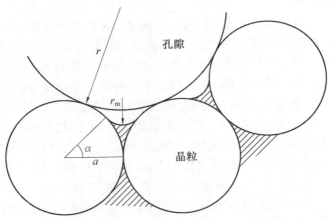

图 5.35　孔隙周围球形颗粒的孔隙填充计算模型

接触角为 $0°$ 时，r_m 等于孔隙半径 r，即孔隙填充临界点，因为超过该点后，r_m 只能减小，导致孔隙周围毛细管压力减小。如果接触角大于 $0°$，则 r_m 必须大于 r 才能发生孔隙填充。

对液相烧结的第三阶段中的较大孤立孔隙，晶粒生长驱动孔隙填充是一个重要的致密化机制，且在液相烧结早期阶段，孔隙填充也是重要的致密化机理。在固体颗粒骨架重新排列后不久，与接触扁平机理相比，孔隙填充是主要的致密化机制。

在最后阶段，致密化期间被困在孤立孔隙中的气体会阻止孔隙完全填充。在不溶于液相的气体气氛中烧结会导致在隔离孔中会有气体聚集，因此当收缩孔中增加的气体压力等于烧结应力时，致密化停止，这会导致最终致密度有限。长时间烧结时，会通过聚结或 Ostwald 熟化机制导致孔隙变大，使得烧结密度降低。通过在真空中或在可溶于液相的气体气氛中烧结可以减少这些问题。

2. 微观结构的粗化

早在 20 世纪 30 年代，就有人提出通过 Ostwald 熟化机制来实现粗化，以解释重金属液相烧结过程中观察到的显著的晶粒长大现象。根据 LSW 理论，以及考虑析出物体积分数变化的修正分析，给出了平均晶粒尺寸 G 随时间 t 增长的关系式：

$$G_0 = G_0^m + Kt \tag{5.41}$$

其中，G_0 为初始晶粒尺寸；K 为一个和温度有关的常数；指数 m 依赖于速率控制机制，通过液相扩散控制速率时 $m = 3$，通过界面反应控制速率时 $m = 2$。

在许多陶瓷和金属体系中晶粒生长指数 m 接近于 3，表明扩散控制的粗化通常是活跃的。Buist 博士研究了方镁石（MgO）、石灰（CaO）和刚玉（$\alpha - Al_2O_3$）晶粒在液相体积分数为 $10\% \sim 15\%$ 时的生长情况。烧结试样的典型微观结构如图 5.36 所示。在所有情况下，观察到的晶粒生长指数都非常接近 3。图 5.36 显示了表 5.4 中四种不同液相中的方镁石颗粒生长的情况。尽管液相的成分不同，但这四种体系却具有相似的晶粒生长规律。

表 5.4　在 1 550 ℃ 和 1 725 ℃ 下 MgO 于四种不同液相中烧结的参数

序号	组分（质量分数）/%	二面角 /(°)		液相的体积分数 /%	
		1 550 ℃	1 725 ℃	1 550 ℃	1 725 ℃
1	85MgO（15CaMgSiO₄）	25	25	15	15
2	80MgO（15CaMgSiO₄ · 5 Fe₂O₃）	40	30	16	15
3	80MgO（15CaMgSiO₄ · 5 Cr₂O₃）	20	20	16	16
4	85MgO（15Ca₂Fe₂O₅）	15	15	11	12

根据 Arrhenius 关系，固体在液相中的溶解度和溶质原子在液相中的扩散预计会随着温度的升高而增加，所以粗化速率会随着温度的升高而加快，如图 5.37 所示。二面角的增大使固相与液相接触面积减小，晶界面积随之增大。由于物质在液相中的传输速率要快于固相扩散，因此固－液接触面积的减小将降低溶解－沉淀机制传输物质的速率，从而导致晶粒生长速率的降低。如图 5.38 所示，液相烧结 MgO 组分的晶粒生长速率常数随

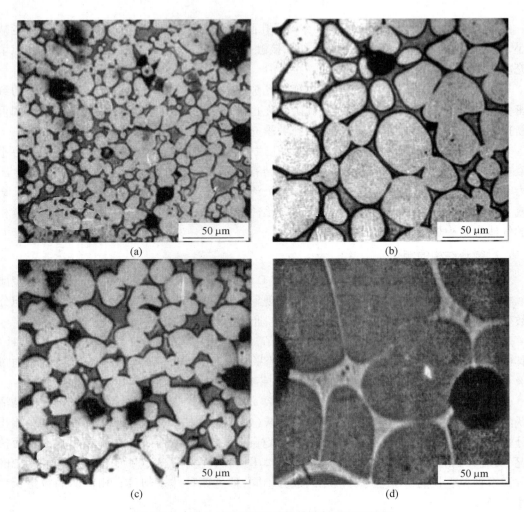

图 5.36　表 5.4 中不同组分烧结试样的微观结构

((a) 组分 1 于 1 550 ℃ 烧结 0.5 h;(b) 组分 3 于 1 550 ℃ 烧结 8 h;(c) 组分 2 于 1 550 ℃ 烧结 8 h;
(d) 组分 4 于 1 550 ℃ 烧结 8 h)

二面角的增大而减小。另外还比较了组分 2 和组分 3 的微观结构。在几乎相同的条件下,组分 3 比组分 2 的二面角小,晶粒更大,固 – 固接触面积也更小(图 5.36(b) 和(c))。

　　减小液相体积分数可以提高晶粒生长速率,这也可以说明液相扩散速率决定了烧结速率。随着液相体积的减小,扩散距离减小,物质传输速率加快,导致晶粒生长速率加快。另外,通过分析晶粒长大与液相体积分数的关系,发现晶粒尺寸对时间的函数依赖性相同(式(5.41)),但由于液相体积的减小,扩散距离缩短,因此采用修正的速率常数,目前最成功的修正为

$$K = K_{\mathrm{I}} + \frac{K_{\mathrm{L}}}{V_{\mathrm{L}}^{2/3}} \tag{5.42}$$

其中,K_{I} 为无限稀释时的速率常数;K_{L} 为与微观结构有关的参数;V_{L} 为液相体积分数。

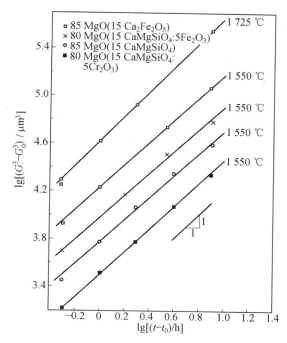

图 5.37　不同组分的 MgO 体系中液相烧结平均粒径 G 和时间的关系

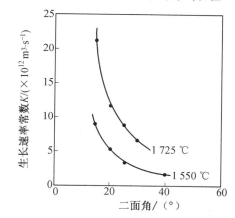

图 5.38　二面角对晶粒生长速率常数的影响

5.6　液相烧结的数值模拟

由于液相存在会带来的额外复杂性以及额外的计算量,因此液相烧结过程中微观结构演化的数学建模不如固相烧结过程成熟。数值模型包括假定的致密化机理、烧结和晶粒生长的动力学规律以及微观组织的一些特征。例如 Svoboda 等人建立的本构模型,该模型考虑了液相形成时固体颗粒的重新排列、接触压扁时的晶粒形状调节、烧结后期大孔隙填充和晶粒粗化。通过将模型预测结果与液相烧结 Si₃N₄ 的实验数据进行拟合,发现重排致密度仅增加几个百分点后,接触压扁机制就开始占主导地位,并在很大程度上促成了该体系的致密化。如前所述,最近的一个模型预测,由晶粒生长驱动的孔隙填充是主要的致密化机制。这两种机制中的哪一种起主导作用取决于体系的参数,如液相的体积分数和二面角的大小。

5.7 液相热压

液相存在的条件下,也可通过热压进行致密化。随着外加应力的增加,接触面下原子的化学势增大,物质从接触面向孔隙的传输增强,致密化速率增大。Bowen 等人使用液相热压烧结方式将 Si_3N_4 粉体致密化,其中 MgO 作为液相生成填料,与 Si_3N_4 粉体上的富 SiO_2 表面层反应,于 1 550 ℃ 下生成共熔液相。实测的致密化动力学与控制液体扩散速率的溶解 – 沉淀机理一致。它们可以通过类似于 Coble 方程的晶界扩散控制固相烧结描述,其中 δ_L 为液层厚度,D_L 为物质在液相中的扩散系数,γ_{lv} 为液 – 气界面能。当施加压力 p_a 远大于液相弯月面引起的毛细管压力时,致密化速率可以写为

$$\frac{1}{\rho}\frac{d\rho}{dt} = \frac{AD_L\delta_L\Omega}{G^3kT}p_a\phi \qquad (5.43)$$

其中,A 是一个取决于几何形状的常数;Ω 是速率控制物的原子体积;G 是晶粒尺寸;k 是玻耳兹曼常数;T 为热力学温度;ϕ 是应力强度因子。

图 5.39 所示为 Si_3N_4 – MgO 于 1 650 ℃ 液相热压烧结,其实验数据可以用来验证式(5.43)。如果 MgO 与 Si_3N_4 晶粒上的 SiO_2 反应,形成一种接近于 $MgSiO_3$ – SiO_2 共晶的组分,那么液相含量与 MgO 含量大致成正比,液体层的厚度与液相含量成正比,如图 5.39 所示,致密化速率正比于 δ_L。

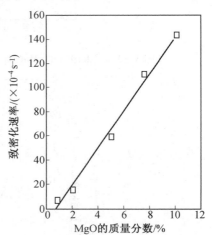

图 5.39　Si_3N_4 – MgO 于 1 650 ℃ 液相热压烧结

5.8 液相烧结中相图的使用

平衡相图(或简单的相图)在液相烧结中对粉体成分和烧结条件的选择起着重要的作用。相图给出的是平衡条件下的相组成,但液相烧结过程中的反应往往太快而无法达到平衡,因此相图只能作为指导。

对于由主要成分(称为基相 B)和液相填料 A 组成的二元体系,首要任务是确定哪些填料以及在什么条件下将与主成分形成液相。图 5.40 所示的理想二元相图表明了液相烧结的成分和温度特性。除了前面讨论的溶解度要求外,一个可取的特征是共晶体和基

体之间的熔点差异很大。体系的组成也应选择远离共晶区域,使液相体积随温度缓慢增加,防止所有液相在共晶温度或其附近突然形成。在实际应用中,通常选择的烧结温度略高于共晶温度,其成分位于($L + S_2$)区域。

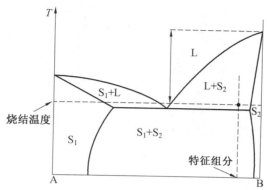

图 5.40 ($L + S_2$)区域液相烧结的组成及烧结温度的二元相图

5.8.1 氧化锌体系相图

通过液相烧结制备的氧化锌(ZnO)陶瓷(Bi_2O_3 的摩尔分数为 0.5%,并含其他少量氧化物)主要用来生产压敏电阻。$ZnO - Bi_2O_3$ 体系的相图(图 5.41)显示出富 Bi 液相于超过共晶(eutectic)温度的 740 ℃ 形成。在烧结温度淬火后的试样呈现出完全穿透晶界的液膜(图 5.14(c)),且二面角为 0°。在缓慢冷却过程中,随着主相的析出,液体和固体成分发生变化,导致二面角大幅增加,形成非润湿性构型(图 5.42)。

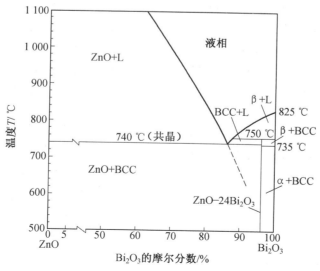

图 5.41 $ZnO - Bi_2O_3$ 相图(在 740 ℃ 下形成 Bi_2O_3 的摩尔分数为 86% 的共晶体)

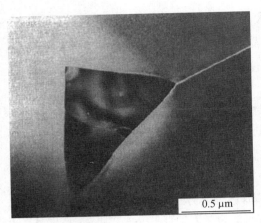

图 5.42 ZnO – Bi$_2$O$_3$ 体系在 610 ℃ 退火 43.5 h 后的形貌

5.8.2 氮化硅体系相图

氮化硅(Si$_3$N$_4$)是最适合高温机械工程应用的陶瓷之一。Si$_3$N$_4$ 的晶体结构具有高度的共价键合,因此通过固态扩散的质量传输非常缓慢。通常通过液相烧结或液相热压烧结将 Si$_3$N$_4$ 粉体致密化。在 Si$_3$N$_4$ 的制造和应用方面取得的许多进展都是通过对其相图的细致研究得来的。

为了形成表面氧化层,Si$_3$N$_4$ 粉体中通常含有 1% ~ 5% 的 SiO$_2$。在足够高的温度下氧化物填料与 SiO$_2$ 反应,形成有助于致密化的硅酸盐相。在冷却过程中,硅酸盐相经常形成非晶态粒间玻璃相。MgO(质量分数为 5% ~ 10%)是制备 Si$_3$N$_4$ 基复合材料的常用填料。它与 SiO$_2$ 在约 1 550 ℃ 时形成共晶液相,复合材料的烧结温度高于共晶温度 100 ~ 300 ℃。图 5.43(a)中的连线为亚固相(subsolidus)体系 Si$_3$N$_4$ – SiO$_2$ – MgO。在冷却过程中达到平衡时,如果组合相成分位于连接线上,则制备的材料将包含两相,如果组合物位于其中一个相容性三角形内,则制备的材料将包含三相:Si$_3$N$_4$ + MgO + Mg$_2$SiO$_4$ 或 Si$_3$N$_4$ + Si$_2$N$_2$O + Mg$_2$SiO$_4$。通常情况下,镁都固溶在图 5.44(a)所示的连续玻璃相中,所以只能观察到两个相。玻璃相的软化温度相对较低,导致材料的高温蠕变抗力严重降低。

Y$_2$O$_3$ 作为填料代替 MgO 会导致共晶液相在更高的温度(约 1 660 ℃)下形成。虽然需要更高的烧结温度,但也观察到该材料的高温蠕变抗力有所提高。Si$_3$N$_4$ – SiO$_2$ – Y$_2$O$_3$ 体系于 1 750 ℃ 的平衡相图如图 5.43(b)所示。该体系含有三种与氮化硅相容的四元 Y – Si – O – N 化合物,它们在冷却过程中结晶。图 5.44(b)显示了具有 Si$_3$N$_4$ – SiO$_2$ – Y$_2$O$_3$ 连线上组分的材料在三(或四)晶粒交界处结晶的 Y$_2$Si$_3$O$_3$N$_4$ 相。它与周围的 Si$_3$N$_4$ 晶粒被一层残留的薄玻璃相膜分离。玻璃相向晶体相的转变使蠕变阻力的显著提高。许多 Si$_3$N$_4$ 陶瓷现在是通过由 Y$_2$O$_3$ 和 Al$_2$O$_3$ 组成的添加剂烧结而成的。冷却后,液相结晶为钇铝石榴石相。与添加 Y$_2$O$_3$ 的材料相比,该方法制备的 Si$_3$N$_4$ 陶瓷具有更好的高温蠕变性能和抗氧化性能。

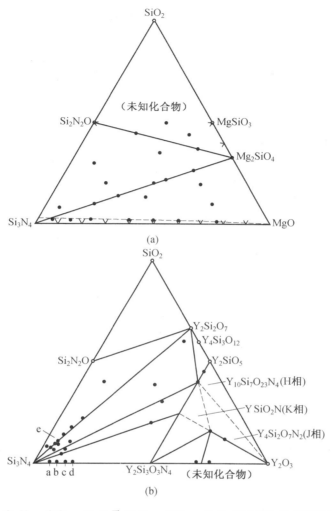

图 5.43 $Si_3N_4 - SiO_2 - MgO$ 及 $Si_3N_4 - SiO_2 - Y_2O_3$ 于 1 750 ℃ 的平衡相图

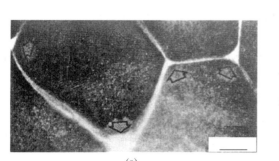
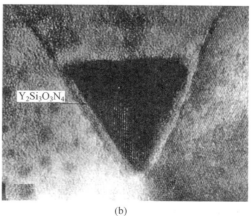

图 5.44 热压烧结 $Si_3N_4 - MgO$ 和 $Si_3N_4 - Y_2O_3$ 的透射电子显微镜图片

5.9 活化烧结

活化烧结指当粉体中有少量的共晶形成相时，与纯粉体相比，在达到共晶温度之前致密化率有显著的提高。例如，MgF_2 与 CaF_2 烧结、Al_2O_3 与 CaO 烧结、ZnO 与 Bi_2O_3 烧结，以及 W 与 Pd、Ni、Pt、Co、Fe 等多种金属体系烧结。图 5.45 所示为 $MgF_2 - CaF_2$（CaF_2 的质量分数为 5%）在恒定加热速率烧结过程中的收缩率和晶粒尺寸。在该体系中，共熔温度为 980 ℃，CaF_2 和 MgF_2 的熔点分别为 1 410 ℃ 和 1 252 ℃。观察到致密化速率提高时温度低于共晶温度200 ℃，当加入质量分数为0.1% 的 CaF_2 时，强化效果明显。但当温度达到 900 ℃ 以上时，添加 CaF_2 就不能大幅增大晶粒生长速率了。

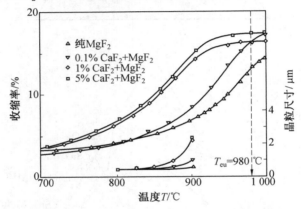

图 5.45 　$MgF_2 - CaF_2$（CaF_2 的质量分数为 5%）在恒定加热速率烧结过程中的收缩率和晶粒尺寸

通常，活化烧结与液相烧结的原理没有明显的区别，只是活化体系中填料的浓度较小（通常质量分数小于 1%），烧结温度低于共晶温度。在某些表现出亚共晶致密化增强的体系中，由于杂质将固相线温度降低到低于体系表观共晶温度的水平，以及在检测液膜方面存在困难，所以不存在液相的假设可能是错误的。

虽然活化烧结的过程尚不清楚，但在填料与晶界分离较强的体系中，亚共晶致密化速率往往增强，这可能会显著提高晶界传输速率。填料还必须与基相形成低熔点相或共晶相，且对基相的溶解度必须大。如果考虑到扩散速率大约与固体熔点的绝对温度成比例，则可以理解这种现象。若晶界中有丰富的共晶填料，则晶界的相对熔点应大大低于基相的熔点，并其传输速率会相应地有所提高。

在 ZnO - Bi_2O_3 中，在活化烧结过程中会形成富 Bi 晶间的非晶薄膜（约 1 nm 厚，见图 5.46），同时通过这些非晶薄膜加速的物质传输被认为是造成该体系活化烧结的原因。在其他体系中，具有类似性质的晶间薄膜也可能是亚共晶致密化增强的原因，但目前缺乏实验观测。对钨活化烧结的研究表明，通过晶间薄膜的扩散会主导反应速率。如图 5.47 所示，由于不同添加剂处理的钨颗粒发生晶间扩散的活化能不同，因此不同的添加剂会导致活化烧结程度也有所不同。

图 5.46　ZnO – Bi$_2$O$_3$（Bi$_2$O$_3$ 的摩尔分数为 0.58%）于 4 ℃/min 升温
速率下富 Bi 晶间非晶薄膜的高分辨率电子显微镜图像

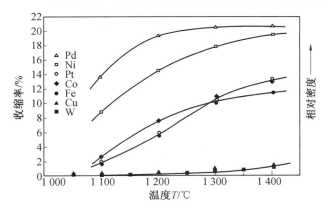

图 5.47　不同过渡金属添加剂处理钨颗粒在氢气气氛中活化烧结的有关数据（催化剂厚度为
四个单分子层）

5.10　玻璃化

　　玻璃化是通过足够多液相的黏性流动来填充固体颗粒之间孔隙空间以实现致密化的液相烧结。玻璃化的驱动力是因液体覆盖固体表面而导致的固 – 气界面能的减小。玻璃化是传统黏土陶瓷（有时也称为硅酸盐体系）常用的烧制方法。这一过程包括物理变化（如液相的形成、溶解、结晶）和化学变化以及形状变化（如收缩和变形）。在烧结温度下可以形成黏稠状的硅酸盐玻璃，会在毛细管力的作用下流入孔隙，同时也为整体提供了一定的黏结性，避免了在重力作用下出现显著变形。在冷却过程中，会产生致密的固体产物，玻璃相会将固体颗粒黏在一起。

5.10.1 相关控制参数

在烧成温度下形成的液相含量和液相的黏度必须保证所需的密度(通常为全密度)在合理的时间内达到,且无样品在重力作用下发生变形。如前所述,通过玻璃化达到完全致密化所需的液相含量取决于固体颗粒重新排列后的堆积密度。在实际的粉体体系中,利用粒径分布来提高堆积密度,再加上发生溶解 – 沉淀的量有限,意味着玻璃化所需的液相的体积分数一般为25% ~ 30%。在液相烧结的情况下,必须控制液相的形成,防止突然形成大量的液相,从而导致材料整体在重力作用下变形。因此,为了防止形成大量液相,应尽量不选择具有共晶成分的体系组成。

我们要求体系有足够高的致密化速率,使玻璃化在合理的时间(少于几个小时)内完成,并要求致密化速率与变形率的比值较高,使致密化在不发生明显变形的情况下实现。这些要求在很大程度上决定了控制液相黏度的烧成温度和粉体混合物的组成。通过玻璃相黏性烧结的模型预测致密化速率取决于三个主要变量:玻璃相的表面张力(可用界面能表示)γ_{sv}、玻璃相的黏度 η 和孔隙半径 r。假设 r 与颗粒半径 a 成比例,那么可以写出致密化速率与这些参数的关系:

$$\dot{\rho} \propto \frac{\gamma_{sv}}{\eta a} \tag{5.44}$$

在许多硅酸盐体系中,玻璃相的表面张力随组分变化不大,在一定的烧成温度范围内,表面张力的变化也很小。另一方面,粒径影响显著,致密化速率与粒径成反比。然而,到目前为止最重要的变量是黏度。Vogel – Fulcher 方程很好地描述了玻璃相黏度与温度的关系,即

$$\eta = \eta_0 \left(\frac{C}{T - T_0} \right) \tag{5.45}$$

其中,T 为热力学温度;η_0、C、T_0 是常数(此处 T_0 默认为室温25 ℃)。这种关系非常强,例如,钠钙玻璃的黏度通常可以减少约1 000 倍,而温度只增加100 ℃。玻璃相的黏度也随着成分的变化而变化。因此,通过改变组成、提高温度或两者的某种组合来降低黏度,可以显著提高致密化速率。然而,由于玻璃化过程中存在大量液相,如果黏度过低,试样在重力作用下很容易发生变形。因此,还必须考虑致密化速率和应变速率的综合影响,即致密化速率与应变速率之比。如果致密化速率与应变速率之比较大,则可以达到致密化而不产生明显变形。

应变速率与外加应力 σ 有关,故可表示为

$$\dot{\varepsilon} = \frac{\sigma}{\eta} \tag{5.46}$$

重力作用在质量为 m 的颗粒上的力由 $W = mg$ 给出,其中,g 为重力加速度;颗粒的质量随 a^3 而变化;力的作用面积与粒子的面积 a^2 成正比。因此,应力随 a 变化。致密化速率与应变速率的比值为

$$\frac{\dot{\rho}}{\dot{\varepsilon}} \sim \frac{1}{\eta a} \frac{\eta}{a} \sim \frac{1}{a^2} \tag{5.47}$$

由式(5.47)可知,随着粒径的减小,体系的致密化速率与应变速率的比值增大。因此,在不产生明显变形的情况下达到高致密化的最佳方法是使用细颗粒。许多硅酸盐体系都满足这一要求,因为其组成物中有大量天然细颗粒的黏土。

5.10.2 硅酸盐体系的玻璃化

陶瓷、卫生洁具等白瓷是玻璃化生产中的重要硅酸盐陶瓷。它们通常由含有三种成分的粉体混合物制成。典型的瓷器成分如下:

① 黏土的质量分数为50%。黏土以高岭土为主要成分,是最常见的矿物,可用化学式 $Al_2(Si_2O_5)(OH)_4$ 表示,其组成为质量分数为45%的 Al_2O_3 和质量分数为55%的 SiO_2。

② 长石的质量分数为25%。长石是一种含碱矿物,可做助熔剂。碱(通常是 K^+)用来降低黏性液相形成的温度。普通长石的化学式是 $KAlSi_3O_8$。

③ 二氧化硅的质量分数为25%,以石英的形式存在。石英作为填料,减少了烧成过程中的收缩量,也降低了陶瓷的热膨胀系数。

三元 $K_2O - Al_2O_3 - SiO_2$ 相图(图5.48)中原生莫来石相含有类似组分。其常规的烧成温度范围为1 200 ~ 1 400 ℃。在1 200 ℃和1 600 ℃之间是莫来石和液相的平衡阶段。相图的等温截面(图5.49)显示了1 200 ℃时的平衡相。在该温度时,液相的构成(质量分数)为75% SiO_2、12.5% K_2O 和12.5% Al_2O_3。实际上,该平衡是不完整的,因为只有一小部分 SiO_2 以石英的形式存在于液相中。溶解的 SiO_2 含量对液相的数量或组成没有很大的影响。冷却后的材料含有莫来石晶粒、玻璃和残余石英晶粒。白瓷是一种白

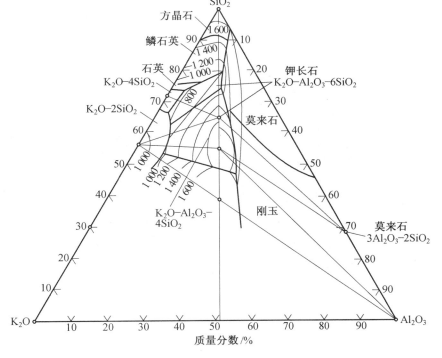

图 5.48 三元体系 $K_2O - Al_2O_3 - SiO_2$ 的相图

色、致密、半透明的陶瓷,用于陶器、瓷砖和绝缘体的生产。图 5.50 所示为在 1 225 ℃ 烧制的卫生白瓷的微观结构,由光学显微镜揭示了相的一般分布。

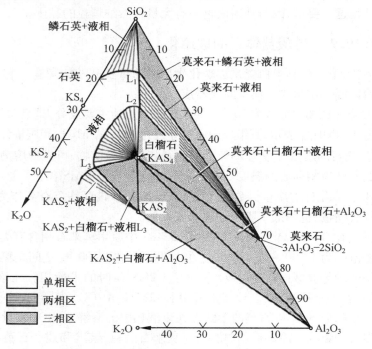

图 5.49　K₂O – Al₂O₃ – SiO₂ 相图在 1 200 ℃ 的等温截面

（KS₄ 为 K₂O – 4SiO₂；KS₂ 为 K₂O – 2SiO₂；KAS₂ 为 K₂O – Al₂O₃ – 2SiO₂；KAS₄ 为 K₂O – Al₂O₃ – 4SiO₂）

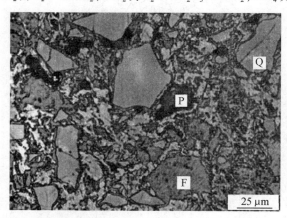

图 5.50　商用白瓷坯体的光学显微镜图像（含有残余长石（F）、孔隙（P）和石英（Q））

第6章   陶瓷材料的力学性能

在文明出现之前的某个时候,一些古人类发现,一块破碎石头的边缘在杀死猎物和躲避掠食者方面非常有用,这是人类历史上的一个重要转折点,考古学家们将这个时期称为石器时代。C. Smith 指出:"人类的存在可能要归功于无机物的一种基本特性,即某些离子化合物的脆性。"J. E. Gordon 也表示:"工程材料最大的缺点不是缺乏强度或刚度,而是缺乏韧性,也就是说,缺乏抵抗裂纹扩展的能力。"可以说,如果不是因为陶瓷的脆性,其在结构上的应用将会更加广泛,特别是在高温下的应用,因为它们具有其他非常吸引人的特性,如硬度、刚度、抗氧化性和抗蠕变性。

正如大多数人所熟悉的那样,对任何固体施加应力最初都将导致可逆的弹性应变,然后发生没有太多塑性变形的断裂(图6.1(a)),或者发生伴有塑性变形的断裂(图6.1(b))。陶瓷和玻璃属于前者,因此被认为是脆性固体,金属和聚合物属于后者。

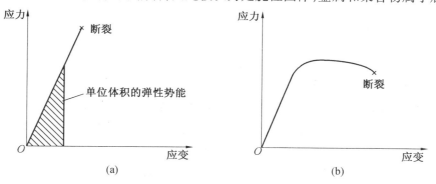

图 6.1   脆性和韧性材料的典型应力 – 应变曲线

已知材料中化学键断裂时的理论应力水平,约为 $Y/10$,其中 Y 为弹性模量。陶瓷的 Y 为 $100 \sim 500\,GPa$,预期的理想断裂应力相当高,为 $10 \sim 50\,GPa$。但脆性固体中缺陷的存在,如图 6.2 所示,将大大减小它们失效时的应力。相反,如果没有缺陷,材料将会具有优良的力学性能,这一点已经得到很好的证明。例如,一个无缺陷的二氧化硅玻璃棒的弹性变形应力超过 $5\,GPa$。因此,可以得出结论,在应力水平远低于理想断裂应力的情况下,材料中的某些缺陷会促进断裂。

脆性固体中随机存在的缺陷及其缺陷敏感性对材料的设计具有重要影响。通常材料的强度会在平均值 $\pm 25\%$ 的范围内变化,这与金属中的流动应力的变化幅度(变化幅度通常为百分之几)相比非常大。由于脆性固体的强度变化幅度较大,而且其容易发生脆性破坏,因此将其应用于工程结构件是极具挑战性的。

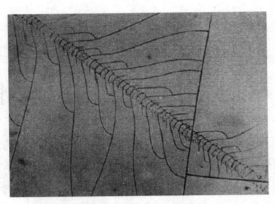

图 6.2　玻璃的表面裂纹导致其强度显著降低

缺陷、缺陷的形状和缺陷的传播是本章的主要内容,我们首先讨论了断裂韧性和强度;影响陶瓷强度的因素见 6.3 节;增韧机理见 6.4 节;6.5 节介绍了脆性破坏的统计数据和设计方法。

6.1　断裂韧性

6.1.1　缺陷敏感性

可以用如下模型来说明缺陷和缺口敏感性的含义。假设存在一个施加在试样上的负载 F_{app},此时每条原子链承担的载荷为 F_{app}/n,其中 n 为链数,即应力 σ_{app} 为均匀分布。表面裂纹的引入导致应力重新分布,使得原本由断裂键支撑的载荷现在只由裂纹尖端的几个键承载(图 6.3(b))。换句话说,缺陷的存在将局部放大裂纹尖端处的应力 σ_{tip}。随着 σ_{app} 的增加,σ_{tip} 也相应增加,应力与原子间距的曲线如图 6.3(c)所示。只要 $\sigma_{tip} < \sigma_{app}$,缺陷就不会扩散。然而,如果 σ_{tip} 超过了 σ_{app},缺陷就会变得非常不稳定。裂纹以接近声速的速度传播,并且在没有任何预兆的情况下迅速发生脆性断裂,由此,断裂的原因现在应该很明显了。此外,这也说明了为什么陶瓷的压缩应力比拉伸应力更强。

为了更定量地预测可能导致失效的外加应力,必须计算 σ_{tip},并将其换算为 σ_{max} 或 $Y/10$。计算 σ_{tip} 相当复杂(这里只给出最终结果),它是荷载类型、试样、裂纹几何形状等的函数。但是对于薄板,可以认为 σ_{tip} 与施加的应力有关,即

$$\sigma_{tip} = 2\sigma_{app}\sqrt{\frac{c}{\rho}} \tag{6.1}$$

其中,c 和 ρ 分别为裂纹长度和曲率半径(图 6.4)。该等式严格适用于长度为 c 的表面裂纹,或薄板中长度为 $2c$ 的内部裂纹。由于材料表面不能承受与其垂直的应力,该条件对应平面应力条件(应力是二维的)。在厚构件中,情况更为复杂,但对于脆性材料,这两个表达式略有不同。

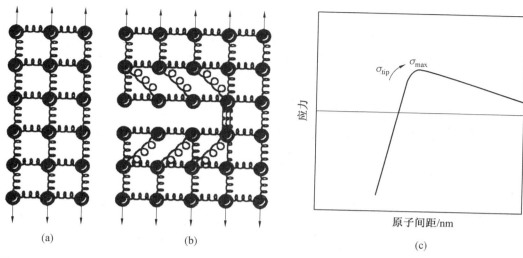

图 6.3　裂纹对材料内部应力分布的影响((a) 无裂纹的试样的应力分布示意图,其中应力均匀分布;
(b) 存在裂纹的试样的应力分布示意图,其中裂纹的存在导致应力重新分布;(c) 对于给定的施
加荷载,随着裂纹长度的增加和化学键的连续破裂,σ_{tip} 沿着应力 - 原子间距曲线向 σ_{max} 移动)

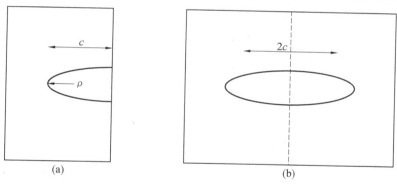

图 6.4　表面裂纹和内部裂纹

由于上述内容,可以合理地假设当 $\sigma_{tip} = \sigma_{max} \approx Y/10$ 时发生断裂,因此可以得出

$$\sigma_f \approx \frac{Y}{20}\sqrt{\frac{\rho}{c}} \tag{6.2}$$

其中,σ_f 是断裂时的应力。该等式说明 σ_f 与缺陷尺寸的平方根成反比,另外 ρ 较小的尖锐裂纹比钝裂纹更有害。这两点与许多实验观察结果吻合。

6.1.2　断裂的能量判据——Griffith 判据

Griffith 在 20 世纪 20 年代早期提出了一种替代的、最终更通用的解决断裂问题的方法。他的基本思想是平衡裂纹扩展时形成新表面所消耗的能量和释放的弹性势能。因此,当能量释放的速率大于能量消耗的速率时,就出现了断裂的临界条件。这里所采用的方法是原始方法的简化版本,它需要推导出在均匀应力 σ_{app} 作用下材料中引入长度为 c 的缺陷后所引起的能量变化表达式。

1. 应变能

当固体受到均匀的弹性应力时,材料中的所有键都伸长,所施加的应力所做的功转化为储存在被拉伸键中的弹性势能。单位体积弹性势能的大小由应力 – 应变曲线下的面积给出(图6.1(a)),即

$$U_{\text{elas}} = \frac{1}{2}\varepsilon\sigma_{\text{app}} = \frac{1}{2}\frac{\sigma_{\text{app}}^2}{Y} \tag{6.3}$$

体积为 V_0 的平行六面体在均匀应力 σ_{app} 作用下的总能量(图6.5(a))增加到

$$U = U_0 + V_0 U_{\text{elas}} = U_0 + \frac{V_0\sigma_{\text{app}}^2}{2Y} \tag{6.4}$$

其中,U_0 是在没有应力的情况下的自由能。

在存在长度为 c 的表面裂纹的情况下(图6.5(b)),可以假设该裂纹周围的一些体积将松弛(即该体积中的键将松弛并失去其应变能)。松弛的体积由图6.5(b)中的阴影区域给出,因此在存在裂纹时系统的应变能由下式给出:

$$U_{\text{strain}} = U_0 + \frac{V_0\sigma_{\text{app}}^2}{2Y} - \frac{\sigma_{\text{app}}^2}{2Y}\frac{\pi c^2 t}{2} \tag{6.5}$$

其中,t 是平板的厚度;右侧第三项表示在松弛体积中释放的应变能。

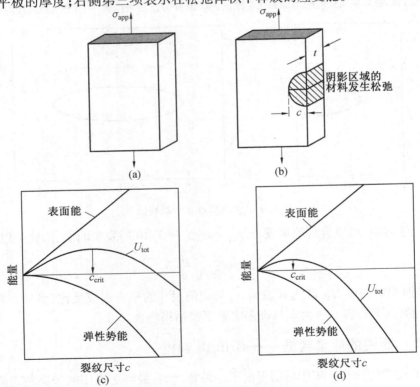

图6.5　裂纹对材料内部能量变化的影响

((a) 无裂纹的试样均匀受力的示意图;(b) 存在裂纹的试样发生松弛的示意图;(c) 试样引入裂纹时表面能、弹性势能和总能量 U_{tot} 随裂纹尺寸 c 变化的曲线;(d) 当施加应力变为原来的2倍时,三种能量随裂纹尺寸 c 变化的曲线)

2. 表面能

形成长度为 c 的裂纹，能量消耗为

$$U_{surf} = 2\gamma ct \tag{6.6}$$

其中，γ 是材料的固有表面能。系数 2 的出现是因为断裂的发生产生了两个新表面（底部和顶部）。

引入裂纹时系统的总能量变化是式（6.5）和式（6.6）的总和，写为

$$U_{tot} = U_0 + \frac{V_0 \sigma_{app}^2}{2Y} - \frac{\sigma_{app}^2}{2Y}\frac{\pi c^2 t}{2} + 2\gamma ct \tag{6.7}$$

由于表面能项与 c 成比例，应变能项与 c^2 成比例，因此 U_{tot} 在某一临界裂纹尺寸 c_{crit} 时必达到最大值（图 6.5（c））。这是一个重要的结果，因为它意味着尺寸比 c_{crit} 小的裂纹扩展会消耗而不是释放能量，因此是稳定的。相比之下，尺寸大于 c_{crit} 的缺陷是不稳定的，因为它们扩展释放的能量比消耗的能量更多。注意，增加施加的应力（图 6.5（d））会导致临界缺陷尺寸较小时失效。例如，一个最大缺陷尺寸介于图 6.5（c）和（d）之间的固体，在图 6.5（c）所示的应力处不会失效，但如果该应力增大则会失效（图 6.5（d））。

最大值的位置由式（6.7）求微分并使其等于零得到。对式（6.7）进行微分，并用 σ_f 代替 σ_{app}，得到失效的条件为

$$\sigma_f \sqrt{\pi c_{crit}} = 2\sqrt{\gamma Y} \tag{6.8}$$

更准确的计算结果为

$$\sigma_f \sqrt{\pi c_{crit}} \geqslant \sqrt{2\gamma Y} \tag{6.9}$$

式（6.9）预测了导致失效的应力和缺陷尺寸的条件。$\sigma\sqrt{\pi c}$ 在讨论快速裂纹时经常出现，因此它被缩写为 K_I，单位为 $MPa \cdot m^{1/2}$，称为应力强度因子。同理，式（6.9）右边的项称为临界应力强度因子，通常被称为断裂韧性，缩写为符号 K_{IC}。有了这些缩写，断裂的条件可以简写为

$$K_I \geqslant K_{IC} \tag{6.10}$$

推导式（6.9）和式（6.10）的隐含假设是防止裂纹扩展的唯一条件是新表面的产生。然而，这只适用于极其脆弱的系统，如无机玻璃。但一般情况下，当裂纹尖端塑性变形等其他耗能机制起作用时，定义 K_{IC} 为

$$K_{IC} = \sqrt{YG_c} \tag{6.11}$$

其中，G_c 是材料的韧性，J/m^2。对于纯脆性固体，其韧性接近极限 $G_c = 2\gamma$。表 6.1 列出了几种陶瓷材料的弹性模量、泊松比、K_{IC} 值和维氏硬度。应当指出的是，由于 K_{IC} 是一种与微观结构有关的材料属性，因此表 6.1 中所列的值应谨慎使用。

最后值得注意的是，Griffith 方法假设缺陷是原子级的，这一点对确定材料的 K_{IC} 较为重要。

综上所述，当施加应力和缺陷尺寸平方根的乘积与材料的断裂韧性相当时，材料就会发生快速断裂。

表 6.1 环境温度下所选陶瓷的弹性模量 Y、泊松比、K_{IC} 值和维氏硬度

材料	Y/GPa	泊松比	$K_{IC}/(MPa \cdot m^{1/2})$	维氏硬度 /GPa
Al_2O_3	390	0.20 ~ 0.25	2.0 ~ 6.0	19.0 ~ 26.0
$BaTiO_3$	125	—	—	0
BeO	386	0.34	—	0.8 ~ 1.2
MgO	250 ~ 300	0.18	2.5	6.0 ~ 10.0
$MgAl_2O_4$	248 ~ 270	—	1.9 ~ 2.4	14.0 ~ 18.0
完全致密莫来石	230	0.24	2.0 ~ 4.0	15.0
SiO_2(石英)	94	0.17	—	12.0
SnO_2	236	0.29	—	—
TiO_2	282 ~ 300	—	—	10.0 ±1.0
ThO_2	250	—	1.6	10.0
Y_2O_3	175	—	1.5	7.0 ~ 9.0
$ZrSiO_4$	195	0.25	—	≈ 15.0
$c - ZrO_2$	220	0.31	3.0 ~ 3.6	12.0 ~ 15.0
ZrO_2(部分稳定)	190	0.30	3.0 ~ 15.0	13.0
AlN	308	0.25	—	12.0
B_4C	417 ~ 450	0.17	—	30.0 ~ 38.0
BN	675	—	—	—
钻石	1 000	—	—	—
Si	107	0.27	—	10.0
热压 SiC	440 ±10	0.19	3.0 ~ 6.0	26.0 ~ 36.0
单晶 SiC	460	—	3.7	—
热压致密 Si_3N_4	300 ~ 330	0.22	3.0 ~ 10.0	17.0 ~ 30.0
TiB_2	500 ~ 570	0.11	—	18.0 ~ 34.0
TiC	456	0.18	3.0 ~ 5.0	16.0 ~ 28.0
WC	450 ~ 650	—	6.0 ~ 12.0	—
ZrB_2	440	0.14	—	22.0
CaF_2	110	—	0.80	1.8
MgF_2	138	—	1.00	6.0
SrF_2	—	—	1.00	1.4
铝硅酸盐	89	0.24	0.96	6.6
硼硅酸盐	63	0.20	0.75	6.5
LAS	100	0.30	2.00	—
Si	66	—	0.70	—
石英玻璃	72	0.16	0.80	6.0 ~ 9.0
钠钙玻璃	69	0.25	0.82	5.5

例6.1 （1）在薄氧化镁板上引入120 μm深的表面缺口。然后向垂直于凹槽平面的方向加载。如果外加应力为150 MPa，板材能否断裂？

（2）如果凹槽长度相同，但与内部凹槽（图6.4(b)）相同，而不是与边缘凹槽相同，答案是否会改变？

解 （1）为了确定板是否能够承受外加应力，需要计算裂纹尖端的应力强度，并与MgO的断裂韧性进行对比，由表6.1可知，MgO的断裂韧性为2.5 MPa·m$^{1/2}$。在这种情况下K_I为

$$K_I = \sigma\sqrt{\pi c} = 150\sqrt{3.14 \times 120 \times 10^{-6}} = 2.91 \ (\text{MPa}\cdot\text{m}^{1/2})$$

由于MgO的K_I值大于K_{IC}，因此板将断裂。

（2）内部凹槽的情况与表面或边缘凹槽的情况不同，在这种情况下K_I为

$$K_I = \sigma\sqrt{\frac{\pi c}{2}} = 150\sqrt{3.14 \times 60 \times 10^{-6}} = 2.06 \ (\text{MPa}\cdot\text{m}^{1/2})$$

由于该值小于2.5 MPa·m$^{1/2}$，因此板可以承受施加的载荷。另外，在探索提高陶瓷断裂韧性的各种方法之前，了解如何测量K_{IC}是十分重要的。

3. K_{IC} 的测量

测量K_{IC}需要测量给定几何形状的断裂应力、已知的初始裂纹长度和由硬度压痕产生的裂纹长度。

式（6.9）可以改写为最一般的形式：

$$\Psi\sigma_{\text{frac}}\sqrt{\pi c} \geqslant K_{IC} \tag{6.12}$$

其中，Ψ是一个无量纲常数，其取决于试样形状、裂纹几何形状及其与试样尺寸的相对大小。这种关系表明，要测量K_{IC}，首先要测量长度为c且具有原子级锐度的裂纹（见6.3节），并测量断裂发生时的应力。若给定试样和裂纹几何形状，Ψ可在各种断裂力学手册中查找，K_{IC}由式（6.12）计算。因此，原则上测量K_{IC}似乎是相当简单的。然而，在实验上，困难在于引入原子级锐度的裂纹。

两种比较常见的测试方式如图6.6所示。这里没有展示的第三种几何形状是双扭转实验，除了测量K_{IC}外，还可以用来测量裂纹扩展速度与K曲线的关系。

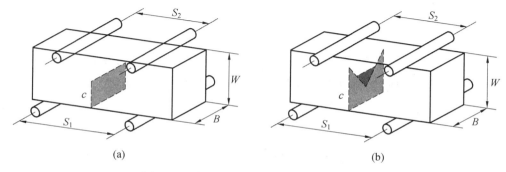

图6.6 单边切口及人字形切口试样示意图

（1）单边切口梁（SENB）测试。在本实验中，通常使用金刚石砂轮在弯曲试样的拉伸侧引入初始深度为 c 的缺口（图 6.6（a））。试件加载至断裂，以 c 为初始裂纹长度。断裂韧性 K_{IC} 可由下式给出：

$$K_{IC} = \frac{3\sqrt{c}(S_1 - S_2)\xi F_{fail}}{2BW^2}$$

其中，F_{fail} 是试样失效时的载荷；ξ 是校准系数；其他符号在图 6.6（a）中已有定义。这种测试的优点在于它的简单性。然而，它的主要缺点是裂纹原子级锐度的条件往往是无法实现的，这导致估计的 K_{IC} 值偏高。

（2）人字形切口（CN）测试。在图 6.6（b）中示意性描述的这种结构中，人字形切口试样看起来非常类似于 SENB，除了初始裂纹的形状不是平坦的而是锯齿形的，如阴影区域所示。随着裂纹前沿的不断扩大，裂纹扩展在破坏前是稳定的。由于继续扩展裂纹需要增加载荷，因此在试件最终断裂之前，可以在试件上产生具有原子级锐度的裂纹，从而消除对试样预裂纹的需要。然后，断裂韧性与断裂处的最大载荷 F_{fail} 和柔度函数 ξ^* 的最小值相关。

$$K_{IC} = \frac{(S_1 - S_2)\xi^* F_{fail}}{BW^{3/2}}$$

通常不同的断裂韧性测试会得到不同的 K_{IC} 值，有三个原因：① 试样尺寸与加工区（裂纹尖端破坏前的区域）相比太小；② 试件在加工过程中产生的内应力在测量前没有得到足够的松弛；③ 裂纹尖端不是原子级锐度的。如上所述，如果初始裂纹不具有原子级锐度，则获得的 K_{IC} 值明显较高。因此，尽管 K_{IC} 的测量在原则上很简单，但如果要获得可靠和准确的数据，就必须小心谨慎。

（3）硬度压痕法。由于其简单、无损的特性，以及制备样品所需的加工量小，使用维氏硬度压痕法来测量 K_{IC} 已经变得相当普遍。该方法在待测试样表面时采用金刚石压头，在压头去除后，测量从缩进边缘发出的裂纹的尺寸，从而计算材料的维氏硬度 H（GPa）。有许多关于 K_{IC}、c、Y 和 H 的经验关系式，一般采用以下形式：

$$K_{IC} = \Phi\sqrt{a}H\left(\frac{Y}{H}\right)^{0.4}f\frac{c}{a} \tag{6.13}$$

其中，Φ 是几何约束因子；c 和 a 已在图 6.7 中标明。表达式的具体形式取决于裂纹类型。图 6.7 显示了两种最常见的裂纹类型的侧视图和俯视图。在低负荷时，Palmqvist 裂纹是有利的，而在高负荷下，形成了中间裂纹。区分这两种类型的一个简单方法是抛光表层，中间裂纹将始终保持与缩进的倒金字塔连接，而 Palmqvist 裂纹将被分离，如图 6.7（b）所示。应该强调的是，使用这种技术测量的 K_{IC} 值通常不如其他更宏观的测试方法所测得的值精确。

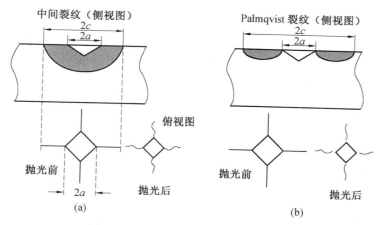

图 6.7 由维氏硬度压痕法得到的裂纹

6.1.3 压缩和其他断裂方式

目前已有的研究表明,当裂纹尖端的应力强度超过临界值时,拉伸脆性破坏通常会不稳定地扩展,而压缩脆性断裂的力学机制则更为复杂,人们对其认识还不够充分。压缩过程中的裂纹往往稳定传播,并偏离原有方向,沿压缩方向平行传播,如图 6.8(b) 所示。在这种情况下,断裂不是由于单个裂纹的不稳定扩展,如图 6.8(a) 所示,而是由于许多裂纹的缓慢扩展和连接而形成的破碎带。因此,重要的不是最大裂纹的长度,而是平均裂纹的长度。断裂的压缩应力由下式给出:

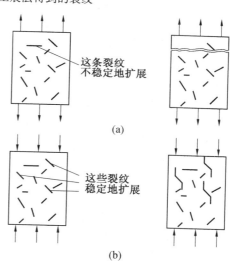

图 6.8 陶瓷在破坏实验中裂纹扩展

$$\sigma_{\text{fail}} \approx Z \frac{K_{\text{IC}}}{\sqrt{\pi c_{\text{av}}}} \tag{6.14}$$

其中,c_{av} 是平均裂纹长度;Z 是一个常数,一般取为 15。

断裂方式通常有三种,称为方式 I、方式 II 和方式 III。方式 I(图 6.9(a))是最常用的一种方式。方式 II 和方式 III 分别如图 6.9(b) 和(c) 所示。同样适用于方式 I 的能量概念也适用于方式 II 和方式 III。然而,到目前为止,方式 I 更适合脆性固体中的裂纹扩展。

6.1.4 断裂的微观机制

到目前为止,讨论主要是在宏观层面上进行的。研究表明,缺陷会将施加的应力集中在顶端,最终导致断裂。脆性材料和韧性材料的断裂方式没有区别,但显然,不同类型材料的性能是完全不同的 —— 毕竟,当两种材料同时都具有划痕时,金属板比玻璃板更加

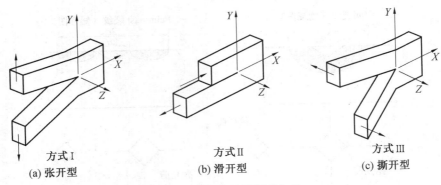

图 6.9　三种常见的断裂方式

耐用。这与裂纹材料的裂纹尖端塑性有关,这一点也在一定程度上决定了材料是否是脆性的。

在前面的讨论中,假设本质脆性断裂没有裂纹尖端塑性,即无位错产生和运动。鉴于切应力会导致材料中的位错发生增殖和移动,因此可以考虑如下两种极限情况:

(1) 内聚拉伸应力(cohesive tensile stress,约为 $Y/10$) 小于剪切中的内聚强度,在这种情况下,固体可以承受尖锐的裂纹,并且 Griffith 判据是有效的。

(2) 内聚拉伸应力大于剪切中的内聚强度,在这种情况下将发生剪切破坏(即位错将远离裂纹尖端移动),并且裂纹将失去其原子级锐度。在这种情况下,从裂纹尖端产生的位错(图 6.10(a) 所示) 将发生移动,远离裂纹尖端,并在这过程中吸收能量,导致裂纹钝化(图 6.10(b))。

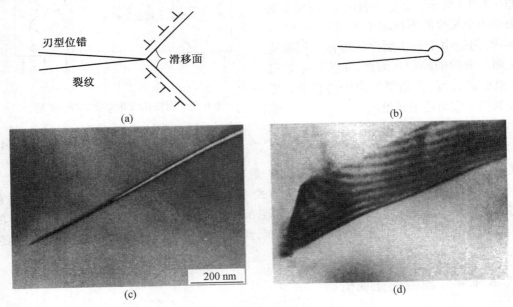

图 6.10　裂纹尖端位错与位错运动

理论计算表明,从共价键到离子键再到金属键,理论抗剪强度与抗拉强度的比值逐渐减小。对于金属来说,其固有剪切强度非常低,因此在环境温度下流动几乎是不可避免的。相反,对于金刚石和碳化硅等共价材料来说,情况正好相反:异常坚硬的四面体键更愿意以 Ⅰ 型裂纹的形式延伸,而不是通过剪切的形式。

理论上,离子固体的情况不是那么简单,在透射电子显微镜下对裂纹尖端的直接观察往往支持这样的观点,即大多数共价和离子固体在室温下确实是脆性的(图 6.10(c))。注意,金属的断裂韧性($20 \sim 100$ MPa·$m^{1/2}$)和陶瓷的断裂韧性之间大约的数量级差异与后者中裂纹尖端塑性的缺乏直接相关 —— 位错移动消耗了相当多的能量。

在更高的温度下,情况就完全不同了。由于位错迁移率是热激活的,温度的升高有利于位错活动,如图 6.10(d)所示,这反过来又增加了材料的延展性。因此,脆性条件可以重新表述为:当位错运动的势垒比系统可用的热能 kT 大时,固体是脆性的。考虑到氧化物单晶在高温下移动位错所需的屈服应力很大(图 6.11),陶瓷在室温下易碎也就不足为奇了。最后,应注意位错活动不是裂纹钝化的唯一机制。在玻璃过渡温度以上,黏性流动对钝化裂纹也非常有效。

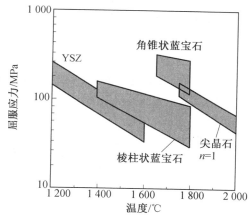

图 6.11　氧化钇稳定氧化锆(YSZ)、蓝宝石和尖晶石的屈服应力随温度的变化关系

6.2　陶瓷的强度

大多数常用于金属和聚合物的工业成型方法不适用于陶瓷。它们的脆性使其不能变形;它们具有高熔点,且在某些情况下(例如 Si_3N_4、SiC)会熔融分解,这也使其不能成型。因此,大多数多晶陶瓷都是通过固相或液相烧结制备的,这可能会导致缺陷。例如,在粉体制备过程中的团聚和不均匀性经常导致烧结体产生缺陷,即陶瓷不可避免地存在缺陷。在这一节中,讨论了加工过程中形成的各种类型的缺陷及其对强度的影响。第6.2.3 节简要介绍了通过引入表面抗压层来强化陶瓷的方法。然而,在进一步深入之前,有必要简要回顾一下如何测量陶瓷的强度。

陶瓷拉伸实验的试样加工难度大,耗时长,费用高。相反,采用更简单的横向弯曲或挠度实验,即试件在三点或四点弯曲时加载断裂较为方便。这里的最大应力或断裂应力通常称为断裂模量(MOR)。对于矩形截面,四点弯曲时的断裂模量为

$$\sigma_{MOR} = \frac{3(S_1 - S_2)F_{fail}}{2BW^2} \tag{6.15}$$

其中，F_{fail} 是断裂时的载荷；所有其他符号在图 6.6(a) 中定义。请注意，MOR 试样没有缺口，其由于预先存在的表面或内部缺陷而断裂。

注意，尽管 MOR 测试看起来很简单，但也应十分小心。例如，在测试前样品的边缘必须是斜角，因为尖锐处会发生应力集中，从而大大降低测量到的强度。

6.2.1　加工和表面缺陷

陶瓷中的缺陷可以是加工过程中产生的内部缺陷或表面缺陷，也可以是使用过程中产生的表面缺陷。

1. 孔隙

孔隙的存在会大大降低陶瓷的强度，不仅减小了承受荷载的截面面积，而且更重要的是会造成应力集中。通常强度和孔隙度之间的经验关系如下：

$$\sigma_p = \sigma_0 e^{-BP} \tag{6.16}$$

其中，P、σ_p 和 σ_0 分别是孔隙体积分数、有孔隙和无孔隙的试样强度；B 是取决于孔的分布和形态的常数。图 6.12 所示为通过反应键合的 Si_3N_4 的点弯曲强度与相对密度的函数关系，它是在高温下将 Si 粉生坯暴露在氮气中形成的。结果中较大的散乱分布主要反映了孔径、形貌和分布的变化。

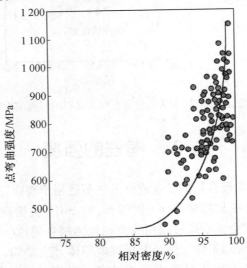

图 6.12　通过反应键合的 Si_3N_4 的点弯曲强度与相对密度的函数关系

通常，与孔隙本身相关的应力强度不足会引起断裂，因此孔隙的作用是间接的。孔隙断裂通常由其附近存在的其他缺陷决定的。如果孔隙比周围的颗粒大得多，则可能导致在前者表面周围形成原子级尖锐的点。因此，临界缺陷变得与孔的尺寸相当。如果孔隙是球形的，例如在玻璃中，它们对强度的损害较小。因此，孔隙的最大尺寸和孔隙表面的最小曲率半径决定了它们对强度的影响。导致断裂的孔隙的典型显微镜图像如图 6.13(a) 所示。

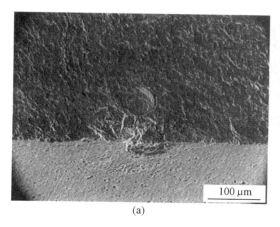 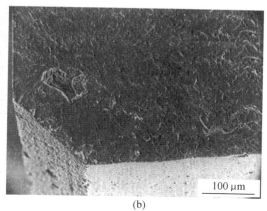

(a)   (b)

图 6.13   烧结 α – SiC 中的大孔隙和伴生孔隙的团聚体

2. 夹杂物

初始粉体中的杂质可以与基体发生反应,形成与基体具有不同力学性能和热性能的夹杂物。由于基体热膨胀系数 α_m 与夹杂物热膨胀系数 α_i 的不匹配,当零件从加工温度冷却时,会产生较大的残余应力。例如,对于在无限大基体中的半径为 R 的球形夹杂物,它们将导致在径向方向上距夹杂物／基体界面 r 处的径向残余应力 σ_{rad} 和切向残余应力 σ_{ran} 的关系为

$$\sigma_{rad} = -2\sigma_{ran} = \frac{(\alpha_m - \alpha_i)\Delta T}{\dfrac{1-2\nu_i}{Y_i} + \dfrac{1+\nu_m}{2Y_m}} \left(\frac{R}{r+R}\right)^3 \tag{6.17}$$

其中,ν 为泊松比;m 和 i 分别表示基体和夹杂物;ΔT 是初始温度和最终温度的差值。

由式(6.17)可知,冷却后,如果 $\alpha_i < \alpha_m$,则出现较大的切向拉应力,这会导致径向基体裂纹的形成。相反,在 $\alpha_i > \alpha_m$ 时,夹杂物会从基体中分离出来,产生孔状缺陷。

3. 团聚体和大晶粒

含有细颗粒(团聚体)的区域的快速致密化可以在周围的致密物内引起应力。空隙和裂纹通常倾向于在团聚体周围形成,如图 6.13(b)所示。这些空隙的形成是烧结早期阶段团聚体迅速收缩且差异较大的结果。由于这些团聚体在生坯制造过程中形成,因此必须注意在该阶段避免它们生成。

同样,烧结过程中由于晶粒生长过度而产生的大晶粒往往会导致强度的降低。这些大颗粒如果是非立方的,在热膨胀和弹性模量等性质方面将是各向异性的,它们在细颗粒基体中的存在本质上可以充当均匀基体中的夹杂物。强度的降低也被认为是晶界处具有残余应力的结果,这是由大晶粒与周围基体热膨胀不匹配造成的。残余应力的大小取决于晶粒形状和晶粒尺寸,也可以近似为式(6.17)。

4. 表面缺陷

陶瓷表面缺陷可能是由高温晶界开裂、加工操作或使用过程中表面意外损伤等造成的。在磨削、抛光等加工过程中,磨削颗粒就像压头一样将缺陷引入表面。这些裂纹可以

沿解理面或沿晶界向晶粒传播,如图 6.14 所示。在这两种情况下,裂纹的扩展范围通常
不会超过一个晶粒直径长度。因此,加工损伤从表面穿透大约一个晶粒直径。根据
Griffith 准则,断裂应力预计会随着晶粒尺寸的增大而减小。这就引出了下一个重要的话
题,即陶瓷的强度与它们的晶粒大小有关。

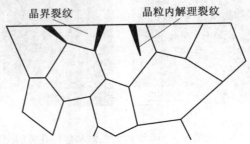

图 6.14　加工后陶瓷表面产生的解理裂纹和晶界裂纹示意图

6.2.2　粒度对强度的影响

　　一般情况下,陶瓷的强度与平均晶粒尺寸 G 呈负相关。图 6.15(a) 所示为陶瓷抗弯
强度与平均晶粒尺寸 $G^{-1/2}$ 的关系示意图。对图中这种变化关系的一个解释是,缺陷的内
在尺寸随晶粒尺寸的增大而增大,这种情况与图 6.14 所示的情况类似。晶界最开始是很
薄的一个区域,随着缺陷不断在晶界处形成,晶界逐渐扩展,厚度可达一个晶粒直径的大
小。在这种情况下,利用 Griffith 准则,可以得出抗弯强度与 $G^{-1/2}$ 成比例的结论,正如所
观察到的那样,但抗弯强度不会随着晶粒尺寸的减小而不断增加。对于具有非常细粒度
的陶瓷,断裂通常是由材料本身存在的表面缺陷造成的,因此抗弯强度对晶粒尺寸不敏
感。换句话说,对于较小的晶粒尺寸,图 6.15 所示的直线会变得平缓得多。

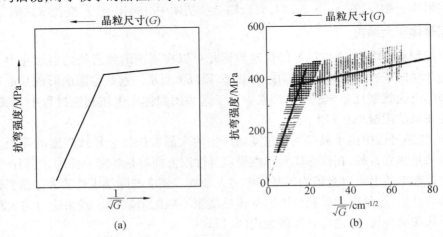

图 6.15　几种陶瓷的晶粒尺寸与抗弯强度关系示意图

6.2.3 表面残余压应力的影响

表面压缩层的引入可以增强陶瓷的强度,这对玻璃来说是一种成熟的技术。其基本原理是引入一种表面残余压应力状态,这种状态的存在将抑制表面缺陷的破坏,因为压缩应力可以阻碍表面裂纹的传播。这些压缩应力也被证明可以增强热冲击阻力和接触损伤阻力。

有几种方法可以在表面引入残余压应力,但利用这些方法形成的具有残余压应力的表面层的体积通常会比原始基体大。具体方法如下:

① 加入具有较低热膨胀系数的外层,如玻璃的上釉或回火。

② 利用某些氧化锆陶瓷的相变应力。

③ 物理上用原子或离子填充外层。

④ 这类似于物理填充,最常用的方法是将玻璃放入含有较大离子的熔盐中。较小的离子被较大的离子置换,从而使表面受压。

这种技术是为了平衡表面压应力,在零件的中心产生拉应力。因此,如果一个缺陷真得通过压缩层传播,那么该材料就比没有压缩层时更弱,残余应力的释放实际上会导致陶瓷材料破碎。这就是汽车挡风钢化玻璃的原理。钢化玻璃在受到冲击时会碎成大量的小碎片,这些小碎片的危险性比大碎片小得多,大碎片可能是致命的。

6.2.4 温度对强度的影响

温度对陶瓷强度的影响取决于许多因素,其中最重要的因素是进行测试的环境是否会修复或加剧材料原有的表面缺陷。一般来说,当陶瓷在高温下暴露在腐蚀性的气氛中,有两种情况是可能的:① 表面形成一层保护层,通常是氧化层,它会钝化和部分修复先前存在的缺陷,使强度增加。② 气氛对表面进行侵蚀,在表面形成凹坑或简单地在选定区域蚀刻表面,在这种情况下可以观察到强度的下降。对于含有玻璃晶界相的陶瓷,在足够高的温度下,强度的下降通常与这些相的软化有关。

6.3 陶瓷的增韧

尽管陶瓷具有固有的脆性,但已有多种方法提高其断裂韧性和抗断裂能力。所有增韧机制背后的基本思想是增加扩展裂纹所需的能量,即 G_c(式6.11),其基本方法是裂纹偏转、裂纹桥接和相变增韧。

6.3.1 裂纹偏转

实验证明,多晶陶瓷的断裂韧性明显高于相同成分的单晶陶瓷。例如,单晶氧化铝的 K_{IC} 约为 $2.2\ MPa \cdot m^{1/2}$,而多晶氧化铝的 K_{IC} 则接近 $4\ MPa \cdot m^{1/2}$。同样,玻璃的断裂韧性约为 $0.8\ MPa \cdot m^{1/2}$,而微晶玻璃的断裂韧性接近 $2\ MPa \cdot m^{1/2}$。这种效应的原因之一是晶界处的裂纹偏转,如图 6.16(a) 所示。在多晶材料中,由于裂纹沿弱晶界偏转,其尖端处的平均应力强度 K_{tip} 降低,应力不再总是垂直于裂纹面。可以看出,K_{tip} 与所施加的应

力强度 K_{app} 和挠度角 θ(图 6.16(a))有关,即

$$K_{tip} = \left(\cos^3\frac{\theta}{2}\right)K_{app} \tag{6.18}$$

根据这个方程,假设 θ 的平均值是 45°。预期断裂韧性的增加应在单晶值以上 1.25 左右。通过与上述实验结果的对比,可以清楚地看到,裂纹偏转本身是增韧的部分原因,但不是全部原因。在多晶材料中,晶粒周围的裂纹分叉可以导致一种更有效的增韧机制,即裂纹桥接。

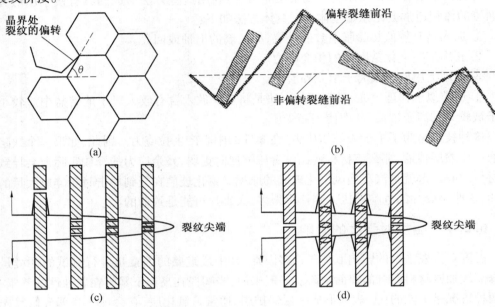

图 6.16 晶界处裂纹偏转机理示意图

6.3.2 裂纹桥接

在这一机理中,增韧是由于裂纹尖端后的裂纹表面通过增强相桥接而产生的。这些桥接韧带(图 6.16(b)和(c))在裂纹面上产生闭合力,减小 K_{tip}。换句话说,通过对所施加的载荷提供一部分支撑,桥接成分降低了裂纹尖端应力强度。韧带的性质各不相同,可以是晶须、连续纤维(图 6.16(c))或拉长的颗粒(图 6.16(b))。这些弹性韧带产生闭合力的示意图如图 6.16(c)所示。可以把裂纹中未断裂的韧带当成微小弹簧,这样随着裂纹的扩展,会消耗能量。

可以看出,由于裂纹尖端部分脱黏的增强相会发生弹性拉伸而没有界面摩擦,复合材料的断裂韧性由下式给出:

$$K_{IC} = \sqrt{Y_c G_m + \sigma_f^2\left(\frac{rV_f Y_c \gamma_f}{12 Y_f \gamma_i}\right)} \tag{6.19}$$

其中,下标 c、m 和 f 分别代表复合、基体和强化;Y、V 和 σ_f 分别是增强相的弹性模量、体积分数和强度;r 是桥接韧带的半径;G_m 是未增强基体的韧性;γ_f/γ_i 表示桥接韧带的断裂能与增强相-基体界面的断裂能的比率。式(6.19)预测断裂韧性随着以下三项而增加:提

高纤维增强相体积分数,提高 Y_c/Y_f 比值,提高 γ_f/γ_i 比值。

对比图 6.16(c) 和(d),可以看出脱黏界面上施加在桥接增强韧带的应变位移是如何扩展的。随着与裂纹尖端距离的增加,韧带所承受的应力增加得越慢,桥接区裂纹张开位移越大,复合材料的抗断裂性能会显著提高。使桥接部分持续发挥作用的一个重要因素是在晶须破裂后很长时间内可以与基体发生分离。因此,纤维桥接机制通常通过从远离裂纹平面的纤维中拉出增强材料来补充(图 6.16(c))。当韧带从基体中拉出时,它们消耗了裂纹扩展的能量,进一步增强了复合材料的韧性。

对于许多晶须增强的陶瓷而言,通过裂纹的桥接和韧带从基体中的拉出可以获得增韧作用,从而显著提高了断裂韧性(图 6.17(a))。实线为预测曲线,数据点为实验结果,二者符合良好。类似的机制解释了含针状 Si_3N_4(图 6.17(b))的粗粒度氧化铝和其他陶瓷的高韧性。

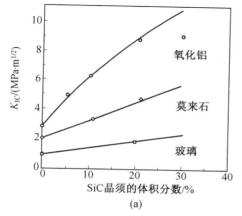
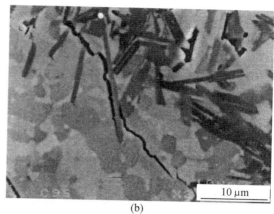

图 6.17　SiC 晶须含量对不同基体韧性增强的影响

6.3.3　相变增韧

相变增韧材料之所以具有非常大的韧性,是由于裂纹附近亚稳态相的应力诱导相变所致。例如,氧化锆由四方相向单斜相的转变可以增加含氧化锆陶瓷的断裂韧性。自人们发现这一相变增韧现象后,便对此进行了大量的研究。

为了理解这一现象,可以参考图 6.18,其中细小的四方氧化锆颗粒分散在基体中。如果这些四方晶体颗粒足够细,那么当从高温冷却到室温时,因为周围基体的作用,它们便不会发生相变,从而保持亚稳态四方晶相。如果由于某种原因,这个约束消失了,被诱导的相变会伴随相对较大的体积膨胀(约 4%)和剪切应变(约 7%)。在相变增韧过程中,靠近裂纹前沿的自由表面是引发变形的催化剂,进而使裂纹尖端受压区提前。由于相变发生在裂纹尖端附近,因此需要额外的能量使裂纹通过受压层,从而增加陶瓷的韧性和强度。

膨胀应变的作用是通过裂纹强度因子 K_s 将裂纹尖端处的应力强度 K_{tip} 降低,有

$$K_{tip} = K_a - K_s \tag{6.20}$$

可以看出,如果裂纹尖端区域内可以发生相变部分的体积分数为 V_f,其在宽度为 w 的区域

中发生相变,如图6.18(a)所示,从裂纹表面开始,裂纹强度因子为

$$K_s = A'YV_f\varepsilon^T\sqrt{w} \tag{6.21}$$

其中,A' 是一个单位数量级的无量纲常数,它取决于裂纹尖端前面区域的形状;ε^T 是相变应变。

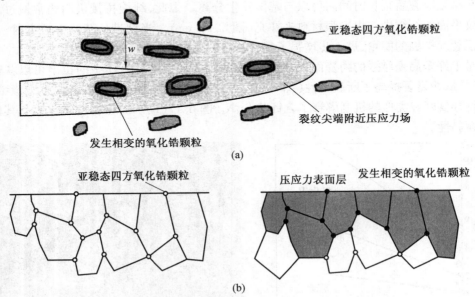

图6.18 裂纹尖端前后的相变

当基体的 $K_{tip} = K_{IC}$ 时,在没有屏蔽的情况下仍会发生断裂,而目前断裂韧性的增强主要是由于 K_{tip} 被 K_s 屏蔽所致。各种氧化锆中裂纹尖端区域的显微图像表征表明,断裂韧性的增强实际上与 $V_f\sqrt{w}$ 成比例,与式(6.21)一致。

在室温环境下,相变增韧产生效果的原因主要是氧化锆的四方相是亚稳态,在室温下可以转变为单斜相,但在高温下不能发生转变,因此在高温下氧化锆不能产生相变增韧效应。温度的升高降低了相变的驱动力,进而减小了相变区的范围,从而降低了材料的韧性。

值得注意的是,在任何时候只要基体对亚稳态颗粒的静力约束发生松弛,相变就能发生。例如,现在已经确定压力表面层是由于自发相变而产生的,该过程如图6.18(b)所示。通过简单地研磨表面,断裂强度几乎可以加倍,因为表面研磨是诱导相变的有效方法。如果可以在相变增韧陶瓷的表面上引入小划痕,那么原则上其增韧效果会有所增强。

以下是三类通过相变增韧的含氧化锆陶瓷:

(1) 部分稳定氧化锆(PSZ)。在这种材料中,加入 MgO、CaO 或 Y_2O_3 后,立方相不完全稳定。然后对立方相进行热处理,形成四方相析出物。热处理是为了使沉淀足够小,使它们不会在立方氧化锆基体内自发相变,而只是在应力的作用下才发生相变。

(2) 四方氧化锆多晶体(TZPs)。这类陶瓷含有 100% 的四方相、极少量的钇和其他稀土添加剂。其抗弯强度超过 2 000 MPa,是已知的最坚固的陶瓷之一。

（3）氧化锆增韧陶瓷(ZTCs)。它们由四方或单斜的氧化锆颗粒组成,分散在氧化铝、莫来石和尖晶石等陶瓷基体中。

6.3.4　R 曲线行为

上述增韧机制会导致所谓的 R 曲线行为。与典型的 Griffith 固体相比,陶瓷断裂韧性与裂缝尺寸无关,R 曲线行为是指随着裂纹增长断裂韧性增强,如图 6.19(a) 所示。造成这种行为的主要机制与在裂纹桥接或相变增韧过程中起作用的主要机制相同,即由相变区域或桥接韧带对裂纹施加了闭合力。如图 6.16(c) 所示,随着裂纹尾端中桥接韧带的数量增加,延伸裂纹所需的能量也将增加。然而,断裂韧性不会无限增加,但当裂纹尾端中的韧带数量随着裂纹扩展增加而达到稳态时,韧带数量便会达到极值。进一步远离裂缝尖端,韧带往往会断裂并完全拉出而失效。

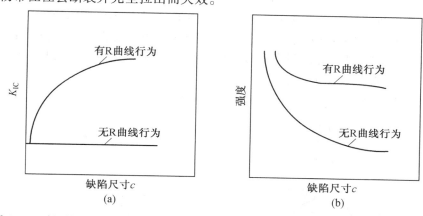

图 6.19　断裂韧性和强度与有 R 曲线行为及无 R 曲线行为的陶瓷的缺陷尺寸的关系

对于表现出 R 曲线行为的陶瓷,有以下四个重要的结论:

（1）对于无 R 曲线行为的陶瓷来说,随着裂纹尺寸的增大,强度的退化不那么严重。如图 6.19(b) 所示。

（2）陶瓷的可靠性提高了。

（3）在不利方面,表现出 R 曲线行为的陶瓷比不表现出 R 曲线行为的陶瓷更容易疲劳。

（4）R 曲线行为增强了某些陶瓷的抗热震性。

综上所述,断裂韧性与裂纹扩展所需的功有关,由裂纹扩展过程的细节决定。对最具脆性的固体的断裂而言,断裂韧性仅与表面能有关。通过增加裂纹扩展所需的能量,可以提高断裂韧性。

6.4　设计陶瓷

根据前面的讨论,人们通常认为缺陷尺寸及其分布可以对失效应力有较大影响。但这样就会引出一个问题:能否用陶瓷来设计关键的承重零件? 从理论上讲,如果可以知道零件中缺陷的大小和施加到零件上应力的方向,并且可以计算出每个裂纹尖端处的应力集中,则在给定 K_{IC} 的情况下,就可以确定零件的失效应力。但在实际情况中,由于难以确定材料中的所有缺陷等因素,很难确定的材料的失效应力。

另一种方法是表征大量相同材料样品的失效行为,从而使用统计学方法分析出材料的失效强度,并对其进行设计。在利用脆性固体进行设计结构件时,最好的办法是描述零件在给定应力下的存活概率。然后,设计工程师必须评估可接受的风险因素,并使用下面描述的分布参数估算适当的设计应力。

6.4.1　威布尔分布

我们可以用各种形式来描述陶瓷的强度分布。如今使用最广泛的是威布尔(Weibull)分布。这个分布由下式给出:

$$f(x) = m\,(x)^{m-1}\exp(-x^m) \tag{6.22}$$

其中,$f(x)$ 为随机变量 x 的频率分布;m 为形状因子,通常称为威布尔模量。由式(6.22)绘制了图6.20(a),得到钟形曲线,其宽度取决于 m;随着 m 变大,分布变窄。由于我们是利用威布尔分布来描述陶瓷的强度分布,因此随机变量 x 定义为 σ/σ_0,其中 σ 为破坏应力,σ_0 为归一化参数,使 x 无量纲。

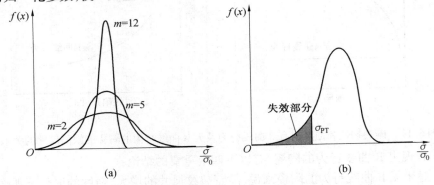

图 6.20　威布尔分布

将式(6.22)中 x 用 σ/σ_0 代替,得到非破坏概率,即在给定的应力水平下,能够残存下来的样本的比例为

$$S = \int_{\sigma/\sigma_0}^{\infty} f\left(\frac{\sigma}{\sigma_0}\right) \mathrm{d}\left(\frac{\sigma}{\sigma_0}\right) \quad 或 \quad S = \exp\left[-\left(\frac{\sigma}{\sigma_0}\right)^m\right] \tag{6.23}$$

将式(6.23)改写为 $1/S = \exp(\sigma/\sigma_0)^m$,两边同时取两次自然对数得到

$$\ln\ln\frac{1}{S} = m\ln\frac{\sigma}{\sigma_0} = m\ln\sigma - m\ln\sigma_0 \tag{6.24}$$

将式(6.24)两边同时乘以 -1,绘制 $-\ln\ln(1/S)$ 与 $\ln\sigma$ 的曲线,得到一条斜率为 $-m$ 的直线。σ_0 的物理意义是非破坏概率等于 $1/e$ 的应力水平,即 0.37。根据实验结果确定 m 和 σ_0 后,从式(6.23)可以计算出任意应力下的未失效概率。

使用威布尔分布图进行结构件设计时必须格外小心。与所有的推断一样,斜率上的小不确定性会导致未失效概率上的大不确定性,因此要增加置信水平,数据样本必须足够大($N > 100$)。此外,在威布尔模型中,假设材料是均匀的,且单个缺陷总体不随时间变化。进一步假设只有一种失效机制是有效的,缺陷是随机分布的,相对于试件或构件尺寸较小。如果这些假设都是无效的,就必须修改式(6.23)。

例 6.2 已测试 10 个相同的陶瓷棒的强度,发现其强度(单位为 MPa)分别为 387、350、300、420、400、367、410、340、345 和 310,试:(1)确定该材料的 m 和 σ_0;(2)计算保证非破坏概率大于 0.999 的设计应力。

解 (1)为了确定 m 和 σ_0,必须绘制这组数据的威布尔分布图。做法如下:

① 将试件按强度升序排列,$1,2,3,\cdots,j,j+1,\cdots,N$。其中 N 为样本总数。

② 计算第 j 个样本的未失效概率。作为第一近似值,第一个样本未失效的概率为 $1-1/(N+1)$,对于第二个样本为 $1-2/(N+1)$,对于第 j 个样本 $1-j/(N+1)$,依此类推。从更详细的统计分析中推导出的另一种更精确的表达式为

$$S_j = 1 - \frac{j - 0.3}{N + 0.4} \tag{6.25}$$

③ 在 $-\ln\ln(1/S)$ 与 $\ln\sigma$ 关系图中标出各点并拟合。拟合直线的斜率就是威布尔模量。

利用表 6.2 中右侧两列数据($\ln\sigma_j$ 和 $-\ln\ln(1/S_j)$)可以绘制成图 6.21。数据的最小二乘拟合得到的斜率为 10.5,这是许多传统成品陶瓷的典型特征。由表 6.2 可知,当 $-\ln\ln(1/S) = 0$ 时,$\sigma_0 \approx 385$ MPa。

表 6.2 从一组实验结果中得到 m 所需的数据汇总

j	S_j	σ_j	$\ln\sigma_j$	$-\ln\ln(1/S_j)$
1	0.923	300	5.700	2.653 2
2	0.837	310	5.734	1.726 0
3	0.740	340	5.823	1.200 0
4	0.644	345	5.840	0.820 0
5	0.548	350	5.860	0.508 0
6	0.452	367	5.905	0.231 0
7	0.356	387	5.960	-0.032 0
8	0.260	400	5.990	-0.298 0
9	0.160	410	6.016	-0.606 0
10	0.070	420	6.040	-0.978 0

(2)若要计算未失效概率为 0.999 时的应力,使用式(6.23)得

$$0.999 = \exp\left[-\left(\frac{\sigma}{385}\right)^{10.5}\right]$$

其中,$\sigma = 200$ MPa。此处无论将 σ_0 取为平均值 385 MPa,还是表中所示的其他值,设计应力的最终结果仅会发生微小改变。对于大多数应用,仅使用平均应力就足够了。

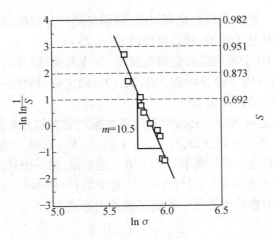

图 6.21 由表 6.2 数据绘制的威布尔分布图

6.4.2 影响威布尔模量的因素

显然,从设计的角度来看,m 值高是很重要的。但 m 不应该与强度混淆,因为有可能有一个 m 值较高的弱固体,或者有一个 m 值较低的强固体。例如,具有大缺陷且尺寸相同的固体,其强度较弱,但原则上表现为 m 值较大。通常缺陷、晶粒尺寸和夹杂物等微观组织越均匀,m 值便越大。

增强真正脆性材料的断裂韧性不会增加 m,通过重组式(6.24),m 可以改写为

$$m = \frac{\mathrm{lnln}(1/S_{\max}) - \mathrm{lnln}(1/S_{\min})}{\ln(\sigma_{\max}/\sigma_{\min})} \tag{6.26}$$

对于任何样本集,分子是一个常数,它仅取决于所测试样本的总数;分母取决于比值 $\sigma_{\max}/\sigma_{\min}$,其与比值 $c_{\min}/c_{\max}$ 成比例,且明显不依赖于 K_{IC},没有 R 曲线行为。因此,固体本身的增韧通常不会导致其威布尔模量的增大。然而,如果固体表现出 R 曲线行为,那么原则上应该遵循 m 增加的规律。

6.4.3 尺寸和几何形状对强度的影响

对于脆性破坏,使用弱链接统计可以得到强度与体积的函数关系:较大的试件包含较大缺陷的可能性较高,而较大缺陷又会导致较低的强度。换句话说,样本越大,强度可能就越弱。显然,当使用从较小的试样上获得的数据来设计较大的部件时,必须考虑部件体积对其强度的影响。

到目前为止,之前的分析都假设所有测试样品的体积和形状相同。体积为 V_0 的样本在压力 σ 下的未失效概率由下式给出:

$$S(V_0) = \exp\left[-\left(\frac{\sigma}{\sigma_0}\right)^m \right] \tag{6.27}$$

一批 n 个这样的样本在相同的压力下未失效概率更低,并由下式给出:

$$S_{\text{batch}} = \left[S(V_0) \right]^n \tag{6.28}$$

将 n 个批次放在一起以创建体积 V 更大的试样,其中 $V = nV_0$,可以看出体积更大的试样在应力 D 下未失效概率 $S(V)$ 与式(6.28)相同:

$$S(V) = S_{\text{batch}} = \left[S(V_0) \right]^n = \left[S(V_0) \right]^{V/V_0} \tag{6.29}$$

这在数学上等同于

$$S = \exp\left\{ -\left(\frac{V}{V_0} \right) \left(\frac{\sigma}{\sigma_0} \right)^m \right\} \tag{6.30}$$

它表明陶瓷的未失效概率取决于所受应力的体积和威布尔模量。式(6.30)表明,随着体积的增大,维持给定未失效概率所需的应力水平必须降低。通过将两类样本的未失效概率(体积为 V_{test} 的测试样本和体积为 V_{comp} 的组成样本)相等,可以更清楚地看出这一点。

因为两类样本的未失效概率相等,所以重新整理式(6.30),可以得出

$$\frac{\sigma_{\text{comp}}}{\sigma_{\text{test}}} = \left(\frac{V_{\text{test}}}{V_{\text{comp}}} \right)^{1/m} \tag{6.31}$$

图6.22所示为式(6.31)的曲线图,其中绘制了强度与体积的关系。随着体积的增加或威布尔模量的减少,维持给定未失效概率所需的设计应力下降的程度越严重。

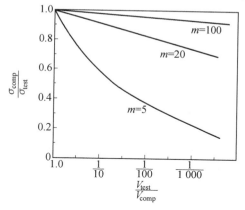

图 6.22　体积对强度降低的影响与威布尔模量的函数关系

式(6.31)的推导过程默认假设了构件中只有一种类型的缺陷。不同的缺陷群体具有不同的强度分布和尺寸分布。在式(6.31)中还默认假设了体积缺陷是失效的原因。相反,如果表面缺陷是导致失效的原因,通过使用类似于式(6.31)的推导,可以得出

$$\frac{\sigma_{\text{comp}}}{\sigma_{\text{test}}} = \left(\frac{A_{\text{test}}}{A_{\text{comp}}} \right)^{1/m} \tag{6.32}$$

在这种情况下,强度将与面积而不是体积成比例。

最后,对于脆性断裂,也可以计算出实验过程中应力分布对断裂结果的影响。当对一批陶瓷进行拉伸实验时,其整个体积和表面都受到应力的作用。因此,样本中任何一个关键缺陷的传播概率都是相等的。然而,在三点或四点弯曲实验中,只有一半的试样处于拉

伸状态,另一半处于压缩状态。换句话说,测试的有效空间在本质上减少了。可以看出,在相同的未失效概率下,抗拉强度与抗弯强度之比为

$$\frac{\sigma_{三点弯曲}}{\sigma_b} = [2(m + 1)^2]^{1/m} \tag{6.33}$$

这表明受到弯曲应力的试样的强度会更大,其强度取决于 m。例如,当 $m = 5$ 时,式(6.33) 的比值约为 2;而当 m 增加到 20 时,试式的比值降低到 1.4。

参 考 文 献

［1］ ZHOU Y C, RAHAMAN M N. Hydrothermal synthesis and sintering of ultrafine CeO_2 powders［J］. Journal of Materials Research,2011,8(07):1680-1686.

［2］ EXNER H E, GIESS E A. Anisotropic shrinkage of cordierite-type glass powder cylindrical compacts［J］. Journal of Materials Research,2011,3(01):122-125.

［3］ ZHOU H, DERBY J J. Three-dimensional finite-element analysis of viscous sintering［J］. Journal of the American Ceramic Society,2010,81(3):533-540.

［4］ YAMAGUCHI T, KOSHA H. Behavior of pores in the sintering of acicular Fe_2O_3 powder ［J］. Journal of the American Ceramic Society,2010,66(3):210-213.

［5］ TIKARE V, BRAGINSKY M, OLEVSKY E, et al. Numerical simulation of anisotropic shrinkage in a 2D compac of elongated particles［J］. Journal of the American Ceramic Society,2010,88(1):59-65.

［6］ SCHERER G W, BACHMAN D L. Sintering of low-density glasses: II, experimental study ［J］. Journal of the American Ceramic Society,2010,60(5-6):239-243.

［7］ RHODES W H. Agglomerate and particle-size effects on sintering yttria-stabilized zirconia ［J］. Cheminform,2010,64(1):19-22.

［8］ PARTHÉ E. Ionic crystals, lattice defects and nonstoichiometry by N. N. Greenwood［J］. Acta Crystallographica,2010,26(11):1888.

［9］ MARCILLY C, COURTY P, DELMON B. Preparation of highly dispersed mixed oxides and oxide solid solutions by pyrolysis of amorphous organic precursors［J］. Journal of the American Ceramic Society,2010,53(1):56-57.

［10］ JOHNSON D L. A general model for the intermediate stage of sintering［J］. Journal of the American Ceramic Society,2010,53(10):574-577.

［11］ JAGOTA A, DAWSON P R. Simulation of the viscous sintering of two particles［J］. Journal of the American Ceramic Society,2010,73(1):173-177.

［12］ HOFFMANN M J, NAGEL A, GREIL P, et al. Slip casting of SiC-whisker-reinforced Si_3N_4［J］. Journal of the American Ceramic Society,2010,72(5):765-769.

［13］ EDELSON L H, GLAESER A M. Role of particle substructure in the sintering of monosized titania［J］. Cheminform,2010,71(4):225-235.

［14］ CUTLER I B. Sintering of glass powders during constant rates of heating［J］. Journal of the American Ceramic Society,2010,52(1):14-17.

［15］ COBLE R L. Initial sintering of alumina and hematite［J］. Journal of the American Ceramic Society,1958,41(2):8.

［16］ CHU M Y,RAHAMAN M N,JONGHE L C,et al. Effect of heating rate on sintering and coarsening［J］. Journal of the American Ceramic Society,2010,74(6):1217-1225.

［17］ CANNON W R,DANFORTH S C,FLINT J H,et al. Sinterable ceramic powders from laser-driven reactions:Ⅰ,process description and modeling［J］. Journal of the American Ceramic Society,2010,65(7):324-330.

［18］ BOUVARD D,MCMEEKING R M. Deformation of interparticle necks by diffusion-controlled creep［J］. Journal of the American Ceramic Society,2010,79(3):666-672.

［19］ BESSON J,ABOUAL M. Rheology of porous alumina and simulation of hot isostatic pressing［J］. Journal of the American Ceramic Society,2010,75(8):2165-2172.

［20］ BARRUBGER E A,BOWEN H K. Formation,packing,and sintering of monodisperse TiO_2 powder［J］. Journal of the American Ceramic Society,2010,65(12):C199-C201.

［21］ BANNISTER M J. Shape sensitivity of initial sintering equations［J］. Journal of the American Ceramic Society,2010,51(10):548-553.

［22］ SCHERER G W. Viscous sintering of a bimodal pore-size distribution［J］. Journal of the American Ceramic Society,1984,67(11):709-715.

［23］ PATWARDHAN J S,Cannon W R. Factors influencing anisotropic sintering shrinkage in tape-cast alumina:effect of processing variables［J］. Journal of the American Ceramic Society,2006,89(10):3019-3026.

［24］ OZER I O,SUVACI E,KARADEMIR B,et al. Anisotropic sintering shrinkage in alumina ceramics containing oriented platelets［J］. Journal of the American Ceramic Society, 2006,89(6):1972-1976.

［25］ SLAMOVICH E B,LANGE F F. Densification behavior of single-crystal and polycrystalline spherical particles of zirconia［J］. Cheminform,2005,22(6):3368-3375.

［26］ ECKERT J O,HUNG-HOUSTON C C,GERSTEN B L,et al. Kinetics and mechanisms of hydrothermal synthesis of barium titanate［J］. Journal of the American Ceramic Society, 1996,79(11):2929-2939.

［27］ HARMER M P,BROOK R J. The effect of MgO additions on the kinetics of hot pressing in Al_2O_3［J］. Journal of Materials Science,1980,15(12):3017-3024.

［28］ CH'NG H N,PAN J. Modelling microstructural evolution of porous polycrystalline materials and a numerical study of anisotropic sintering［J］. Journal of Computational Physics, 2005,204(2):430-461.

［29］ RAJ P M,CANNON W R. Anisotropic shrinkage in tape-cast alumina:role of processing parameters and particle shape［J］. Journal of the American Ceramic Society,1999,82 (10):2619-2625.

［30］ HERRING C. Effect of change of scale on sintering phenomena［J］. Journal of Applied Physics,2004,21(4):301-303.

［31］ SCHMALZRIED H. Solid-state reactions［J］. Angewandte Chemie International Edition, 1963,56(5):13-36.

[32] SHUI A,UCHIDA N,UEMATSU K. Origin of shrinkage anisotropy during sintering for uniaxially pressed alumina compacts[J]. Powder Technology,2002,127(1):9-18.

[33] SHUI A,KATO Z,TANAKA S,et al. Sintering deformation caused by particle orientation in uniaxially and isostatically pressed alumina compacts[J]. Journal of the European Ceramic Society,2002,22(3):311-316.

[34] RAJ P M,ODULENA A,CANNON W R. Anisotropic shrinkage during sintering of particle-oriented systems—numerical simulation and experimental studies[J]. Acta Materialia,2002,50(10):2559-2570.

[35] KRUG S,EVANS J R G,MAAT J H H T. Differential sintering in ceramic injection moulding:particle orientation effects[J]. Journal of the European Ceramic Society,2002,22(2):173-181.

[36] MACKENZIE J K,SHUTTLEWORTH R. A phenomenological theory of sintering[J]. Proceedings of the Physical Society. Section B,1949,62(12):833-852.

[37] KIM H-Y,LEE J-A,KIM J-J. Densification behaviors of fine-alumina and coarse-alumina compacts during liquid-phase sintering with the addition of talc[J]. Journal of the American Ceramic Society,2000,(12):3128.

[38] LEE S M,CHAIX J M,MARTIN C L,et al. Computer simulation of particle rearrangement in the presence of liquid[J]. Metals and Materials International(MMI),1999,5(2):197.

[39] KOC R,CATTAMANCHI S V. Synthesis of beta silicon carbide powders using carbon coated fumed silica[J]. Journal of Materials Science,1998,33(10):2537-2549.

[40] BRYDSON R,CHEN S C,RILEY F L,et al. Microstructure and chemistry of intergranular glassy films in liquid-phase-sintered alumina[J]. Journal of the American Ceramic Society,1998,81(2):369.

[41] CHEN P,CHEN I. Sintering of fine oxide powders: II ,sintering mechanisms[J]. Journal of the American Ceramic Society,1997,80(3):637-645.

[42] BEERE W. Diffusional flow and hot-pressing:a study on MgO[J]. Journal of Materials Science,1975,10(8):1434-1440.

[43] SWINKELS F B,WILKINSON D S,ARZT E,et al. Mechanisms of hot-isostatic pressing [J]. Acta Metallurgica,1983,31(11):1829-1840.

[44] SVOBODA R. New solutions describing the formation of interparticle necks in solid-state sintering[J]. Acta Metallurgica Et Materialia,1995,43(1):1-10.

[45] RAMAN R,GERMAN R. A mathematical model for gravity-induced distortion during liquid-phase sintering[J]. Metallurgical & Materials Transactions (Part A),1995,26(3):653.

[46] SCHAIRER J F,BOWEN N L. Melting relations in the systems $Na_2O-Al_2O_3-SiO_2$ and $K_2O-Al_2O_3-SiO_2$[J]. American Journal of Science,1947,245(4):193-204.

[47] GERMAN R M. Microstructure of the gravitationally settled region in a liquid-phase sin-

tered dilute tungsten heavy alloy[J]. Metallurgical and Materials Transactions A (Physical Metallurgy and Materials Science),1995,26(2):279.

[48] HELLE A S, EASTERLING K E, ASHBY M F. Hot-isostatic pressing diagrams: new developments[J]. Acta Metallurgica,1985,33(12):2163-2174.

[49] SCHERER G W. Sintering inhomogeneous glasses:application to optical waveguides[J]. Journal of Non-Crystalline Solids,1979,34(2):239-256.

[50] GIESCHE H, MATIJEVIC E. Preparation, characterization, and sinterability of well defined silica/yttria powders[J]. Journal of Materials Research,1994,9(2):436-450.

[51] OLEVSKY E,SKOROHOD V. Deformation aspects of anisotropic-porous bodies sintering [J]. Le Journal de Physique IV,1993,03(C7):C7739-C7742.

[52] SUTTOR D, FISCHMAN G S. Densification and sintering kinetics in sintered silicon nitride[J]. Journal of the American Ceramic Society,1992(5):1063.

[53] EL-ESKANDARANY M S, SUMIYAMA K, AOKI K, et al. Reactive ball mill for solid state synthesis of metal nitrides powders[J]. Materials Science Forum,1992,88-90:801-808.

[54] RAHAMAN M N, JONGHE L C D, CHU M Y. Effect of green density on densification and creep during sintering[J]. Journal of the American Ceramic Society,1991,74(3):514-519.

[55] RAHAMAN M N,JONGHE L C D. Sintering of spherical glass powder under a uniaxial stress[J]. Journal of the American Ceramic Society,1990,73(3):707-712.

[56] DUTTON R E, SHAMASUNDAR S, Semiatin S L. Modeling the hot consolidation of ceramic and metal powders[J]. Metallurgical and Materials Transactions A (Physical Metallurgy and Materials Science),1995,26(8):2041-2051.

[57] GARG A K, DE JONGHE L C. Microencapsulation of silicon nitride particles with yttria and yttria-alumina precursors[J]. Journal of Materials Research,1990,5(1):136-142.

[58] DO-HYEONG K I M, CHONG HEE K I M. Toughening behavior of silicon carbide with additions of yttria and alumina[J]. Journal of the American Ceramic Society,1990(5):1431.

[59] CHICK L A, PEDERSON L R, MAUPIN G D, et al. Glycine-nitrate combustion synthesis of oxide ceramic powders[J]. Materials Letters,1990,10(1):6-12.

[60] CAËR G L, BAUER-GROSSE E, PIANELLI A, et al. Mechanically driven syntheses of carbides and silcides[J]. Journal of Materials Science,1990,25(11):4726-4731.

[61] JONGHE L C D, RAHAMAN M N. Sintering stress of homogeneous and heterogeneous powder compacts[J]. Acta Metallurgica,1988,36(1):223-229.

[62] KIM J, KIMURA T, YAMAGUCHI T. Effect of bismuth oxide content on the sintering of zinc oxide[J]. Journal of the American Ceramic Society,1989(8):1541.

[63] HSU W P, RONNQUIST L, MATIJEVIC E. Preparation and properties of monodispersed colloidal particles of lanthanide compounds. 2. Cerium(IV)[J]. Langmuir,1988,4(1):

31-37.

[64] BOGUSH G H,DICKSTEIN G L,LEE P,et al. Studies of the hydrolysis and polymerization of silicon alkoxides in basic alcohol solutions[J]. Mrs Proceedings,1988,121:57.

[65] BARRINGER E A,BOWEN H K. Effects of particle packing on the sintered microstructure[J]. Applied Physics A,1988,45(4):271-275.

[66] SHIMA S,OYANE M. Plasticity theory for porous metals[J]. International Journal of Mechanical Sciences,1976,18(6):285-291.

[67] HWANG K S,GERAMN R M,LENEL F V. Capillary forces between spheres during agglomeration and liquid phase sintering / Kapillare Kraefte zwischen den Kugeln waehrend der agglomeration und der sinterung mit fluessiger Phase[J]. Metallurgical transactions. A,Physical metallurgy and materials science,1987(1):11.

[68] HENNINGS D F K,JANSSEN R,REYNEN P J L. Control of liquid-phase-enhanced discontinuous grain growth in barium titanate[J]. Journal of the American Ceramic Society,1987,70(1):23-27.

[69] CANNON R M,CARTER W C. Interplay of sintering microstructures,driving forces,and mass transport mechanisms[J]. Journal of the American Ceramic Society,1989,72(8):1550-1555.

[70] GUHA J P,ANDERSON H U. Reaction during sintering of barium titanate with lithium fluoride[J]. Journal of the American Ceramic Society,1986,69(8):C193-C194.

[71] GOUGH,C. Introduction to solid state physics(6th ed.)[J]. Physics Bulletin,1986,37(11):465-465.

[72] GREGG R A,RHINES F N. Surface tension and the sintering force in copper[J]. Metallurgical Transactions,1973,4(5):1365-1374.

[73] SHUN JACKSON W U,DE JONGHE L C,RAHAMAN M N. Subeutectic densification and second phase formation in Al_2O_3-CaO[J]. Journal of the American Ceramic Society,1985,68(7):385-388.

[74] PARK H-H,YOON D. Effect of dihedral angle on the morphology of grains in a matrix phase[J]. Physical Metallurgy & Materials Science,1985,16(5):923.

[75] VOORHEES P W. Ostwald ripening of two-phase mixtures[J]. Annual Review of Materials Research,1982,22(1):197-215.

[76] LUO J,WANG H,CHIANG Y M. Origin of solid-state activated sintering in Bi_2O_3-doped ZnO[J]. Journal of the American Ceramic Society,2010,82(4):916-920.

[77] BIRRINGER R,GLEITER H,KLEIN H P,et al. Nanocrystalline materials an approach to a novel solid structure with gas-like disorder? [J]. Physics Letters A,1984,102(8):365-369.

[78] DE JONGHE L C,RAHAMAN M N. Loading dilatometer[J]. Review of Scientific Instruments,1984,55(12):2007-2010.

[79] LING H C,YAN M F. Second phase development in Sr-doped TiO_2[J]. Journal of Mate-

rials Science,1983,18(9):2688-2696.

[80] HHLLABAUGH C M,HULL D E,NEWKIRK L R,et al. R. F.-plasma system for the production of ultrafine,ultrapure silicon carbide powder[J]. Journal of Materials Science, 1983,18(11):3190-3194.

[81] HAUSSONNE J M,DESGARDIN G,BAJOLET P,et al. Barium titanate perovskite sintered with lithium fluoride[J]. Journal of the American Ceramic Society,1983(11):801.

[82] SWINKELS F B,ASHBY M F. A second report on sintering diagrams[J]. Acta Metallurgica,1981,29(2):259-281.

[83] ROSS J W,MILLER W A,WEATHERLY G C. Dynamic computer simulation of viscous flow sintering sinetics[J]. Journal of Applied Physics,1981,52(6):3884-3888.

[84] LANGE F F,SINGHAL S C,KUZNICKI R C. Phase relations and stability studies in the $Si_3N_4-SiO_2-Y_2O_3$ pseudoternary System[J]. Journal of the American Ceramic Society, 2010,60(5-6):249-252.

[85] BROSS P,EXNER H E. Computer simulation of sintering processes[J]. Acta Metallurgica,1979,27(6):1013-1020.

[86] LANGE F F. Phase relations in the system $Si_3N_4-SiO_2-MgO$ and their interrelation with strength and oxidation[J]. Journal of the American Ceramic Society,2010,61(1-2):53-56.

[87] LEE S M,KANG S J L. Theoretical analysis of liquid-phase sintering:pore filling theory [J]. Acta Materialia,1998,46(9):3191-3202.

[88] GERMAN R,MUNIR Z. Enhanced low-temperature sintering of tungsten[J]. Metallurgical Transactions (Part A):Physical Metallurgy & Materials Science,1976,7(12):1873.

[89] UHLMANN D R,KLEIN L,HOPPER R W. Sintering,crystallization,and breccia formation[J]. Moon,1975,13(1-3):277-284.

[90] RAHAMAN M N,JONGHE L C D,BROOK R J. Effect of shear stress on sintering[J]. Journal of the American Ceramic Society,1986,69(1):53-58.

[91] COLEMAN S C,BEERÉ W B. The sintering of open and closed porosity in UO_2[J]. Philosophical Magazine,1975,31(6):11.

[92] BEERE W. The second stage sintering kinetics of powder compacts[J]. Acta Metallurgica,1974,23(1):139-145.

[93] ASHBY M F. A first report on sintering diagrams[J]. Acta Metallurgica,1974,22(3):275-289.

[94] COBLE R L. Diffusion models for hot pressing with surface energy and pressure effects as driving forces[J]. Journal of Applied Physics,1970,41(12):4798-4807.

[95] LYNN J D. New method of obtaining volume,grain-boundary,and surface diffusion coefficients from sintering data[J]. Journal of Applied Physics,1969,40(1):192-200.

[96] NICHOLS F A,MULLINS W W. Morphological changes of a surface of revolution due to capillarity-induced surface diffusion[J]. Journal of Applied Physics,1965,36(6):1826-1835.

[97] COBLE R L. Sintering crystalline solids. Ⅱ. experimental test of diffusion models in powder compacts[J]. Journal of Applied Physics,1961,32(5):793-799.

[98] YOON D N,HUPPMANN W J. Grain growth and densification during liquid phase sintering of W-Ni[J]. Acta Met. ,1979,27(4):693-698.

[99] KINGERY W D,BERG M. Study of the initial stages of sintering by viscous flow,evaporation—condensation,and self-diffusion[J]. Journal of Applied Physics,1955,26(10):1205-1212.

[100] RAJ R. Separation of cavitation-strain and creep-strain during deformation[J]. Journal of the American Ceramic Society,1982,65(3):1.

[101] KUZYNSKI G C. Study of the sintering of glass[J]. Journal of Applied Physics,1949,20(12):1160-1163.

[102] SHALER A J. Seminar on the kinetics of sintering[J]. JOM,1949,1(11):796-813.

[103] CHU M,DEJONGHE L,RAHAMAN M. Effect of temperature on the densification/creep viscosity during sintering[J]. Acta Metallurgica,1988,37(5):1415-1420.

[104] BOWEN L J,WESTON R J,CARRUTHERS T G,et al. Hot-pressing and the α-B phase transformation in silicon nitride[J]. Journal of Materials Science,1978,13(2):341-350.

[105] SVOBODA J,RIEDEL H,GAEBEL R. A model for liquid phase sintering[J]. Acta Materialia,1996,44(8):3215-3226.

[106] VÉRONIQUE C. DUCAMP R R. Shear and densification of glass powder compacts[J]. Journal of the American Ceramic Society,1989,72(5):798-804.

[107] YANG S C,MANI S S,GERMAN R M. The effect of contiguity on growth kinetics in liquid-phase sintering[J]. JOM,1990,42(4):16-19.

[108] BAHAMAN M N,JONGHE L C D. Creep-sintering of zinc oxide[J]. Journal of Materials Science,1987,22(12):4326-4330.

[109] RAJ R,ASHBY M F. Intergranular fracture at elevated temperature[J]. Acta Metallurgica,1975,23(6):653-666.

[110] KANG T K,YOON D N. Coarsening of tungsten grains in liquid nickel-tungsten matrix [J]. Metallurgical Transactions A(Physical Metallurgy and Materials Science),1978,9(3):433-438.

[111] PARK H H,KWON O J,YOON D N. The critical grain size for liquid flow into pores during liquid phase sintering[J]. Metallurgical Transactions A(Physical Metallurgy and Materials,Science),1986,17(11):1915-1919.

[112] PARK H H,CHO S J,YOON D N. Pore filling process in liquid phase sintering[J]. Metallurgical and Materials Transactions A,1984,15(6):1075-1080.

[113] KANG S J L,KIM K H,YOON D N. Densification and shrinkage during liquid-phase sintering[J]. Journal of the American Ceramic Society,1991,74(2):425-427.

[114] YOON D N,HUPPMANN W J. Chemically driven growth of tungsten grains during sinte-

ring in liquid nickel[J]. Acta Metallurgica,1979,27(6):973-977.

[115] RAHAMAN M N,JONGHE L C,SHINDE S L, et al. Sintering and microstructure of mullite aerogels[J]. Journal of the American Ceramic Society,2010,71(7):C338-C341.

[116] MESSING G L,ZHANG S C,JAYANTHI G V. Ceramic powder synthesis by spray pyrolysis[J]. Journal of the American Ceramic Society,2010,76(11):2707-2726.

[117] TAKAJO S,KAYSSER W A,PETZOW G. Analysis of particle growth by coalescence during liquid phase sintering[J]. Acta Metallurgica,1984,32(1):107-113.

[118] AIKEN B,MATIJEVIC E. Preparation and properties of uniform coated inorganic colloidal particles. IV. Yttrium basic carbonate and yttrium oxide on hematite[J]. Journal of Colloid & Interface Science,1988,126(2):645-649.

[119] GHERARDI P,MATIJEVIC E. Interactions of precipitated hematite with preformed colloidal titania dispersions[J]. Journal of Colloid & Interface Science,1986,109(1):57-68.

[120] HU C L,RAHAMAN M N. Factors controlling the sintering of ceramic particulate composites:II,coated inclusion particles[J]. Journal of the American Ceramic Society,2010,75(8):2066-2070.

[121] RAHAMAN M N. Ceramic processing and sintering[M]. New York:Marcel Dekker,1995:49-180,328-424,779-845.

[122] BARSOUM M W. Fundamentals of ceramics[M]. London:Institute of Physics Publishing,2003:1-12,356-399.

[123] RAHAMAN M N. Sintering of ceramics[M]. Boca Raton:CRC Press,2007:1-104,177-229.